云南大学民族学与社会学学院资助

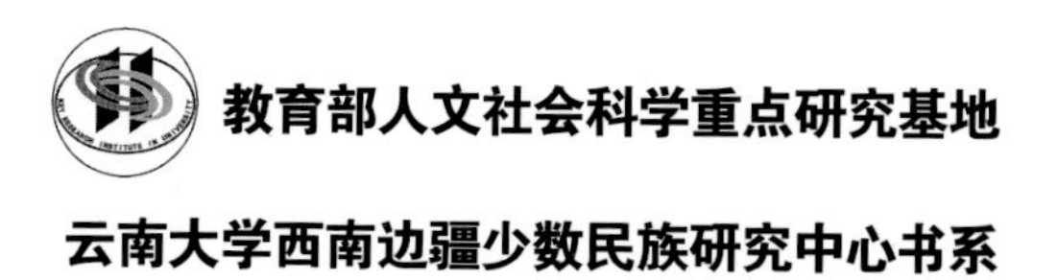

云南大学西南边疆少数民族研究中心书系

从文化适应到文明适应

哈尼梯田文化生态及现代建构

尹绍亭　著

中国社会科学出版社

图书在版编目(CIP)数据

从文化适应到文明适应：哈尼梯田文化生态及现代建构 / 尹绍亭著. -- 北京：中国社会科学出版社，2025. 2. -- ISBN 978-7-5227-4720-0

Ⅰ. S181. 6

中国国家版本馆 CIP 数据核字第 2025QH2401 号

出 版 人　赵剑英
责任编辑　刘亚楠
责任校对　张爱华
责任印制　张雪娇

出　　版　中国社会科学出版社
社　　址　北京鼓楼西大街甲 158 号
邮　　编　100720
网　　址　http://www.csspw.cn
发 行 部　010-84083685
门 市 部　010-84029450
经　　销　新华书店及其他书店

印　　刷　北京君升印刷有限公司
装　　订　廊坊市广阳区广增装订厂
版　　次　2025 年 2 月第 1 版
印　　次　2025 年 2 月第 1 次印刷

开　　本　710×1000　1/16
印　　张　21. 5
插　　页　2
字　　数　319 千字
定　　价　128. 00 元

前　言

本书《从文化适应到文明适应——哈尼梯田文化生态及现代建构》与拙著《人与森林——生态人类学视野中的刀耕火种》，一个写山地灌溉农耕，一个写山地森林火耕，可视为姊妹篇。《人与森林——生态人类学视野中的刀耕火种》写作于20世纪90年代，《从文化适应到文明适应——哈尼梯田文化生态及现代建构》是新作，时隔30余年。两书各具形态，各有千秋，在写作的旨趣、理论、方法上大体一脉相承，前者开创，后者拓展，相辅相成，相得益彰。昔日所做刀耕火种研究的背景和意图多有阐述，哈尼梯田研究为新近之作，付梓之际，有必要作简要说明。

第一，为什么研究哈尼梯田。

研究哈尼梯田，其实是我很久以前的夙愿。20世纪80年代从事人类学研究，对生态人类学发生浓厚兴趣，在选择田野的时候，就考虑过哈尼梯田。不过由于其时全球生态环境问题突出，刀耕火种备受国内外关注，社会亟待知晓“刀耕火种是什么”，所以选择了刀耕火种作为研究对象。虽然如此，但我对哈尼梯田依然情有独钟，一有机会，便前往考察，而且时时留心同行们的哈尼族梯田研究成果，以待写作时机。

第二，哈尼梯田写作缘起。

2020年年初夏，云南红河彝族哈尼族自治州地方志办公室通过云南人民出版社尹杰编审提出撰写“红河哈尼梯田志”的邀请，写“志”非我本意，没有贸然接受，不过这个动议却悄然触动了我心中的陈年夙愿，激发出写作的冲动，于是便有了后来三年多时间的潜心研究和写作。

第三，哈尼梯田研究主旨。

从现有红河哈尼梯田的大量著述可知，几乎所有研究均聚焦“生态文化”，不仅如此，其所获“国家湿地公园”、中国与全球“重要农业文化遗产”和“世界文化遗产”等桂冠，也都是基于生态文化的阐释和建构。不言而喻，哈尼梯田和刀耕火种一样，同为人类文化适应的杰作，是富有智慧、基于丰富传统知识运行的人类生态系统，是非常适宜生态人类学研究的典型田野。不同的是，时代变了，刀耕火种的资源利用方式和文化技术体系已难以适应当代社会发展、人口爆炸、资源认知、环境保护、经济取向等状况，因而逐渐退出了历史舞台，而同为传统生计形态的哈尼梯田稻作文化，却依然故我，在社会转型的过程中不仅没有被当作原始落后的生产力而遭受改革取代，反而备受社会的认同推崇，甚至得以荣获世界文化遗产的桂冠，原因何在？由此提出问题，哈尼梯田究竟是一种什么样的适应方式？其人类生态系统究竟具有哪些非凡的文化生态内涵和功能？其对于认识人类与环境的互动关系、对于人类可持续发展、对于人类的适应性研究、对于生态人类学理论方法的拓展创新究竟具有何种特殊意义？这些问题，即为笔者研究哈尼梯田的主要着眼点。

第四，哈尼梯田研究方法。

哈尼梯田研究重在“整体性”探讨。“整体性”由纵横两个轴向——历史纵向和系统横向——交叉构成。纵向为历史生态的研究，即以中华文明的视角，追溯、探讨哈尼族先民的迁徙分化及其梯田起源、发展、交融、演变和当代的现代性建构；横向为文化生态的研究，即以文化适应的视角，解析、探讨哈尼梯田人类生态系统之各个子系统（即构成梯田文化的各组成要素）的生态学本底、结构、物质循环和能量交换，以揭示人与生境、人与梯田相互影响相互作用的动态调适融合机理。纵横交叉的研究方法，具备区域性、综合性、连续性、资料性、时代性，是为深度阐释哈尼梯田生态文化的最佳方法。

第五，资料来源。

本书写作资料来自三个方面。

一是田野调查。笔者哈尼族田野调查分为两部分，第一部分是20世纪八九十年代对西双版纳及其周边哈尼族的多次田野调查，第二部分是1989年至2016年期间对元江、红河、建水、元阳、绿春、金平哈尼族以及傣族、彝族的6次田野调查。

二是红河哈尼族彝族自治州方志办公室提供的档案资料。2020年红河州方志办提议写作哈尼梯田志，提供了所收集整理的档案资料，甚为难得，补充了笔者田野调查的不足。

三是相关著述的参考。哈尼梯田研究，专家学者云聚，成果累累。毛佑全、李期博是较早从事哈尼族历史文化的本土学者，毛佑全的《哈尼族文化初探》，毛佑全、李期博的《哈尼族》等著作，为哈尼文化和梯田研究的早期作品。王清华所著《梯田文化论——哈尼族生态农业》是哈尼梯田生态文化研究的奠基力作，是研究哈尼族和哈尼梯田的必读名著；他新近出版的《梯田文化新论——“红河哈尼梯田”的现代修复》一书，增加了对哈尼梯田保护修复的思考，将哈尼梯田研究上升到一个新的台阶。黄绍文、李克忠、白玉宝、邹辉、张红榛等哈尼族学者，是哈尼历史文化和梯田研究的中坚。黄绍文等的《云南哈尼族传统生态文化研究》，李克忠的《寨神——哈尼族文化实证研究》，白玉宝的《红河水系田野考察实录》，王学慧、白玉宝的《诗意家园——哀牢山系古村落建筑与文化》和《哈尼族天道人生与文化源流》，邹辉的《植物的记忆与象征———种理解哈尼族文化的视角》和《西部山地的梯田农耕文化》，张红榛主编的《大地之歌——哈尼梯田的世界影响》（12卷本）等，均为从不同角度涉及哈尼梯田研究的杰出的深耕拓展之作。自然科学方面，代表性的著作有角媛梅的《哈尼梯田自然与文化景观生态研究》及大量论文，宋伟峰、吴锦奎等的《哈尼梯田——历史现状、生态环境、持续发展》，闵庆文的《大地之歌——哈尼族梯田的世界影响》等，他们的研究大大丰富了哈尼梯田的科学内涵，赋予了哈尼梯田崭新的现代价值和意义。在哈尼族历史文化和梯田的研究保护方面，史军超的贡献尤为突出，他与芦朝贵、段贶乐、杨叔孔记录翻译朱小和演唱的《哈尼阿培聪坡坡——哈尼族迁徙史诗》，是所有研究哈尼族历史文化和梯田文化必须参考的经典著作；他是红河哈尼梯田申报世界文化遗产和国家湿地公园的倡导者，经他长期深入调查研究和积极宣传，通过红河州政府及多方努力，哈尼梯田于2013年分别荣获了国家湿地公园和世界文化遗产两大桂冠，对当地社会经济文化发展产生了重大影响，为弘扬中华文明作出积极贡献。阅读上述学者们的著作，富于启迪，受益良多。

第六，本书结构。

本书由五章组成。第一章写哈尼先民的生态史；第二章写梯田的起源和发展；第三章写哈尼梯田灌溉；第四章写哈尼梯田农耕技艺；第五章写哈尼梯田文化的现代性建构。

本书写作三年，受疫情影响，田野去不了，一些必要的资料不能补充，新近情况不能及时了解，不足和缺憾在所难免。天道悠悠，宇宙无垠。未来世界，应对各种挑战，迎接科技爆炸新浪潮，社会转型势在必然。然而无论社会如何发展，传承文明，珍视文化遗产，顺应自然，和谐共生，万物共荣，永远是人类必须维护坚守的法则。正因如此，像哈尼梯田这样充满人类高度智慧的中华文明瑰宝，其超时代的价值和意义必将随着时代的演进而更加熠熠生辉。

第一章

哈尼先民的生态史

第一节　生态与历史

纵观中国历史，从生态史的角度看，大部分时代可以说是一部北方游牧民与南方农耕民的关系史。中国范围内的北方游牧区，主要包括新疆、西藏、青海、甘肃及内蒙古的一部分，与南方农耕区的界限，基本上是以400毫米这一条年降水分界线划分，年降水量少于400毫米的是适于畜牧的北部草原带，大于400毫米的是适于农耕的东南森林带，万里长城即为南北两区大致的分界标志。北方为游牧民的游牧经济文化生态系统，南方为农耕民的农耕经济文化生态系统，两个系统之间存在着相互依赖、密切互动的物质能量交换关系。这种关系的表现形式，通常是以平和频繁的通商贸易方式实现，也有南北政权为了调适和平衡关系而经常导演的朝贡、封赐、和亲等政治戏剧，极端形式众所周知，那就是战争。如果发生气候变化，北方草原遭遇严寒或大旱，生态环境恶化，畜牧业难以为继，那么就会加剧游牧民的南迁甚至侵犯掠夺；当气候比较温暖湿润的时候，南部的农耕民也会向北向西扩张，为了保护农耕民不受游牧民的侵扰，南部王朝也经常出兵征伐，导致南北之间更多的冲突和战争。自商周至清代两千多年的时间，北方游牧王朝与南方农耕王朝在中国大地上依靠极为惨烈的战争实现的数度王朝更迭，追根溯源，表象在政权、文明的冲突，实则为生态冲突。自秦朝至明代一千多年历次修筑的万里长城，就是中国古代南北生态冲突的象征，这一伟大的人工筑就的堪称“世界奇迹”的万里“生态屏障”，在人类生态史上树立了不朽的丰碑。

上述南北生态经济文化生态系统的物质与能量交换互动关系，贯穿于整个中国历史和表现于整个中国版图。然而由于这一广阔的地域内生态环境的差异和变化，不同时代的族群和政权及其强弱总是处于变动的状态，所以南北生态经济文化生态系统的能量物质交换互动关系也总是随着时空的变化而变化。中国西南的许多民族，包括哈尼族在内，其族源可追溯到古代西北羌人，史上羌人以游牧为生，古代羌人的历史，就是一部频繁迁徙的历史。

一 羌人迁徙的生态逻辑

《后汉书·西羌传》记载，古代甘青高原以及四川西部、西藏东部及至云南西北这一延绵数千里的地带，是古老的氐羌族群发源繁衍之地。“羌”亦称“羌戎”“羌僰”“氐羌”，“羌”字上为“羊”下是“人”，合为“牧羊人”。羌人“所居无常，依随水草，地少五谷，以产牧为业”，是典型的游牧民族。游牧作为一种人类的重要的生存方式，从世界范围看，主要存于从东非经中亚至亚欧大陆内陆地带的蒙古高原以及北亚的广大地区，此外南美的安第斯高原也是盛行游牧的地区。游牧和农耕一样历史悠久，诸多研究业已充分证明，生活于干旱草原生态环境的人们从事游牧业，是一种有效的适应环境策略，在特定的条件下，在相当长的历史时期，游牧曾经是草原民可持续生存、草原生态资源可循环可持续利用的适应方式。古代游牧民的状况可从《史记·匈奴列传》的记载中略知一二：“匈奴，其先祖夏后氏之苗裔也，……居于北蛮，随畜牧而转移。其畜之所多则马、牛、羊，……逐水草迁徙，毋城郭常处耕田之业。”当代民族学调查资料为我们展现了更为翔实的多样化的游牧图景，大致而言，主要有三种类型：一是小范围地理尺度的游牧。这类游牧空间有限，一般为方圆数十千米的地区，冬入低谷，夏至高山，为季节性的转场游牧。（尹绍亭，2000：279）二是中等范围地理尺度的游牧。这类游牧范围可达百千米以上，他们“逐水草而居”，随季节变换，辗转循环于四季不同的草场。（阿拉腾，2006：61）三是大范围地理尺度的游牧。此类游牧一年游牧距离可远达百万米，人畜在冬季牧场和夏季牧场两点之间频繁转场跋涉，频繁搬迁驻地，少则数十次，多者近百次。（罗意，2017：75）上述游牧方式，是为“牧”而迁移，除此之外，游牧民还常常因为其他原因而迁徙，例如灾害和战乱等，亦是导致游牧民非正常远距离迁徙的重要原因。历史上因灾害而被迫迁徙的事例不胜枚举，包括因气候异常变化而发生的雪灾、风灾、旱灾、洪灾、虫灾等，因地质变化产生的滑坡、泥石流和地震等。历史上因逃避战乱而被迫迁徙的例子也不胜枚举，包括大至国家、部落、族群之间的战争，小至社区、村寨、家族之间的争斗等。古代羌人的大规模、远距离的迁徙，就包含灾害和战乱等复杂动因。

史载公元前3世纪，秦国曾经发动大规模征服邻近部落的战争。迫于秦军的压力，河湟一带的羌人不得不大规模远距离迁徙。向西而去的发羌、唐旄，出赐支河曲西数千里，后来成为藏族先民的一部分。迁往西北新疆天山南麓的一支，成为“婼羌”。更有大量的羌人向西南迁移，先是到达岷江上游一带，后来继续往南，逐渐进入川西南、滇东北、滇西北广大地区。这部分氐羌族群就是近代彝、哈尼、纳西、傈僳、拉祜、景颇、阿昌、藏、普米、怒、独龙、基诺等民族的共同祖先，羌人迫于秦国的扩张压力而四处迁徙，主要迁徙的方向是西南地区，而且后来大量前往云南，原因何在？如果将当时的西北、东部和西南地区进行比较，就很容易明白羌人的选择，西南地区无论是生态环境还是社会政治文化状况，均非其他地区可与之相比。具体而言，西南地区的优势主要体现于以下几点。

其一，西南地区和甘青高原相似，同为远离华夏的地带，没有强权政治势力的阻挠、侵扰和统治。

古代活动在甘青高原乃至更西北的游牧族群，在生存和生态需求的不断驱使下的迁徙，从生态补偿的角度看，两河中下游富庶的农耕地带当然是最为理想之地，然而游牧民却视之为畏途，少有贸然深入者。道理不言而喻，那里历来是强大的王朝统治的地域，一方面游牧民进入之后难以适应、立足；另一方面当地也存在接受、容纳“化外夷狄”的诸多政治经济文化的障碍和藩篱。相比之下，西南地区不同，它与西北地区同样远离中原王朝，同为华夏边缘地带，部落分散，小国寡民，被视为蛮荒之区，加之山川阻碍，瘴疠盛行，中原王朝统治权势薄弱，氐羌南下迁徙不会遇到多少不利的政治因素。关于这一点，正如斯科特所言，对于希望不被国家和强族统治、压迫和奴役、不受所谓“文明社会”的歧视、排斥和约束的迁徙民来说，至关重要。（詹姆士·斯科特，2016：26）

中原王朝虽然早在春秋战国之前便与西南地区建立了联系，然而两者之间尚无统属关系。秦汉时期中原王朝向西南地区扩张，开始在西南地区设立郡县，将西南大部分地区纳入中原王朝版图，即使如此，西南很多地区依然属于王朝统治稀薄或真空之地，氐羌游牧民南下迁徙，几乎不存在任何障碍和阻力。西南地区最早的史书《史记·西南夷列传》曾载：“西南夷君长以什数，夜郎最大；其西靡莫之属以什数，滇最大；自滇以北君长以什数，邛都最大：此皆魋结，耕田，有邑聚。其外西自同师以东，北至楪榆，名为巂、昆明，皆编发，随畜迁徙，毋常处，毋君长，地方可数千里。自巂以东北，君长以什数，徙、筰都最大；自筰以东北，君长以什数，冉駹最大。其俗或土箸，或移徙，在蜀之西。自冉駹以东北，君长以什数，白马最大，皆氐类也。此皆巴蜀西南外蛮夷也。”这段记载，大致描绘了秦汉时期西南地区的政治地图：作为该区“魋结，耕田，有邑聚”的原住民只占一部分，而名为“巂”“昆明”以及“徙”“筰”“冉駹”“白马”等编发、随畜迁徙、毋常处、毋君长的“氐类”已有相当多的部落杂处该区，且分布已经很广。虽然如此，历史文献却从无西北氐羌游牧民南下川滇地区受到当地部落阻止排斥的记载，反倒是西汉使者受皇帝之遣希望从云南西部前往“身毒国”（印度）而十余次被居住于那里的氐羌系“昆明”人阻止而无法通过。[①] 古代西

① 《史记·西南夷列传》载：“及元狩元年，博望侯张骞使大夏来，言居大夏时见蜀布、邛竹、杖，使问所从来，曰‘从东南身毒国，可数千里，得蜀贾人市’。或闻邛西可二千里有身毒国。骞因盛言大夏在汉西南，慕中国，患匈奴隔其道，诚通蜀，身毒国道便近，有利无害。於是天子乃令王然于、柏始昌、吕越人等，使间出西夷西，指求身毒国。至滇，滇王尝羌乃留，为求道西十余辈。岁余，皆闭昆明，莫能通身毒国。”

南地区未被中原王朝和当地豪强的势力完全覆盖，存在广阔的统治和人烟稀薄的蛮荒生存空间，向其移动迁徙便成为西北游牧民合乎逻辑的生态适应策略。于是在两千余年的漫长岁月中，通过不断地自北向南的移民迁徙，西北地区和西南地区形成了密切的生态互补关系。这一发生于古代西部辽阔高原山地的扑朔迷离的生态史，已为史学和民族学等专家的研究所证实，其证据，除了历史文献的记载之外，更多存在于诸多民族的语言、传说、史诗、记忆之中。

其二，西北和西南之间具有天然通道的便利。

大约在距今 6000 万年前，漂移的印度板块和亚欧板块相遇，发生了强烈碰撞挤压，形成了被称为"世界第三极"的世界屋脊青藏高原，大陆板块强烈碰撞挤压造成了巨大的山原褶皱带，地理上也叫作青藏高原东南缘纵谷区。纵谷区海拔在 3000—4000 米的高黎贡山、怒山、云岭等巨大山系和发源于青藏高原的怒江、澜沧江、金沙江等大河自北向南相间排列，三山耸峙，三江并流，江河强烈下切，形成了极其雄伟壮观的山峰夹峙、高山峡谷相间的地貌形态。其中的怒江峡谷、澜沧江峡谷和金沙江峡谷，气势磅礴，山岭和峡谷的相对高差超过 1000 米，怒江峡谷是世界上两个最大的峡谷之一。峡谷中江河两岸连绵不断的冲积台地、盆地，面积虽小，然地势平坦，无须翻山越岭，便于南北交通，且峡谷海拔高度从第一级高地向第二级乃至第三级地势逐渐降低，通道从北向南一路走低，减少了迁移的困难。当代民族学家曾将此地带的大峡谷称为"藏彝走廊"，古代则为其先民"氐羌走廊"。"东南亚的大河流，都以云南的山地为中心，呈放射状流向四方，这些大河流的河谷以及夹于河谷之间的隘道，自古以来就是民族迁徙的通道。"（渡部忠世，1982：157）南北走向的横断山脉纵谷地貌，为甘青高原氐羌游牧民提供了较为便利的迁徙通道。

其三，西南地区优越的自然条件对于西北游牧民具有很强的吸引力。

西南地区自然条件的优越首先体现在生态环境和生态系统的多样性。生态环境是纬度、地貌、气候、地质、生物等自然因素综合形成的复合生态系统。生态系统指在自然界的一定的空间内，生物与环境构成的统一整体，在这个统一整体中，生物与环境之间相互影响、相互制约，并在一定时期内处于相对稳定的动态平衡状态。西南地区位于中国地势第一级阶梯“世界屋脊”向第三级阶梯低地过渡地带，海拔高度从六七千米渐次降至不足百米，落差十分显著。区内分布有盆地、河谷、丘陵、草原、低中高山山地、纵横峡谷、高原雪山，地貌极其复杂。该区受印度洋西南季风和太平洋东南季风交叉控制，加之纬度、地势等的综合作用，热带、亚热带、温带、寒带所有气候类型一应俱全。该区有“亚洲水塔”之称，境内水系发达，金沙江、澜沧江、怒江、珠江、岷江等大河纵横奔流，滇池、洱海、抚仙湖、泸沽湖、琼海等众多湖泊散布其间。特殊的自然地理条件形成了形态各异、尺度大小的生态环境和生态系统，如云南从热带到高山冰原荒漠等各类自然生态系统，共计 14 个植被型、38 个植被亚型、474 个群系，囊括了地球上除海洋和沙漠外的所有生态系统类型，是中国乃至世界生态系统最丰富的地区。（杨质高，2018）在相当长的历史时期内，它们各具形态，生生不息，演绎着共生共荣的自然史。其次表现为生物的多样性。生物多样性又称物种歧异度，是指在一定时间和一定地区所有生物（动物、植物、微生物）物种及其遗传变异和生态系统的复杂性总称。它包括遗传（基因）多样性、物种多样性、生态系统多样性和景观生物多样性四个层次。西南地区是世界生物多样性富集区。以今天的云南来看，云南国土面积仅占比中国 4.1%，各类群生物物种数均接近或超过全国的 50%，是我国生物多样性最丰富的省份。（杨质高，2018）被誉为“世界生物基因库”的世界文化自然遗产“三江并流”地，其面积占中国国土面积的 0.4%，却拥有全国 20% 以上的高等植物和 25% 的动物种数。又如被称为“植物王国”“动物王国”“绿色王国”的云南西双版纳，有高等植物 4000—5000 种，约占中国物种总数的 1/6；有脊椎动物 539 种，鸟类和兽类种数分别占比中国 1/3 和 1/4（许建初，2001）。以上是用自然科学话语对当代西南地区的地理环境和自然条件所作的总结，不言而喻，相比当代，古代西南的原生态自然环境的丰富性和多样性比当代要好得多。古代氐羌族群当然不会懂得那么多，但是他们一旦到达西南地区，肯定会强烈感受到西南大自然的富饶、慷慨及恩惠。西南地理条件如此优越，自然资源如此丰富，自然十分符合西北游牧民渴求理想栖息地的选择逻辑。

上述三点，尤其是第一点和第三点，使云南成为各方移民向往的迁徙目的地。两千多年来，云南移民不只是秦汉时期来自西北的氐羌族群，还有同时期以至明代自东而入的中原和巴蜀的大量汉族，始于唐代、盛于明清的苗瑶民族自华中向西南的大量迁徙，其主要原因也在此。

二　哈尼先民的历史记忆

《后汉书·西羌传》载："秦献公初立，欲复穆公之迹，兵临渭首，灭狄豲戎。忍季父卬畏秦之威，将其种人附落而南，出赐之河曲西数千里，与众羌绝远，不复交通。其后子孙分别，各自为种，任随所之，或为牦牛种，越嶲羌是也；或为白马种，广汉羌是也；或为参狼种，武都羌是也……"该文献记述的是公元前7世纪中叶以后，秦国发动大规模征服兼并邻近地区的战争，氐羌族群被迫离散，一部分向西南方向迁徙，沿青藏高原东南边缘穿过横断山脉进入云南。在长期辗转流动的过程中，受生态环境等因素影响，不断分化，形成多种族群，哈尼族即公元前氐羌南下分化演变的众多族群之一。（尤中，1979：7，82）

关于哈尼先民早期的生存之地和南下迁徙的情况，可资考据的资料有三：一是根据汉文历史文献；二是根据哈尼族史诗传说；三是参考地方文献的记载。

先说汉文历史文献的考据。哈尼族先民在进入云南之前，有文献可考的栖居地可能是川西南大渡河流域。《禹贡》是我国最早的地理著作，成书于战国时期，史家认为，书中所说"蔡、蒙旅平，和夷低绩"的"和夷"，即哈尼族的先民。南宋宋毛晃《禹贡指南》"和夷低绩"下注："和夷，西南夷。"据考证，"蔡山、蒙山"在川西雅安一带。清代胡渭《禹贡锥指》说："和夷者，涐水南之夷也。"又载"涐水"指今"大渡河"。源自大渡河西岸连三海与雅砻江并行、由北而南注入金沙江的安宁河，古代曾称“阿尼河”，“阿尼”与“哈尼”同音，被认为是因为阿尼人居住其地而得名。(《哈尼族简史》编写组、《哈尼族简史》修订本编写组，2008：18)

其次看哈尼族史诗传说的整理研究。哈尼族有语言而无文字，在漫漫历史过程中，哈尼族以口耳相传的方式传承着自己的历史文化。目前留存于世的哈尼口传资料不少，代表性的口传诗歌有《哈尼阿培聪坡坡》《哈尼先祖过江来》《普戛纳嘎》《阿波仰者》《雅尼雅嘎赞嘎》等。其中名为“哈尼阿培聪坡坡”[①] 的长篇叙事史诗，以优美的诗性语言详细地唱诵了哈尼人从诞生、发展、迁徙直至定居云南红河哀牢山的路线、历程，讲述了哈尼先民在各迁徙地的生产、生活、社会状况以及与其他民族交往、共生、冲突、战争的状况，具有很高的史料价值，为研究哈尼族历史文化的宝贵典籍。

根据《哈尼阿培聪坡坡》的记述可知，一个叫作“纠的努玛阿美”的地方曾经是哈尼族先民的家园，哈尼族语“纠的”意为“人种萌发”或“人的诞生”，“纠的努玛阿美”意即“哈尼人种萌发之地”。从《哈尼阿培聪坡坡》的吟唱可知，“努玛阿美”曾是哈尼先民生息的乐土：

天上响起呱呱的叫声，
头顶飞过一只大雁，
它的声音像雷鸣，
扇起翅膀像电闪。
我们尾着朝前走，
突然“嗖”的一声响，
大雁扎下地面，

① 朱小和（哈尼族）演唱：《哈尼阿培聪坡坡——哈尼族迁徙史诗》，史军超（哈尼族）、卢朝贵（哈尼族）、段贶乐、杨叔孔译，中国国际广播出版社 2016 年版。该史诗演唱者是哈尼族才智过人、记忆超群的老摩批和歌手，是从祖先那里一代又一代传承下来的民间文学作品（口述）长篇叙事诗。全诗共 5500 行，分七章：第一章：远古的虎尼虎那高山；第二章：什虽湖到嘎鲁嘎则；第三章：惹罗普楚；第四章：好地诺玛阿美；第五章：色厄作娘；第六章：谷哈密查；第七章：森林密密的红河南岸。

眼前霎时金光万道，
好像太阳落在脚前。
睁大眼睛瞧瞧，
只见宽宽的平原。
一条大水汹涌澎湃，
湍急的水流分成两边。
大河像飞雁伸直的脖子，
平坝像天神睡在大水中间，
我们把这里叫作诺玛阿美，
认定它是哈尼新的家园。（第 54、55 页）

诺玛阿美又平又宽，
抬眼四望见不着边，
一处的山也没有这里青，
一处的水也没有这里甜，
鲜嫩的茅草像小树一样高，
彩霞般的鲜花杂在中间。

一窝窝野猪野牛来来去去，
一群群竹鼠猴子吵闹游玩，
野鸡野鸭走来和家鸡家鸭亲热，
麂子马鹿走来和黄牛骡马撒欢。
小娃爬上树顶，
逮得着一窝窝喜鹊，
大人去到水边，
常常把大鱼抱还。
好在的诺玛阿美，
哈尼认作新的家园。（第 62 页）

《哈尼阿培聪坡坡》分为七章，每一章叙述一个曾经居住过的地点。最早的哈尼族栖息地叫作“虎尼虎那”，意为“红石头黑石头交错堆积”的地方，这个地方在遥远的北方，由于人口增加，食物减少，他们南迁到了水草丰满的“什虽湖”边。不料遭遇森林大火，又被迫迁往龙竹成林“嘎努嘎则”。后由于与原住民“阿撮”产生矛盾，由南迁到雨量充沛的温湿河谷“惹罗普楚”，与“阿撮”“蒲尼”等族群交往密切，但因瘟疫流行，人口大量死亡而不得不南渡一条大河，来到两条河水环绕的美丽平原“努玛阿美”。在此地哈尼族得以定居下来从事农业，生活安定美满。不料后来受到当地一个叫作“腊伯”的族群的觊觎，嫉妒他们的财富和土地，于是发动战争，哈尼族战败离开“努玛阿美”，再次南迁到一个大海边的平坝“色厄作娘”。为避免战祸，继而又东迁至“谷哈密查”，得到原住民“蒲尼”的允许，居住下来。后来哈尼族人口繁衍，经济有了较大发展，招致“蒲尼”惧怕而驱赶。这次冲突规模巨大，哈尼族险些灭族灭种。逃离“谷哈密查”后，迁至“那妥”“石七”等地，最后南渡红河，进入哀牢山区。

关于哈尼先民往南迁徙进入云南的经历、路线以及到达各地的生产、生活、社会、族群关系等情况，通过《哈尼阿培聪坡坡》的吟唱可以得到大致了解，然而由于古今地名和古今哈尼语差别很大，所以不易识别。经哈尼族学者反复调查考证，哈尼先民具体的迁徙路线得以清晰复现。哈尼族学者史军超既是《哈尼阿培聪坡坡——哈尼族迁徙史诗》史诗的整理者，又是哈尼先民迁徙路线的考证者，他认为哈尼族先民古代从川藏南部向云南迁徙，根据历史文献考证有东北、正南、西南三条路线，此外，在《哈尼阿培聪坡坡》中又描述了另一条更为复杂曲折的迁徙路线，由大渡河、雅砻江、安宁河（弄马阿美）出发，经滇西洱海区域（色厄作娘）达滇池之畔（谷哈密查），再经通海（阿妥）、石屏（石七）进入红河南岸哀牢山腹地（史军超，2010）。

另一位哈尼族学者黄绍文根据历史文献和哈尼族史诗传说，进一步梳理出哈尼先民迁徙的3条主线并绘制了迁徙路线示意图。[①]

以上考证说明，哈尼先民到达云南之后，数百年间，曾经辗转到过“谷哈”和“轰阿”等地。哈尼语中“谷哈”指滇中昆明，“轰阿”是滇池和洱海湖滨平原。后来一部分哈尼先民从昆明滇池一带南迁至滇东南的六诏山地，一部分经大理洱海一带南下到今哀牢山、无量山区的景东、景谷、镇远、新平至石屏、建水、蒙自、开远，继而散布于元江、墨江、红河、元阳、绿春、江城及西双版纳等地。

《绿春县志》所记哈尼族迁徙的情况，亦值得参考。绿春县境内的哈尼族，大部分源于南北朝至唐初南下的僰、叟、昆明等族群中分化出来的“和蛮”。唐朝初年，“和蛮”分布于东西两大区域。东部区域的“和蛮”以孟谷悮为大首领（大鬼主），他们与“乌蛮”“白蛮”等族群共同杂居在邻近当时的安南都护府的地方，即今文山州、红河州一带；西部区域的“和蛮”以王罗祁为大首领，分布区域临近西洱河（洱海），为今楚雄州南部至普洱市一带，其东边与孟谷悮统辖的地区相连接，今绿春县境即为东西区域的交会地。南诏时期，有少数“和蛮”部落进入绿春，其中来得最早且较多的是东部的“和蛮”。今绿春县的哈尼人普遍流行着这样的传说：在很早以前，哈尼族的祖先生活在一个名为“努

① 黄绍文根据历史文献和口碑传说梳理的哈尼先民迁徙的三条主线为：1. 东线。从四川凉山州境内西昌一带起，向东至金沙江西岸的金阳县，并在此分两路传播。一路自金阳—大关—彝良—威信、镇雄（核心区）—毕节、大方、赫章、威宁一带传播。另一路自金阳—昭通—鲁甸—会泽—东川（核心区）—寻甸、马龙—陆良、师宗、罗平—泸西后，进入六诏山区的丘北、开远、砚山、西畴、文山、马关、麻栗一带传播。至清朝康熙年间，这一地区的哈尼族由于受战争和人口迁入的影响，部分迁入哀牢山区，余下的人融入当地民族中。2. 中线。自西昌向南，经德昌、米易、会理等地至云南元谋县北境的姜驿形成核心区，从此地又分出西线和南线（中线）。南线自姜驿—元谋—武定、禄劝—禄丰—安宁、易门、晋宁—玉溪—江川—通海—建水、石屏后，南渡红河在元阳、红河、绿春、金平4县形成哈尼族文化大本营区，直至越南莱州北部山区靠中越边境一带传播。3. 西线。自姜驿溯金沙江而上至攀枝花后，沿江往西至永胜县南境涛源一带，折向南来到宾川县洱海之滨，再往东南的祥云、弥渡—南华—楚雄—双柏后，进入无量山和哀牢山区的景东、镇沅、新平、元江、墨江、景谷、普洱、思茅、澜沧、江城以及西双版纳的景洪、勐海、勐腊等地，直至老挝北部丰沙里、本再、孟夸、南帕河一带和缅甸北部景栋一带以及泰国北部清迈府祖艾县和清莱府的媚赛、媚占、清孔、清盛等县传播。参见黄绍文、廖国强、关磊等《云南哈尼族传统生态文化研究》，中国社会科学出版社2013年版，第223、224页。

马昂美”的地方，那是一个阳光普照、土地肥沃的盆地，后来由于人口不断增多，加上与异族发生冲突和战争，所以南下迁徙，来到了拉煞咪常（今元江县境）。过了一些年，居住于拉煞咪常的哈尼人又分化出一部分来到今绿春县境内的嗒东、阿迪等地居住，并逐渐扩散到今县境的各个地方。至宋代，今大兴镇一带有分别以“扁马阿波”“衣鬼巴腮”“莫董莫千阿培”等人为首领的小村社，散布在今则东、阿迪、高山寨后山等地。自元朝至清代，又先后从个碧、成尼（今红河县保华区）一带及他郎（墨江）、勐烈等方向陆续迁来了一批批被称为“瀚尼”或“和泥”“窝泥”“倭泥”的哈尼人。迁入绿春的民族除了哈尼族之外，还有其他民族。当地哈尼族传说，宋代大理国时期，有一批人从今文山州方向迁入，其中一部分成了哈尼族村社头人的“部曲”，他们虽然融合到哈尼族中，但至今仍然保留着其原有的一些习俗。这部分人被称为“哈欧麻然”（意为被雇来的伍卒），简称“哈欧”，至今依然自称“侬族”，奉侬智高为先祖。①

古代哈尼先民的迁徙，经历了漫漫岁月，走过了万水千山。迁徙的原因，一是人口增长导致资源短缺；二是遭遇自然灾害；三是瘟疫流行；四是与相邻族群发生矛盾冲突，甚至为争夺财富和土地资源等爆发战争。四个原因基本上概括了古代族群流动的缘由，颇具代表性。

三　当代哈尼族等的迁徙

笔者20世纪80年代曾对滇西南山地民族进行调查，详细了解过多个民族的迁徙状况。参考当代的民族迁徙，可增加对于古代哈尼族先民等迁徙状况的理解。

至20世纪80年代，云南习惯于任意频繁迁徙的民族有瑶族、苗族，部分拉祜族、傈僳族、哈尼族和克木人等。这些民族过去主要以刀耕火种、狩猎和采集为生，他们和森林的关系就像鱼和水的关系一样。这些民族与原住民和人口众多的民族不同，他们没有固定的地盘，在自然条

① 引自红河哈尼族彝族自治州地方志办公室资料。

件较好的低地和盆地没有他们立足的余地，他们只能辗转迁徙于人烟稀少的深山老林之中，时间长了，便形成了居无定所、流动无常的民族性格。具体迁徙的情况，如下面所举实例。

例一：西双版纳州勐海县勐阿乡那赛寨的拉祜族。拉祜族主要分布在普洱市以澜沧县为中心的地区，西双版纳等地亦有分布。那赛寨位于勐海县的北部。那赛寨的拉祜族来自不同的地方，大部分是拉祜纳（黑拉祜），少数为拉祜西（黄拉祜）和拉祜普（白拉祜）。1985年3月笔者到那赛寨调查，该寨拉祜族虽然已经从山区迁移到了坝区居住，然而依然保持着典型的游耕游猎民特征。仅从1949年至1976年，那赛寨的拉祜族就在方圆数十公里范围内的大蛮黑、那今、那东、蛮迈庆、回锅更、蛮兴、回头场、大凹槽、梁子头、回格楼等地进行过18次全寨性的大搬迁，而三两户人家搬出搬回的情况则不计其数。那赛寨的拉祜族为什么如此频繁地迁移呢？按他们的说法主要是“人随地走”。过去那赛寨的拉祜族虽然世世代代在山区刀耕火种，却没有属于自己的土地。他们常说：“老黑（拉祜族自称）没有田，老黑没有地，靠山吃山，毁林开荒。”正因为没有自己的土地，所以哪里无人就到哪里，哪里树多就到哪里耕种。迁移到坝区之后，政府给他们分配了土地，然而由于他们生性酷爱狩猎，依恋山林，所以依然不时流回深山，而如果遭遇严重虫兽侵扰、疾病流行等灾害，也往往以搬迁应对，一走了之。

例二：西双版纳州勐腊县回吉寨的克木人。我国克木人有1700余人（1982年），大部分居住在西双版纳州的勐腊县。勐腊县位于云南省南端，与老挝、缅甸接壤。在该县南部的南腊河流域，分布着包括回吉寨在内的18个克木人村寨。回吉寨的克木人20世纪50年代以前完全从事刀耕火种农业，经常游动于中老两国毗邻地带。该寨自1954年至1975年，在中老边境地带搬迁了6次。

例三：西双版纳州勐腊县瑶区南贡山寨的瑶族。西双版纳州勐腊县瑶区位于该县东南部，与老挝接壤。南贡山寨位于海拔1500米山区，据老人们回忆，他们童年时该寨还在原思茅地区的布藤坝，后来搬迁到勐腊县麻木树乡的藤蔑山，1974 年搬到瑶区的南贡山。在藤蔑山和南贡山，自 1950 年至 1987 年搬迁了 5 次。瑶族有“盘甲长”“梁哥”等村寨头人，村寨搬迁等大事都由寨老们商议决定。过去瑶族村寨没有村界，哪里山高林密无人烟便到哪里。村寨内部亦无严格的土地制度，在每年集体耕种的地域内，谁愿意种多少便号占多少。迁徙是随意性的，人口增长，土地不足，粮食产量不够，就以分寨的方式迁出一部分，或者全部迁往别的地方。

例四：西双版纳州勐腊县勐捧区梭罗寨的哈尼族。梭罗寨哈尼族的迁徙，为西双版纳哈尼族百余年间的一个迁徙案例。关于西双版纳哈尼族的历史和迁徙，杨忠明在《西双版纳哈尼族历史变迁》（2010）一文考述甚详，可资参考。1984 年笔者到西双版纳州勐腊县勐捧区梭罗寨调查，据该寨 62 岁（时年为 1985 年）的达努等介绍，他们的祖先原居红河一带，根据父子联名推算，他们离开红河到这里已经有 5 代的时间，相当于 100 多年。过去他们在一个地方一般居住十余年，然后整寨或部分人家迁往新的地方，有时则又回到原住地，反复辗转，逐渐向西南推移。哈尼村寨搬迁，首先必须选择去处。哈尼人过去喜居山地，不愿住坝子河谷。究其原因一方面是低地多为傣族等所居，哈尼人难有立足之地；另一方面则因其长处山林，难以适应低地的暑热。哈尼人说，住坝子河谷容易生病，过去还有这样的说法，住坝子会头痛、掉头发甚至会变成哑巴。该区哈尼俗话说：“鱼上树不会动，老鼠下河会淹死，哈尼下坝不会生活。”所以过去哈尼族迁来迁去总离不开山地。选择寨址，最好是森林茂盛，阳光充足，靠近水源之地。搬迁之前，需派人四处察看比较，最后由龙巴头等头人或村干部做决定。到了新的住地，先确定神林、水源林和坟山。神林要高于寨址——选两棵大树，一棵为地神，另一棵为山神，神树前要搭神台。此后每年在神林中举行两次祭祀活动，2 月杀鸡献地神，8 月杀猪献山神。寨子要尽可能地建造在平缓之处。清理树木之后，先在寨边建盖供奉神灵的神房，继之在寨中心建盖陇巴头的房屋，然后各家才分别建盖房屋。接着竖陇巴门，一个村寨通常有三道龙巴门，两道是寨门，一道是送死人出寨的鬼门，陇巴门以方木竖立，上方横木上吊挂草绳串联竹编法器“达了”和木刀，并有四只头朝寨外的木雕乌鸦。最后，在陇巴门旁杀一头大猪，全寨分配猪肉，庆祝新寨建成。

梭罗寨坐落在海拔730米的山坳之中，有27户150人。该寨老人能背诵50代父子联名系谱，传说他们的祖先原来居住在红河地区，离开红河来到西双版纳已有相当长的时间。梭罗寨的母寨是位于麻木树乡的旧龙寨，梭罗寨是1982年从旧龙寨分化出来的若干子女寨之一。旧龙寨位于麻木树乡北部海拔1000多米的高地上，至1988年，建寨已有93年历史。1942年旧龙寨出现第一次分化，分出30多户人家建立新寨。1972年新寨发展到96户680余人，土地不足的矛盾越来越突出，于是搬出部分人家，建立名为“20公里寨”的新寨。1982年，旧龙寨再次搬出15户人家迁往数十公里外的勐捧乡建立名为“回比寨”的新寨。旧龙老寨1972年人口增加到82户580人，只得又搬出36户230人建立名为“17公里寨”的新寨。1982年，“17公里寨”又有部分人家搬到外地建立名为“大青树”的寨子。1979年，旧龙老寨人口增长到53户，又有27户迁走，到十余公里外的地方建立了新寨。百余年间，为了缓解不断出现的人地紧张状态，一个旧龙老寨经历了多次分化，最后变成了9个村寨（尹绍亭，2000：248－271）。

从上述四个民族迁徙的调查可知，促使他们迁徙的原因主要有以下五点：一是资源需求；二是自然灾害；三是瘟疫；四是族群冲突；五是人口增长。这五个因素，也是古代哈尼先民长期迁徙移动的缘由，这在哈尼族迁徙史诗《哈尼阿培聪坡坡》中均有表现。例如渔猎，史诗说：“麂子马鹿下儿，一年只得一窝，猎野物的先祖，一天一天增多。从前人见野物就跑，现在野物逃到远方，先祖们找不着肉了，两座山峰戳上翅膀。先祖到处找食，他们来到艾地戈耶河边，抬眼望见飞虎捕鱼，翅膀张开好像蛛网一样，他们扑通扑通跳进河水，丢上岸的鱼儿闪着银光。……听我讲呵，哈尼的子孙！听我唱呵，先祖的后人！仓里的红米撮一碗少一碗，撮到底半碗也不够装。两条大河里的鱼越捞越少，虎尼虎那不再是哈尼的家乡。顺着野兽的足迹走啊，先祖离开住惯的山岗；

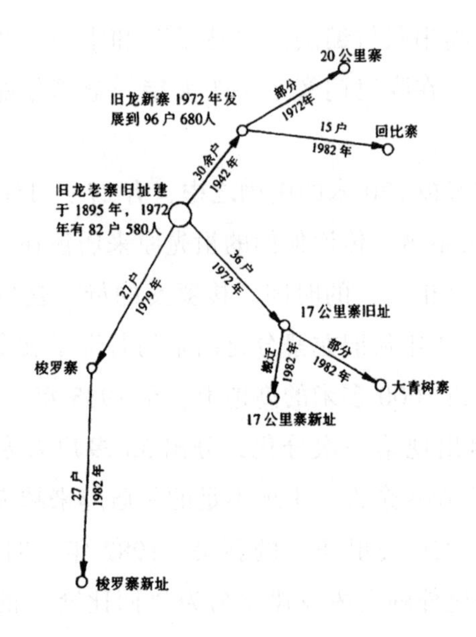

顺着大水淌呵，先祖走过无数河滩。艾地戈耶把先祖领到新的住处，这里有宽宽的鱼塘；水塘像眼窝深凹下去，先祖就在什虽湖边盖起住房。”例如自然灾害，史诗说：“粗树围得过来，长藤也能丈量，什虽湖好是好了，好日子也不久长。先祖去撵野物，烈火烧遍大山，燎着的山火难熄，浓烟罩黑四方，烧过七天七夜，天地变了模样。老林是什虽的阿妈，大湖睡在老林的下方，这下大风吼着来了，黄沙遮没了太阳，大湖露出了湖底，哈尼惹下了祸殃。栽下的姜秆变黑，蒜苗像枯枝一样，谷秆比龙子雀的脚杆还细，出头的嫩芽又缩进土壤，天神地神发怒了，灾难降临到了祖先的头上。身背不会走路的婴儿，手牵才会蹦跳的小娃，哈尼祖先动身上路了，要去寻找休养生息的地方。”例如瘟疫，史诗说：“寨堡里聚齐了老人，头人请阿波们来商量，人人头低得像熟透的谷穗，个个脸色比蜂蜡还黄。七座大山压住人们的舌头，能说会道的人也无力开腔。缺了十七颗牙齿的老阿波，把大家不愿讲的话来讲：‘水浇过的火塘吹不着，刀砍过的树长不长。快快离开惹罗土地，去那瘟神够不着的地方！快趁哈尼没有绝种，去到别处繁衍兴旺！’阿波的眼睛哭出鲜血，身子像枯树倒在地上。”例如族群冲突，史诗说：“讲了，先祖的后世子孙，我要把诺马的往事讲给你们！听了，一寨的兄弟姐妹，听我把伤心

的古今来传！我要讲啊，腊伯怎样抢走哈尼的诺马，先祖怎样被撵出诺马家园！我要唱啊，诺马河流过多少先祖的血泪，有多少哈尼埋葬在诺马河边！”还说：“讲了，一娘生的兄弟姐妹，亲亲的哈尼寨人！望见满山木人被烧倒，瞧见满坝哈尼被砍翻，纳索像中箭的老虎，要带领兄弟们拼死在寨前！聪明的戚姒劝说男人，要他把哈尼带出谷哈平原：‘哈尼像被割断的草，一排一排倒在田间，要保住哈尼的人种，只有另找新的家园！’听见戚姒的话，哈尼都把头点：‘逃难吧，谷哈没有哈尼的站脚处！逃难吧，能逃多远就逃多远！’这回啊，哈尼不能成伙结对了，为保住人种啊，各人脸朝哪面就逃向哪面！”例如人口增长，史诗说：“哈尼人口实在多，一处在不下分在四面，四个能干的头人，轮流把诺马掌管，最大的头人叫乌木，哈尼都听从他的指点。……诺马阿美的四面，四个大寨依偎山边，哈尼立起四个石礅，一个石礅代表一寨，每年祭寨的日子，头人就带领寨人来祭奠。”“一家住不下分两家，一寨住不下分两寨，老人时时为分家操心，头人天天为分寨奔忙。”“哈尼的寨子一个个增多，像灿烂群星闪烁在天边。”“哈尼个个伤心，扎纳来把话讲：‘牛多了要分圈，蜂多了要分房，我们喜喜欢欢遇在一处，也要欢欢喜喜走开两旁。’”

上面说的是迁徙的原因，至于迁徙的形式，也是形形色色：有独家或部分人家的迁徙，也有村寨甚至部落整体的迁徙；有迁徙后再也不回故土的迁徙，也有迁徙后又返回故土的迁徙；有短时段频繁移动的迁徙，也有间隔较长时段的迁徙；有短距离的迁徙，也有远距离的迁徙；等等。而从上述四个当代民族迁徙的事例可知，分寨搬迁乃是一种最常见的迁徙形式，这不仅显著表现于当代田野之中，也存于众多史诗传说的记述。

结语

古代人类的历史既是一部不同族群之间相互关系的历史，也是各族群与生态环境相互关系的历史。而无论是族群之间的相互关系，还是族群与生态环境的相互关系，其显著的表现形式之一便是迁徙。从哈尼族史诗《哈尼阿培聪坡坡》和当代对迁徙民的田野调查可以深切感受到人类迁徙的艰辛和悲壮，而迫使人们不断迁徙的原因主要有五点，那就是资源需求、人口增长、自然灾害、瘟疫流行及族群冲突。每当这些因素给人们的生存带来困难和灾难时，作为摆脱困境和危机的最为简便的策略就是迁徙。而随着社会的发展、人类知识的丰富和文明的进步，人类适应生态环境和社会环境的能力逐渐增强，应对困难、灾害、危机的策略趋于多样化，迁徙不再是唯一可选的良策。在从公元前数百年至今的两千年多年间，氐羌、汉族、苗瑶族等族群不远万里地陆续来到云南，通过对云南复杂多样的生态环境的深入认知与适应，最终纷纷放弃了迁徙，定居下来，凭借生计的转型，步入历史新阶段。

第二节　生态与族群

关于人类或族群与生态环境的关系，是一个既古老又新颖的课题，迄今为止，已经产生了多种理论，诸如环境决定论、环境可能论、天人合一论、二元对立论、人定胜天论、文化适应论、生态文明论等。上述各种理论，在世界各地均有历史事实的呈现。《枪炮、病菌与钢铁——人类社会的命运》（贾雷德·戴蒙德，2000）一书以“环境塑造论”解读世界历史文化，以典型案例验证地理因素对于人类社会历史文化的塑造作用，并将这种验证命名为“历史的自然实验”。贾雷德·戴蒙德“历史的自然实验”的田野是波利尼西亚群岛，其生态环境及人类社会的多样性类似云南。关于云南生态环境与民族文化的多样性及其相互关系，不乏关注和研究，不过尚存在开拓和整合的空间。本章欲参考包括贾雷德·戴蒙德的“环境塑造论”在内的多种环境论，着眼于云南民族历史文化的考察，以期进一步揭示生态环境和族群文化的同塑共生关系。

一　生态与族群多样性

贾雷德·戴蒙德认为，其研究的查塔姆群岛和波利尼西亚群岛的“历史的自然实验”不是一个特殊的孤立的经验，而是可以向给人们提供解释世界人类社会差异性的“一个模式”[①]（雷德·戴蒙德，2000：26、27、28）。贾雷德·戴蒙德的“历史的自然实验”，既着眼于莫里奥里人和毛利人关系的“小规模的自然实验”，又着眼于波利尼西亚群岛的“中等规模的实验”。云南的生态环境和人类社会可以视为一个中等规模的“历史的自然实验”，其可以纳入“实验”的丰富内容不亚于波利尼西亚群岛。从环境的角度看，波利尼西亚群岛之间至少有6种生态环境。云南的生态环境，按地貌划分有盆地、河谷、丘陵、草原、小地、低中高山山地、纵横峡谷、高原雪山等8种以上；按气候划分有热带、亚热带、温带、寒带所有气候类型；云南有从热带到高山冰原荒漠等各类自然生态系统，共计14个植被型，38个植被亚型，474个群系，囊括了地球上除海洋和沙漠外的所有生态系统类型，是中国乃至世界生态系统最丰富的地区。那么，历史上云南的自然环境对人类社会经济文化的“塑造”体现在哪些方面呢？笔者认为主要有以下几点。

第一，族群的交汇。

春秋战国以前，云南很少为外界所知，那时云南的土著主要有两大古老族群——百越和百濮。《汉书·地理志》注引臣瓒曰：“自交趾至会稽七八千里，百越杂处，各有种姓。”即秦汉时期，在从云南南部直到濒临东海的这一广阔地带，分布着一个名为“百越”的族群。该族群作为古老的南方民族，是一个喜欢居住于海拔较低、气候温暖、水资源丰富、地势平坦、利于从事定居稻作农耕和渔捞的族群。云南适于越人选择的生存发展的环境主要是滇中以南纬度较低、海拔约800米以下的亚热带、热带盆地、河谷，还有金沙江、怒江等低热河谷。又据《逸周书·商书》等文献记载，先秦时期在楚国，包括今云南、贵州、四川以及江汉流域以西的地带，还分布着一个统称为“百濮”的古老部落群，

① 贾雷德·戴蒙德说：“如果我们能够了解这两个岛屿社会向截然不同的方向发展的原因，我们也许就有了一个模式，用于了解各个大陆不同发展的更广泛的问题。莫里奥里人和毛利人的历史构成了一个短暂的小规模的自然实验，用以测试环境影响人类社会的程度。这种实验在人类定居波利尼西亚时展开了。在新几内亚和美拉尼西亚以东的太平洋上，有数以千计的星罗棋布的岛屿，它们在面积、孤立程度、高度、气候、生产力以及地质和生物资源方面都大不相同。……波利尼西亚人的历史构成了一种自然实验，使我们能够研究人类的适应性问题。”

秦汉时期他们被称为“闵濮”“滇濮”等，史家认为古代“百濮”包括了广布于云南与东南亚北部地带的孟高棉族群。濮人亦为古老稻作民族，多与越人交错杂居于云南南部湿热低地，盆地河谷人满为患，便移居中低山地。濮人进入山地，除种植稻谷之外，还种植茶树，是最早的茶农。云南较大规模的外来移民见于秦汉，氐羌族群自北南下，云南为他们提供了适于生存和游牧、种植温带作物荞、麦、粟、稷、玉米的滇西北、滇东北的温带、北亚热带山地高原，向南则选择气候凉爽的高地。汉族移民晚于氐羌族群，自秦汉以后逐渐增多，明朝汉族移民达到鼎盛，以致彻底改写了云南人口历史，使得“主客颠倒”，汉民人口数量开始超过当地住民人口，成为云南人口最多的民族。云南为汉民提供的移居环境，主要是适于农耕和商业、交通便利、海拔约在1000米以上的滇中等地的坝子河谷。元代回族等随元军进入云南，他们对环境的选择大致与汉民相似，他们大多杂居在汉民的分布区。明清时期大量进入云南的移民还有苗瑶民族，他们来自东方的湖南、湖北、贵州、广西等地，云南为他们提供的环境，只剩下滇东北至滇南人烟稀少的较为贫瘠山地了。至清朝末年，云南人类迁徙分布的环境业已定格，形成了平面和垂直两种分布大格局。平面分布大格局从南到北大致为越人濮人族群—汉人回人苗瑶及部分氐羌族群—氐羌族群，垂直分布大格局大致为越人族群（1000米以下）—濮人和部分汉人苗瑶回人氐羌族群（1000—2000米）—汉人回人和部分氐羌族群（2000—3000米）—氐羌族群（3000—4000米）。此外，每个地区还有显著的垂直分布小格局，不同族群依海拔高度分布。[①]

第二，族群的分化。

云南特殊的地理位置和地貌使之成为南北族群以及随后而来的东西族群的交会地带，然而其复杂多变的地貌和气候却不利于各族群的大融合。突出的生态环境多样性，崎岖散碎，相互隔离，空间狭隘，

① 云南民族源流具体可参见江应樑主编《中国民族史》（上、中、下），民族出版社1990年版；尤中《云南民族史》，云南大学出版社1994年版。云南民族分布具体可参见尹绍亭《试论云南民族地理》，《地理研究》1989年第1期。

不可能形成大的人类共同体，亦不可能培育高度发达的文明；反之，其利于促进族群的分化、变异，利于小而丰富多彩的文化类型的产生。在数千年的历史进程中，西南分属北越、百濮、氐羌、苗瑶四大族群的无数部落不仅没有合而为一，反而越分越细，支系繁生。尤其是氐羌族群，由于具有较大的流动性，分散于千差万别的生态环境之中，在不同生境的影响和塑造下，其分化更是明显。据20世纪50年代进行的民族识别，云南被认定的民族有25个，其中百越系民族4个，百濮系民族3个，苗瑶汉等民族5个，氐羌系民族13个。然而在上述被识别的25个民族之内，每个民族还包含若干支系。例如氐羌系的拉祜族，自称有"拉祜纳"（黑拉祜）、"拉祜西"（黄拉祜）、和"拉祜普"（白拉祜）三大支系，他称有锅锉、果葱、苦聪、黄古宗、倮黑、黄倮黑、缅、目舍等分类。又如氐羌系的彝族，其远古先民最早的分类有武、乍、糯、恒、布、慕六个分支。他们分别迁徙到云南、四川、贵州等地之后，经过长期历史演变，形成了阿细、撒尼、阿哲、罗婺、土苏、诺苏、聂苏、改苏、车苏、阿罗、阿扎、阿武、撒马、腊鲁、腊米、腊罗、里泼、葛泼、纳若等较大的支系。据《彝族简史》的统计，彝族自称有35种，他称有44种。不过这只是彝族繁杂的自称体系中的一小部分。彝族历史上有诺苏、聂苏、纳苏、罗婺、阿西泼、撒尼、阿哲、阿武、阿鲁、罗罗、阿多、罗米、他留、拉乌苏、迷撒颇、格颇、撒摩都、纳若、哪渣苏、他鲁苏、山苏、纳罗颇、黎颇、拉鲁颇、六浔薄、迷撒泼、阿租拨等上百个不同的自称。（云南省历史研究所，1983：623—633）

第三，族群的融合。

上文说过，云南特殊的地理位置和地貌、复杂多变的地貌和气候不利于各族群的大融合，却利于促进族群的分化、变异，利于小而丰富多彩的文化类型的产生。然而，在云南大环境所形成的各族群大杂居的格局中，有着无数的小集聚人文景观。这种小集聚往往是单一族群的栖居地，如果追根溯源，这样的"单一"族群往往是多族群的融合体。有名的事例如司马迁《史记·西南夷列传》所载："始楚威王时，使将军庄蹻将兵循江上，略巴、黔中以西。庄蹻者，故楚庄王苗裔也。蹻至滇池，方三百里，旁平地，肥饶数千里，以兵威定属楚。欲归报，会秦击夺楚巴、黔中郡，道塞不通，因还，以其众王滇，变服，从其俗以长之。”“变服，从其俗”就是入乡随俗，融合到当地的滇人之中。历史上在小集聚的环境中，民族融合可以说是无处不在。例如傣族有“旱傣”的支系，一些旱傣就不排除是汉族“变服，从其俗”的结果。德宏傣族景颇族自治州历史上有名的南甸龚姓傣族土司，即为明代来自江南的汉族大姓。又如李克忠对哈尼族形成的论述：“哈尼族是由来自西北青藏高原的游牧民族发展而来的，其发展顺序为‘和夷’—‘和蛮’—‘俄泥’—‘和泥’—‘哈泥’—‘哈尼’”，不过“就目前汉文史料与哈尼族地区口碑流传相互印证及历年来的考古发掘的出土文物，考察民族志资料、民俗资料、体质人类学资料来看，哈尼族渊源并不完全是北迁而来的氐羌后裔，也不是云南的土著民族分化而来，……应该说，哈尼族是一个云南历史发展过程中多民族融合而成的一个民族”。作为证据，李克忠列举了绿春县县城附近的哈尼族村寨的高氏、卢氏、陆氏、陶氏家族，据老人说他们的祖先是从东边来、从南京来，自称“哈欧”，这显然是汉族移民。（李克忠，1998：14）多样的生态环境，就像大大小小的“坩埚”，通过岁月的凝练，将无数的不同族群融为一体，这也充分体现了生态环境的“同化塑造”作用。

第四，社会经济形态。

人类生计是环境的适应方式。云南各民族适应不同的环境，有的从事水稻灌溉农业，有的从事刀耕火种陆稻农业兼行狩猎采集，有的从事种植玉米、荞麦等旱作农业，有的依靠捕鱼捞虾为生，有的从事半农半牧或称混农牧业，有的专营种植茶等经济作物的园艺业。人类社会形态建立于经济形态之上，有什么样的经济形态就有什么样的社会形态。云南在1949年之前，社会形态的差异性十分突出，可以说有多少民族就有多少差异。根据学者们的调查研究，按照生产力与生产关系的分类，20世纪50年代以前，云南存在多种社会形态——基诺族、布朗族、佤族、拉祜族、景颇族、克木人、苦聪人、部分哈尼族苗族瑶族等的农村公社原始社会；傣族等的农奴社会；凉山彝族等的奴隶社会；汉族白族纳西族等的封建社会。此外，还有介于五种社会形态之间的诸多过渡社会形态。由于社会形态的多样性，云南因此被称为“人类社会发展的活化石”和“人类民族文化的博物馆”。

二 哈尼族的分布和分化

从上文可知，在族群的多样性与生态环境的多样性之间存在十分密切关系，云南族群的多样性，即为人类与环境相互“塑造”、相互“建构”的结果。下面以哈尼族为例，进一步考察人类社会经济形态与生态环境的关系。

根据历史文献和哈尼族史诗的记载，可知哈尼族是我国西南地区历史悠久的民族之一。哈尼族先民的历史称谓，最早可追溯到《尚书·禹贡》记载的“和夷”。此后的汉文史籍中，又有和蛮、和泥、禾泥、窝泥、倭泥、俄泥、阿泥、哈尼、斡泥、阿木、罗缅、糯比、路弼、卡惰、毕约、惰卡等。汉文献中哈尼族先民的历史称谓虽多，但其音义基本一致。主要的自称哈尼、豪泥、黑泥、和泥，其哈、豪、黑、和都从“和”音，其意均为“和人”。(《哈尼族简史》，2008：4) 1949年后，国家组织民族调查和民族识别，厘清了历史时期复杂纷乱的民族称谓，根据各民族的意愿，确定了各民族的族称。上述哈尼先民的各种称呼亦被统一到“哈尼族”名下，虽然如此，各地哈尼族支系的称谓依然存在。据统计，哈尼族族名的他称和自称多达30余种：哈尼、爱尼、雅尼、豪尼、和尼、海尼、觉围、觉交、碧约、阿卡、卡多、阿木、阿里卡多、阿古卡多、多卡、多塔、布都、布孔、补角、叶车、白宏、腊咪、昂倮、糯比、糯美、罗缅、期弟、各和、哈欧、卡别、阿邬、果作、阿松、峨努、阿西鲁马、西摩洛等，其中，以自称“哈尼”的人数最多。如上所述，哈尼族之所以具有如此多的支系，就因为生态环境。在漫长的历史迁徙过程中，哈尼先民分散居住到各种不同的生态环境之中，各自选择适应生境的生活方式而生存，久而久之，即使是源自同一族群，也会产生某些文化要素和心理因素等的差异，形成众多不同称谓的支系。哈尼族支系及其分布情况如表1－1所示。

表1－1 **哈尼族支系及其分布（黄绍文等，2013：36）**

州市	县名	支系名称		合计
		自称	他称	
红河州	红河县	哈尼、白宏、碧约、阿松	糯比、糯美、奕车、腊咪	8
	元阳县	哈尼、白宏、多尼、阿松	昂倮、糯比、糯美、阿邬、各和	9
	绿春县	哈尼、哈欧、阿松、碧约、西摩洛、卡多、卡毕	期弟、腊咪、白宏、果作、白那	12
	金平县	哈尼、阿松、多尼、哈备	糯比、糯美、各和、果作、腊咪	9
	建水县	哈尼	糯美	2
玉溪市	元江县	哈尼、碧约、卡多、白宏	糯比、糯美、多塔、布都、布孔、阿松、西摩洛	11
	新平县	卡多	糯比	2
普洱市	墨江县	哈尼、白宏、豪尼、碧约、卡多、西摩洛、卡毕	布都（豪尼）、布孔（白宏）、期弟、腊咪、阿木、哦怒	13
	普洱县	哈尼	豪尼、碧约、卡多	4
	江城县	哈尼	白宏、碧约、卡多、西摩洛	5
	澜沧县	雅尼、阿卡	雅尼、阿克、尖头阿卡、平头阿卡、改新、吉坐、利车	9
西双版纳州	勐海县	雅尼、阿卡	平头阿卡、尖头阿卡、阿克	5
	景洪市	雅尼、阿卡	尖头阿卡、平头阿卡	4
	勐腊县	雅尼、阿卡	尖头阿卡、平头阿卡	4
国外	越南	哈尼	果作、腊咪、糯美	4
	老挝	哈尼、阿卡	吴求阿卡、吴我阿卡	4
	缅甸	阿卡	平头阿卡、阿克、尖头阿卡	4
	泰国	阿卡	平头阿卡、吴参阿卡、吴标阿卡	4

据表1－1可知，当代哈尼族的分布范围在云南南部至中南半岛北部山地这一广阔的地区。在云南的分布为北纬21°以北至北纬26°、东经99°以东到东经104°之间的云南南部的哀牢山南麓、元江、把边江和

澜沧江流域地区，行政区划为云南省红河哈尼族彝族自治州、玉溪市、普洱市、西双版纳傣族自治州等地，面积约20万平方千米；在中南半岛北部山地的分布为北纬19°以北到北纬23°，东经99°以东到东经105°之间、面积达10余万平方千米的泰国、老挝、越南、缅甸北部山区[①]（黄绍文，2009：1）。

考察哈尼族的分布，有两点值得注意：第一，其栖居地乃是多民族杂居的共同家园；第二，受栖居地生态环境的影响，哈尼族的社会经济类形态可大致分为南北两种类型。

第一，多民族杂居的共同家园。上述哈尼族分布的地区，既有原本存在于该区的古老族群，如越人、濮人等，也有如哈尼族先民等陆续迁入该区的众多族群，众多族群汇集于该区，形成了各族群小聚居、大杂居的局面。例如红河流域哀牢山区，便杂居着傣族、壮族、彝族、哈尼族、苗族、瑶族、拉祜族等民族，且呈现出立体分布的模式。

傣族是红河地区最早的居民，主要分布于海拔600米以下的河谷盆地。居住于卑湿之地，性情儒柔，以种植水稻和渔捞为生，畏寒喜浴，喜食酸辣等，是傣族的显著特征。今红河哈尼族彝族自治州有傣族约10万余人，包含多种支系。如红河县傣族有“傣拉”“傣洛”“傣尤”三个支系，“傣拉”操红河地区的傣那方言，“傣洛”操西双版纳地区的傣勒方言，“傣尤”操孟连地区的傣尤方言，说明他们的来源不同。元阳县傣族有“傣倮”“傣尤”和“傣尤倮”三个支系，主要分布在元江、排沙河、者那河的河谷地带。金平县傣族有自称“傣罗”“傣泐”“傣端”三种，他称分别为“黑傣”或“旱傣”“普洱傣”“水傣”或“白傣”，主要聚居在元江及其支流者米河、藤条江沿岸。

壮族和傣族同为古代越人后裔。壮族分布于600—1000米地带。红

---

① 据统计，全球哈尼族人口有200多万人，中国哈尼族163万余人（2010年第六次全国人口普查数据），云南是哈尼族的主要分布地，哈尼族70%的人口生活在云南；国外50余万哈尼族中，缅甸掸邦高原东部景栋及边境一带约有30万人，泰国北部清莱、清迈等地约有10万人，老挝北部南康河流域约有7万人，越南老街省和莱州北部山区约有3万人。

河州壮族有“布侬”（侬人）、“布雅依”（沙人）、“土僚”（土人）等称呼。“侬人”多分布在开远、蒙自、屏边、河口等地；“沙人”有“白沙人”“黑沙人”之分，多分布在金平、河口、泸西等县；“土僚”也被称为“花土僚”“白土僚”“黑土僚”，多分布在个旧、蒙自、开远、元阳等县。红河州的壮族除一部分居住在半山区以外，大部分居住在河谷平坝的临水地区，亚热带气候，水资源丰沛，土地肥沃，适于种植水稻，壮族和傣族同为古老的稻作民族。

红河哈尼族彝族自治州是云南彝族的主要的集聚区之一，该州有彝族100余万人，约占州总人口25%，遍布州内13个市县。彝族与哈尼族同为氐羌族群后裔，亦为古代南迁的北方游牧民。红河州彝族支系繁多，自称有尼苏泼（他称“罗罗”“三道红”“花腰”“母基”等）、尼泼（他称“撒尼”“阿哲”）、葛泼（他称“白彝”）、斯期（他称“大黑彝”“小黑彝”）、阿细泼（他称“阿细”）等。彝族分布于1000—1400米地带。从该区自然条件较好的半山缓坡地带多为哈尼族所占分析，彝族迁入该区的时间可能比哈尼族晚，所以只能寻求与哈尼族杂居的处所，或者在稍低和较差的地方落脚。彝族和哈尼族一样也从事梯田水稻农业，同时兼营畜牧业和旱地杂粮种植。

哀牢山南段南麓半山地带是哈尼族的主要分布地。哈尼族分布在1400—1800米地带。哈尼族先民迁入该区之后，为了躲避强族的侵扰，避免与河谷盆地的傣族发生冲突和远离低地烟瘴，获得可以任意开发利用的生存资源，所以选择了交通困难、不受外界直接统治、森林茂盛、水源充沛的山地为栖居之所。哈尼族俗话说“要吃肉上高山，要种田在山下，要生娃在山腰”，所谓“吃肉上高山”意为高地可打猎，“种田在山下”是说梯田主要分布于村寨下方；“生娃在山腰”是指其村寨通常分布在半山。

苗族、瑶族分布在海拔1500米以上地带。苗族、瑶族历史悠久，是中原地区古老的农耕民，先秦古籍《尚书·吕刑》和《史记·五帝本纪》便有“苗民”和“三苗”的记载。今黔、湘、鄂连接地带，是苗族和瑶族繁衍的摇篮。由于历代封建王朝的压迫掠夺，自隋唐至明清苗族先民不得不离开故土，大批迁往西南诸省，以致远达东南亚半岛北部诸国。苗族明清时期为避战乱和灾荒自贵州、广西迁入云南，分散到云南广大地区，其中一部分经文山、蒙自、屏边等地来到哀牢山南部。红河州的苗族自称“蒙”，有“蒙施”“蒙是”“蒙楼”“蒙勒”“蒙豆”“蒙博”“蒙把”“蒙多”“蒙碑”“蒙能”“蒙培”“蒙抓”“蒙刷”“蒙刹”等，相应的他称有青苗、白苗、黑苗、花苗、清水苗、绿苗、汉苗等。苗族进入云南时间较晚，且极为分散，大部分自然条件较好、利于生存的地方已经被其他民族占据，所以只得去往人烟稀少的寒冷高山、土壤瘠薄的石山和雨水稀少的背风坡等自然条件较差的地方栖居。苗族俗话说“苗家住高山”“老鸦无树桩，苗家无地方”“桃树开花，苗族搬家”，就是他们生存境况的写照。

瑶族与苗族同源，属于先秦和两汉时期洞庭湖周边的“长沙蛮”“武陵蛮”中的一部分，亦为古老的农耕民。后来瑶族与苗族分化，流离迁徙状况大致与苗族相同，但入滇人数少于苗族，而且主要流向是滇南与越南、老挝接壤的地带。红河地区的瑶族主要有“秀门”和“育棉”两大支系。“秀门”人口稍多，他称的“蓝靛瑶”“平顶瑶”“白线瑶”“沙瑶”“黑瑶”均属此类，他称的“红头瑶”属“育棉”。瑶族大部分居住于海拔1000米左右的贫瘠山区，少部分居住在河谷，如沙瑶和少数红头瑶。

山地和平原，面貌迥异，各有禀赋。平原可以把各种多样性整合为同一性，为宏大文明的形成提供融合的舞台；山地则有消解同一性、塑形和容纳多样性文明的特殊功能。哀牢山就是一个收容、滋养民族文化多样性的立体空间，它不仅以低热河谷盆地安排了越人的后裔傣族和壮族，而且以多样性的山地环境接纳了来自北方和东方的氐羌和苗瑶等族群的哈尼族、彝族、苗族、瑶族等。其垂直分布的多样性生态环境，为不同族群提供了选择独立生境的可能性。为避免矛盾冲突，不同族群选择了不同海拔高度的栖居地，其结果是，虽然同居于一个地域、一座山脉，然而由于分属不同的“生态位”，所以各得其所，既相互联系又相互独立，形成了和平相处、互不侵扰、共生共荣的安定局面。①

第二，哈尼族社会经济形态的南北分化。唐代之后，哈尼族先民在滇南以及中南半岛北部山地的分布格局日渐清晰稳定，并形成了南北差异的社会经济形态——定居梯田农耕社会和刀耕火种农耕社会。两种社会形态大致以北纬22°为分界线，分布于北纬22°以北的哈尼族为定居梯田农耕社会，分布于北纬22°以南的哈尼族为刀耕火种农耕社会。那么，是什么原因造成了哈尼族社会经济形态的分化呢？

中国地貌由西部高地向东部低地呈三级阶梯延伸之势，第一级青藏高原，第二级云贵高原，第三级东南丘陵平原。云南山地高原主要为我国地貌第二级阶梯，而在云南山地高原，地势又呈现出多级变化的势态。云南地势西北高东南低，自西北向东南呈阶梯状逐级下降。滇西北紧接青藏高原，为横断山脉纵谷区，山脉海拔在3000米以上，山高谷深，地势险峻。发源于青藏高原金沙江、澜沧江、怒江等河流，奔流其间。横断山脉像一把折扇向东南伸展，地势随之下降，每千米水平直线距离，海拔平均降低6米。至海拔2000米左右地带，为哀牢山、无量山、邦马山等逶迤蜿蜒。再往南，地势进一步趋缓，低山连绵，河谷盆地相间，海拔降至1000米以下。与纬度和地势相呼应，从北到南，气候类型分别为北温带、中温带、暖温带、北亚热带、中亚热带、南亚热带和北热带等气候类型。

云南境内北纬22°以北的无量山、哀牢山、邦马山山地，为云南地势自北而南逐级下降的第二梯级，系横断山南出支脉，山地海拔约在

---

① 2010年红河州各县杂居垂直分布少数民族人口及比例统计：元阳县有哈尼、彝、汉、傣、苗、瑶、壮七种世居民族。2010年元阳县总人口301441人，哈尼族228765人，占总人口的53.92%；彝族99520人，占比23.46%；傣族19224人，占比4.53%；苗族14803人，占比3.49%；瑶族9548人，占比2.25%；壮族3931人，占比0.93%。红河县有哈尼、彝、傣、瑶四种世居民族，2010年红河县总人口291134人，哈尼族225353人，占比77.4%；彝族41662人，占比14.3%；傣族8499人，占比2.9%；瑶族2049人，占比0.7%。绿春县有哈尼、彝、瑶、傣、拉祜五种世居民族，2018年全县总人口236200人，少数民族人口达98.7%，其中哈尼族人口203816人，占总人口的87.4%。金平苗族瑶族傣族自治县有苗、瑶、傣、哈尼、彝、汉、壮、拉祜、布朗九个世居民族。2010年全县总人口为356200人，哈尼族人口为9.3330万人，苗族人口为8.90万人，占总人口的24.99%；瑶族人口为4.59万人，占比12.89%；傣族人口为1.96万人，占比5.50%。

1000—2600米，多高峻条状山地和峡谷地貌，河流深切，沟壑纵横，峰峦叠嶂，溪水密布，平坝稀少。夏季受西南季风影响，迎风坡降雨丰沛，降水量可达1600毫米以上，年均气温大约17℃。需要说明的是，该区地势即使为第二梯级山地，然而如红河等河流深切的河谷地带的海拔只有数百米，河流两岸冲积的盆地、台地，气候炎热，适于发展水田稻作农业，很早便成为发源于热带低地的稻作农耕民傣族先民越人的家园。哈尼族先民到达该区，不可能在傣族开发的河谷地带立足，且作为北方移民并不适应河谷低地的炎热气候，因此只能避处高地山林。然而该区山地少有平缓草场分布，且背风坡干旱少雨，岩石裸露，荒芜不毛，显然不适合规模性的游牧；迎风坡森林茂盛，初始时期可以从事刀耕火种①，气温寒凉，植被更新缓慢，且地势陡峭，水土流失严重，几个轮歇周期之后森林无存，土地退化，刀耕火种便难以为继。为了生存，只得改变刀耕火种轮歇，开挖台地固定耕作。经过长时间摸索实验，认识到该区迎风坡坡面尺度大，气候温暖，降雨充沛，溪流长年不断，利于灌溉，适宜垦殖梯田。于是修筑田埂，蓄积土壤，施以灌溉，日积月累，逐步实现了从旱地到水田的转换，走上了土地集约利用、稳定可持续的生存之道。而随着人口的逐步增长，水田开垦面积日益扩大，层层梯田，依山顺势，因地制宜，直上云霄，犹如天梯，最终发展成为规模宏大的梯田农业景观。

同为哈尼族，迁移到北纬22°以南地区之后却是另一番景象。北纬22°以南的滇南和越南、老挝、泰国、缅甸北部山地，地势明显和缓，山势降低为中低山地，海拔在一般在800—1000米，低地盆地相间，河谷

① 哈尼族迁徙定居于红河流域哀牢山区，先是从事刀耕火种，之后才转为梯田耕种，此为当地哈尼人的共识。如《元阳县志》说："元阳哈尼族在唐代前很早就进入平坝农耕定居生活。唐代南诏奴隶制政权统治时期，哈尼族丧失了农耕定居的大渡河原居住地，迁徙到红河南岸山大林深的哀牢山，为了生存，元阳哈尼族先民开始了原始的'刀耕火种'的山地农耕。但有着平地农耕定居经验的元阳哈尼族没有停留在'刀耕火种'的农业方式上，哈尼族先民在红河南岸的崇山峻岭中首先选择较缓的向阳坡地，砍去林木，焚烧荒草，垦出旱地，先播种旱地作物若干季，待生地变熟，即把古老的平坝水田农耕经验和技艺移置到山地上，筑台搭埂，将坡地变成台地，利用山有多高水有多高的自然条件，开沟引水，使台地变成水田—梯田。"

开阔，海拔在500米左右。该区因距离海洋较近，受印度洋西南季风的控制和太平洋东南季风的影响，常年湿润多雨，热量丰富，终年温暖，年平均气温在18℃—22℃。不过因海拔高度不同，气候垂直差异亦较为显著，800米以下为热带气候，800—1500米为南亚热带气候，1500米以上为中亚热带气候，一年分为两季，即雨季和旱季，雨季长达5个月（5月下旬—10月下旬），旱季长达7个月之久（10月下旬—次年5月下旬），雨季降水量占全年降水量的80%以上。旱季降水少，但是雾浓露重，一定程度上补偿了降水的不足。这样的地理环境，与哈尼族先民的繁衍地显著不同。盆地河谷炎热，瘴疠肆虐，加之自古便是傣族等越系族群的分布地，受当地大民族头人土司的管辖。被视为“流民”的哈尼族到达该区后，与去往红河流域的哈尼族一样，避处山林，可避免族群矛盾冲突，远离强权统治，不受外族侵扰和欺压，而且可以任意利用土地，又少苛捐杂税，这无疑是符合逻辑的理性选择。（詹姆士·斯科特，2016）热带、南亚热带山地雨林、季雨林，遮天蔽日，大象、虎豹、豺狼横行，不宜畜牧；虽然多雨湿润，然而山势不高，雨水落地后多为雨林截留，然后缓慢通过地表渗透于低地，山谷中虽河流盘绕，然而山坡上却罕见溪流泉水，无灌溉之利，开凿梯田困难很大。相比之下，由亚热带、热带森林环境提供的最为便利且可持续的生计，就是刀耕火种轮歇农业。此种生计不需要水利和农田修筑等基础设施的建设，不需要积肥施肥等高成本投入，不需要开辟种植蔬菜等的辅助园圃，不需要过多养殖家畜，农作物的产量虽然不高但是种类远比水田丰富，大面积的轮歇地还有采集和狩猎之利，可长久支撑山地民族自给自足的生活需求。（尹绍亭，2000：49、51、52）

关于南北哈尼族社会经济形态的差异及其原因，虽然尚无人关注讨论，不过云南社会经济形态的多样性却是学界瞩目的课题，且曾经盛行“单线进化论”的讨论。单线进化论认为，多种社会经济形态实质上是一个由不同社会发展阶段组成的进化序列，是生产力发展差异决定的社会历史进化规律，原始社会—奴隶社会—封建社会—资本主义—社会主义社会这五种社会形态是人类社会由低级向高级演化发展的五个阶段。

受单线进化论的影响，哈尼族南北社会经济形态的差异亦被认为是社会发展阶段不同的表现，而其差异的原因则是由生产力和生产关系决定的。不过，如果以这种单线阶段进化论定性哈尼族的南北分化，显然不符合事实。因为在哈尼史诗、传说之中，古代南下迁徙之时的哈尼先民均为同质的农耕狩猎采集民，并无社会经济形态和生产力发展差异的任何记述，只是在定居于不同的生态环境之后，才逐渐分道扬镳，各自按其适应方式演化发展，最终才形成差异性很大的不同社会经济文化类型。由此可见，历史上哈尼族经济形态差异的原因在于生境，即生境的适应，而非生产力。

研究一个民族在特定的生态环境中形成的社会经济形态，不管面对的是人们意识中的“先进”还是“落后”，不管该民族过去的历史是“文明”还是“野蛮”，都不能作为现实生计形成的依据。因为在传统社会中，任何一个族群的生计方式无一例外都是在其现实栖息的生态环境中形成的，都是对于其生境的适应方式。也就是说，无论何种生计形态，对其成因的考察都必须落脚到“适应”这一本质内涵上。原住民如此，迁徙民也不例外。迁徙民每移动到一个新的栖息地，即便存贮着多么丰富的生存手段和知识技艺的记忆，积累了多么高明的谋生经验与智慧，都不可能在一个完全不同的陌生生境中原样复制或移植记忆中的生计模式，都必须重新认识新的生境，根据新的生境的自然禀赋和资源条件等重新探索、开发新的适应方式。

生态环境“塑造”或者说在很大程度上“决定”族群社会经济形态的事例，在农耕社会时代不在少数。滇西南的布朗族、德昂族等，早先曾经是在坝子河谷生活的灌溉稻作民，由于族群纷争，部分迁移到山地，环境变了，生计方式随之改变，灌溉稻作农耕民变成了刀耕火种狩猎采集民，尽管灌溉稻作农业被认为是高于刀耕火种的“文明”，然而在新的生境里它“英雄无用武之地”。白族亦然，洱海区域坝区白族是典型的灌溉稻作民，而居处于怒江峡谷中的白族支系勒墨人在 20 世纪 80 年代以前却一直从事刀耕火种等旱地农业。彝族是中国西南人数较多、分布较广民族，支系多达数十种。各支系居处生态环境不同，生计形态也呈现显著差异，史书对此多有记载。雍正《云南通志》说：“海倮罗，亦名坝倮罗，以其居平川种水田而得名也。土人以平原可垦为田者呼为海，或呼坝，故名。与汉人相杂而居，居处、饮食、衣服悉如汉人。”《皇清职贡图》说：“海罗罗，一名坝罗罗，或云即白罗罗也。与齐民(汉族)杂处，……勤于耕作，急公输税，间有读书者。”倪蜕《滇小记·滇云夷种》亦言：“坝猡猡，寻甸有之，以其居平川、种水田而名之也。”以上说的是居处于盆地坝子彝族的生计状况，而生活在偏僻山地中的彝族，其生计却是完全不同的状态。檀萃《滇海虞衡志》卷十三《志蛮》说：“黑罗罗……男子耕牧，高岗硗垅必火种之，顾（故）不善治水，所收荞稗，无嘉种。”雍正《富民县志》卷一说：“邑治原无土司，四山僻有黑白倮……，无稻田，种山地，编茅为屋，刀耕火耨……”刘慰三《滇南志略·广南府》说彝族支系扑喇：“扑喇，……居高山峻岭，……刀耕火种，数易其土，以养地力。”汉族是我国人数最多、分布最广、居住环境最为多样的民族。正因如此，其生计生活形态最为丰富，其多样性和差异性最为显著。典型事项如黄河流域和长江流域。同为汉人社会，因为“黄土高坡”和“江南水乡”两种生态环境的不同，所以数千年来南北双方各行其是，北方人耕种旱地、栽培粟麦，南方人耕种水田、栽培稻米，结果创造出举世闻名的两大文明——黄河流域的粟麦文明和长江流域的稻作文明。

结语

本节通过对云南生态环境和族群关系的考察，认为贾雷德·戴蒙德所著《枪炮、病菌与钢铁——人类社会的命运》一书以“环境塑造论”解读世界历史文化，并以“历史的自然实验”验证族群社会经济文化与自然环境的相互关系的方法，和其他环境论和方法一样，可资参考。研究说明，无论是族群的交汇融合还是分离异化，均与生态环境关系密切。而从哈尼族的分布可知，多民族之所以能够实现杂居与和谐，固然需要族群之间富于智慧的相互调适，然而大自然所提供的多尺度、多样化的生存环境则是各族群共生共荣的保障。至于哈尼族社会经济形态的分化与多样性的成因，那就更离不开生态环境作用的分析。生态环境，作为人类赖以生存的物质基础显而易见，而作为影响人类社会经济文化的那只“无形的巨手”，人类只有克服盲目、自负与傲慢，才能获得正确的认识。

第三节　生态与聚落

全球哈尼族人口有200多万人，中国哈尼族有163万余人（2010年第六次全国人口普查数据），国外哈尼族人口有50余万人。我国境内的哈尼族一半以上集聚在红河哈尼族彝族自治州哀牢山南段元江南岸的红河、元阳、绿春、金平四县。

哈尼族先民大约于公元前3世纪从传说中的“努玛阿美”即川藏南部进入云南西北部，遭遇到各种各样的生态环境，历经艰难曲折，依靠农耕、畜牧、狩猎、采集顽强地生存下来。后来迁徙到过的地方，有滇中的滇池地区，滇南的石屏、建水、蒙自、开远，继而到达了元江中游南岸哀牢山地。此后大部分哈尼族先民不再继续南迁，而是留下来筑寨垦田，建设家园，过上了定居生活。人们不禁要问，哈尼先民经历了那么漫长的迁徙，走过了多少山山水水，为什么来到了哀牢山就停下了脚步？哀牢山吸引他们扎根的因素究竟是什么？

一　哈尼中意的地方

“哈尼中意的地方”是哈尼迁徙史诗《哈尼阿培聪坡坡》中的诗句，它指的“中意的地方”就是元江（红河）流域的哀牢山地，现在的红河哈尼族彝族自治州。哈尼族经历了万水千山，来到了红河流域，然后选择了哀牢山区作为永久的栖息地。

大凡具有长期频繁迁徙历史的族群，在选择新的栖居地之时，都有大致相同的考虑。例如汉族支系的“客家人”先民，和古代氐羌族群一样，亦始于2000年前秦朝扩展“秦开五岭”时流离失所、被迫迁徙的族群。历经汉、唐、宋、元几个朝代的兵燹战乱，数次大规模南移，最后散布于华南广大山区。俗话说“无客不住山，逢山必有客”，反映的就是迁徙中客家移民的处境。客家先民辗转千里，选择栖居地时有几个共同的特点：首先是边远的，其次是闭塞的，最后是荒凉的，只有这样的地方，才相对安全和适宜停留。（杨波等，2017：9、12）这与哈尼族先民迁徙选择栖居地的考虑极其相似。

看红河州的地形图，“一江一山”给人印象极为深刻。江即元江（红河），山即哀牢山。元江深切奔流，哀牢山巍峨耸峙，江山并列，形成横亘于滇南的天堑屏障。如此地形深藏着诸多奥妙的生态意义，深刻地影响了云南及其民族的历史文化，哈尼族就是受其影响较大的民族之一。该区由于有红河天堑的阻隔，在险峻的哀牢山地生存十分艰难，所以古代各民族的移民多视元江南部哀牢山地为畏途，致使那里长期处于人烟稀少、官方统治薄弱的化外蛮荒状态。作为从遥远北方迁徙而来的哈尼族，由于在漫长的迁徙过程中历经曲折苦难，尤其是饱受因族群冲突乃至战争带来的巨大创伤，所以他们对于栖息地的选择虽然非常重视环境的生存条件，然而更为在意的是必须远离强族的统治、欺压和杀戮。在敌人的排挤追杀下，他们无法在元江北岸停留，而是被迫渡过元江，翻越哀牢山，寻求安全之所。哈尼族的迁徙史诗《哈尼阿培聪坡坡》记述了这段经历：

苦啰，先祖的儿孙，
灾难来到哈尼的面前！
惨啰，后世的哈尼，
伤心的事出在谷哈平原！

罗扎领着蒲尼来了，
一直打进厄戚蒲玛，
大人小娃被杀被砍，
牛马猪羊被拖被牵，
到处望见鸡飞狗跳，

平平的坝子堆满死人，
熊熊的大火烧红了天！

在那木朵策果山上，
七十个哈尼人为保护木人，
被砍死在高高的山巅，
七十个好汉流出七十股鲜血，
把木朵策果大山染遍；
一树树白花染红了，
像早上的彩霞耀眼，
哈尼把它叫作都匹马雅，
谷哈的山茶花至今最红最艳！

亲亲的哈尼寨人！
望见满山木人被烧倒，
瞧见满坝哈尼被砍翻，
纳索像中箭的老虎，
要带领兄弟们拼死在寨前！
聪明的戚拟劝说男人，
要他把哈尼带出谷哈平原：
“哈尼像想被割断的草，
一排一排倒在田间，
要保住哈尼的人种，
只有另找新的家园！”
听见戚拟的话，
哈尼都把头点：
“逃难吧，
谷哈没有哈尼的站脚处！
逃难吧，

能逃多远就逃多远！
这回啊，
哈尼不能成伙结队了，
为保住人种啊，
各人脸朝哪边就逃向哪面！”［朱小和（哈尼族）演唱，2016：24—26）］

这段史诗讲述的是哈尼人在“谷哈”（滇中滇池地区）平原居住时和蒲尼发生战争失败惨遭杀戮和被迫逃亡的故事。那么他们到达红河之后又经历了哪些困难，最后才找到了合适的安身之地？

前头有条哈查（大江，指红河——译者注），
翻滚着红红的大浪，
在红水的两边，
是青青的大山；
那里有遮天的大树，
那里有暖和的凹塘，
恶鬼恶人难找到，
是哈尼中意的地方。
纳索啊，男人！
我丢掉百样珍宝，
只带上你的酒壶烟筒，
我打好软软的棕鞋，
等你穿鞋过江。

马拟领着七百哈尼，
翻过七座钻天大山，
在洪水滚滚的江边，
把哈尼大队赶上。

听说纳索英勇战死，
七千哈尼痛苦悲伤，
红河两边深深的峡谷，
哈尼的呼喊久久回荡。
戚拟擦干眼泪，
下令马上出发，
哈尼顺着红河，
走到江尾下方（指红河下游地区，越南境内——译者注）。
下方天气扎实热，
好像背着大大的火塘，
牛马猪鸡张嘴喘气，
大人小孩身上发痒。
老林厚是厚了，
草也发的很旺，
只是到处爬大蛇，
沿途处处遇老象。
猪羊蹄子烂了，
骏马牙齿掉光，
公鸡不会啼鸣，
狗也不会汪汪，
母牛下儿难活，
母马养儿死光，
阿妈生下的小娃，
只能活过三早上！

下方在不得了，
哈尼又来上方，
趁着枯水的季节，
渡过红河大江。

找着的第一块好地，
名字叫作“策打”，
那是清水汪汪的山坡，
厚密的树林围着凹塘。
挖出大片坡地，
梯田开山上梁，
支起高高的秋荡，
盖起三层的寨房。［朱小和（哈尼族）演唱，2016：251—261］

这几段史诗说，哈尼人先是去了红河下游，但是无法忍受那里的气候和各种可怕的疾病，只得继续迁徙。低海拔的河谷坝子湿度大，气候炎热，瘴疠盛行，百越族群的后裔傣族、壮族等习惯居住，然而氐羌族群的后裔却难以适应。哈尼人俗话说：“哈尼住坝子河谷容易生病，会头痛、掉发甚至变成哑巴。鱼上树不会动，老鼠下河会淹死，哈尼下坝不会生活。”为此这部分哈尼族的先民再次溯江而上，在枯水季节渡过红河，进入有着“厚密树林”的哀牢山地，最后终于寻求到了无人管辖、凉爽清寂、疾病较少、可以自由生活的理想空间。现在的红河州各县的人口，红河、元阳、绿春三县哈尼人口最多，而位于元江下游紧邻三县的河口瑶族自治县哈尼族人口却很少，原因就在于此。

如前所述，哀牢山巍峨绵延，山间河流纵横，形成深度切割的山地地貌，谷地、陡坡、缓坡、阴坡、阳坡、森林、荒山一应俱全；而且山地高差显著，气候垂直分布十分明显，从山麓至山顶依次为南亚热带、中亚热带、北亚热带、暖温带、温带、寒温带气候，有“一山分四季，隔里不同天”之说。那么，哈尼人到了这里，他们中意的“好地”“清水汪汪的山坡”“厚密的树林围着凹塘”，具体是什么样的呢？

从前哈尼爱找平坝，
平坝给哈尼带来悲伤，
哈尼再不找坝子了，

要找厚厚的老林高高的山场；
山高林密的凹塘，
是哈尼亲亲的爹娘。[朱小和（哈尼族）演唱，2016：262—263]

不找平坝——平坝给哈尼人带来悲伤，在那里遭受过强族的排挤、欺凌和杀戮。到高地去，才是明智的选择：

戚姒跟着白鹇，
走进旺旺的草丛，
绕过高高的老崖，
望见迷人的地方。

只见山坡又宽又平，
好地一台连着一台，
山梁又斜斜缓缓，
好像下插的手掌。
下头三个山包，
恰似歇脚的板凳，
中间空空的平地，
正是合心的凹塘。

再看高高的山腰，
占满根粗林密的大树，
老藤像千万条大蛇，
缠在大树上。

又看平缓的山坡，
淌过清凉的溪水，
舀起一碗喝喝，

甜得像蜜糖一样。

再看山头和山箐，
野物老实多啦：
细脚的马鹿啃吃嫩草，
大嘴的老虎追逐岩羊，
狐狸在剑茅丛里出没，
老熊在大树干上擦痒；
岩脚深深的草窠里，
野猪龇着獠牙喘气，
坡头密密的竹林里，
竹鼠眯细眼睛把嫩竹尝；
大群鹦鹉在小树上嬉戏，
成对的鹧鸪在刺蓬里鸣唱。

有十七层皱纹的阿波开口了，
认定这是哈尼合心的地方；
缺掉十七颗牙的阿匹说话了，
认定这是哈尼合心的家乡！
共扶一架犁耙的十个男人开口了，
认定这是哈尼发家兴旺的宝地！
共操一架纺车的十个女人说话了，
认定这是哈尼子孙繁衍的地方！［朱小和（哈尼族）演唱，2016：264—265］

哪里是哈尼中意的地方，诗句里描写得十分清楚，一是“山坡又宽又平”，适于开发；二是山包间要有“空空的平地”“凹塘”，便于安家建寨；三是要有“根粗林密的大树”，森林的庇护和恩赐不可缺少；四是要有“清凉的溪水”，有水才有一切；五是“野物老实多啦”，狩猎既是重要的食物来源，又是充满刺激的身体和精神的活动；六是必须有长者们的认同，“有十七层皱纹的阿波开口了”“缺掉十七颗牙的阿匹说话了”“认定这是哈尼合心的地方”和“家乡”；七是大家都满意，男人和女人都认定“这是哈尼发家兴旺的宝地”，是“哈尼子孙繁衍的地方!”

《哈尼阿培聪坡坡》叙述的这些故事生动地反映了哈尼族迁徙和寻觅栖居地的经历。大部分哈尼族人经过千难万险最后到达哀牢山居住下来，可谓一段人类迁徙的历史传奇。哈尼人历经曲折，不畏艰险，不畏烟瘴，不畏蛮荒，终于投入哀牢山的怀抱，这既是历史的偶然，也可以说是历史的必然。哈尼族与哀牢山的“历史结缘”说明，大自然似乎早就为不同的人类“安排预留”了各种相应的生态环境，只不过它需要人类去寻求、体验、认知和适应，要承受命运的磨难，需要不断学习积累生存的经验和智慧，才能寻觅到适合的理想的家园，这就是人们常说的“人类与自然相互依存、相互作用的密切关系”。哈尼人与哀牢山地结成的特殊的“人地关系”，在数百年之后发展成具有丰富生态文化内涵的梯田的“大地艺术”，在世界史、生态环境史和农业史的厚重的册页里，书写了独特文明的篇章，描绘了一幅精彩绝伦的画卷。

二　“凹塘”的自然禀赋

哈尼族迁徙到哀牢山之后，首先面临的问题是选择安全的落脚之地，选择适于生存的环境，建立村寨，以便安居乐业。到达一个新的地方，如何选择建寨的寨址，对于任何民族而言都是一个十分重要且必须慎重对待的问题，哈尼族也不例外，他们选择寨址沿袭着传统的规制，有其独特的法则和视角。一些学者对此做过研究，例如有的学者注意到哈尼族选择寨址的生态侧面：

> 哈尼族对海拔800米以下的地带怀有恐惧，因为这一地区气候炎热，好发瘴疠，人类自身的生存和发展都受到自然环境条件的极大威胁；而海拔2000米以上的高山地带则气候寒冷阴潮，多为原始森林覆盖，猛兽经常出没其间，人畜和庄稼均难以适应存活。而半

山地带冬暖夏凉，气候适中，有利于人类的生产生活，既方便上山打猎和采集，又利于下山种田收粮。故而，哈尼族选择村寨环境和宅基地址时，十分看重半山区环境模式的选择。”（邹辉，2019：170—171）

有的学者对照汉族“风水”文化，注意到哈尼族人类环境观的侧面：

在哀牢山气候温和的半山区，哈尼族村寨星罗棋布，都坐落在向阳坡地的凹塘里，背靠森林茂密的大山，左右低山环绕，村前视野开阔，万道梯田尽收眼底，风光秀丽，冬暖夏凉，虽没有汉文化对“风水”所称的“龙脉久远”“青龙”“白虎”“朱雀”“玄武”之说，但其对山形地势、人地关系的认识是相通的，对鬼神、祖先的态度和观念，其深层内涵是相通的。这种居住观点的暗合，不是人们所说的“文化传播”的结果，而是人类对生存、发展与自然生态环境关系的共同认识，同时也是人们对生活环境与生产环境关系的理性安排。（王清华，2010：89）

有的学者调查了哈尼族选择寨址的山水观念：

选定新寨址和坟地时，都要认真查看周围的山头及山脉走向，寨址和坟地后边都要有坚实的“靠山”，有较长的山脉走向，中间不被河流隔断（认为这种地方生下的孩子后脑饱满，天资聪明），左右两边要有山头怀抱，这种山头叫作“博腊”，即福泽的屏障。寨子左边的山为阴山，右边的山为阳山，认为阴阳相配寨子才会兴旺，人丁才能繁盛。前方目力所及处要有山脉横枕，这样才会招财致富。（李期博，1991）

上述研究，从不同侧面介绍了哈尼族的人居环境观。经过长期颠沛流离的哈尼族先民，对在迁徙历程中充满苦难的族群冲突和战争记忆犹新。为了避免悲剧重演，到达哀牢山后，再也不留恋坝子盆地，而是尽量远离富庶与强权，深入人迹罕至的深山老林。而面对“厚厚的老林高高的山场”，他们又是如何确定寨址的呢？《哈尼阿培聪坡坡》说：

从前哈尼爱找平坝，
平坝给哈尼带来悲伤，
哈尼再不找坝子了，
要找厚厚的老林高高的山场，
山高林密的凹塘，
是哈尼亲亲的爹娘。

下方在不得了，
哈尼又来上方，
趁着枯水的季节，
渡过红河大江。
找到的第一块好地，
名字叫“策打”，
那是清水汪汪的山坡，
厚密的树林围着的凹塘。

按照惹罗的古规，
哈尼举行安寨大典，
先祖把走来的大山，
选作万能的神山，
从驮子里拿出基石，
稳稳地放在神山上面，
这吉祥幸福的基石，
陪伴了哈尼千年。

哈尼寨址也选好，
紧靠在大山旁边，
那鸟窝样的凹塘，
永远给哈尼温暖。

戚姒跟着白鹇，
走进旺旺的草丛，
绕过高高的老崖，
望见迷人的地方。
只见山坡又宽又平，
好地一台连着一台，
山梁又斜斜缓缓，
好像下插的手掌。
下头三个山包，
恰似歇脚的板凳，
中间空空的平地，
正是合心的凹塘。
再看高高的山腰，
站满根粗林密的大树，
老藤像千万条大蛇，
缠在大树身上。
又看平缓的山坡，

惹罗的土地合不合哈尼的心意？
惹罗的山水合不合哈尼的愿望？
先祖抬眼张望，
高山罩在雾里，
露气润着草场，
山梁像马尾披下，

下面是一片凹塘。
先祖西斗见多识广，
指着大山把话讲：
“哈尼人，快看吧，
天神赐给我们好地方：
横横的山像骏马飞跑，
身子是凹塘的屏障，
躲进凹塘的哈尼，
从此不怕风霜！”

上头山包像斜插的手
寨头靠着交叉的山岗；
下面的山包像牛抵架，
寨脚就建在这个地方。
寨心安在哪里？
就在凹塘中央。
这里白鹇爱找食，
这里箐鸡爱游荡，
火神也好来歇脚，
水神也好来歌唱。

大寨要安在那高高的凹塘，
寨头要栽三排棕树，
寨屋要栽三排金竹，
吃水要吃欢快的泉水，
住房要住好瞧的蘑菇房。［朱小和（哈尼族）演唱，2016：248，264—265］

上述诗句，有一个关键词反复出现，令人印象深刻，那就是“凹塘”。

哈尼族选择寨址为什么那么向往推崇凹塘？凹塘究竟是一个怎样的环境概念？有学者如是说："哈尼族先祖认为'凹塘'形式的山凹谷地在地理空间上形成相对封闭的小区域，背风暖和，给人温暖，不易感染瘟疫疾病。'凹塘'是哈尼族先民选择寨址的福地，它除了具备'暖和'的自然条件以外，还是'恶鬼恶魔难找到'的令哈尼族中意的地方，因为这样的地形条件构成哈尼族躲避灾难和邪恶的天然屏障，所以'凹塘'是哈尼族理想的定居地点。"（邹辉、尹绍亭，2012）

凹塘作为哈尼族理想的建寨之地，根据史诗等的描述，有如下特征：

第一，顾名思义，凹塘即凹状的地形。但作为建立寨子的"塘"，当然不是通常我们认为的"池塘""堰塘"那样小面积的"塘"，哈尼人的"塘"的概念，当是指山峦环抱的、较大面积的凹地。

第二，凹塘位于高地，在哀牢山多分布在1200—1800米地带，但凹塘不在山顶；凹塘上面有山梁，山梁作为凹塘建立的寨子的"寨头"，是寨子的"枕头""靠山"。

第三，凹塘左右两边有山峦环绕拱卫，形如"扶手"。

第四，凹塘下方是较为平缓舒展的"山包"，"山包是寨子的歇脚，有了歇脚寨子才稳"。

具有上述特征的凹塘是大自然塑造的地形地貌中的一种，或者说是大自然为人们准备的诸多人居环境类型中的一种。哈尼族没有选择其他环境类型，而是对凹塘情有独钟，那是因为他们从自身特殊的历史文化出发，敏锐地注意到了大自然赋予凹塘的某些特别的自然禀赋，而这些自然禀赋正是他们所需要、所寻求的。

第一，利于防卫。两千多年来，哈尼族先民曾在许多地方居住生存，其间总是难以避免和其他族群发生冲突和战争，而且多次遭受战败甚至经历过种族几乎灭绝的悲惨境遇。历史的教训不能忘记，新的居住地也非净土。哀牢山区虽然在历史上很少发生族群之间的严重冲突和战争，然而族群之间、部落之间、村寨之间不可能完全没有矛盾纷争，更何况哀牢山和其他很多地区一样，也存在土匪偷袭的困扰。例如该区彝族的村寨和房屋的建设，就充分考虑到土匪袭扰因素而予以特殊的结构设计。

从村寨和村民人身安全的角度考虑，凹塘无疑是建寨符合逻辑的最佳选择，在发生外敌、土匪入侵的情况时，凹塘的地势和地形可以发挥很强的防卫功能。

第二，天然屏障。凹塘处于三面青山的环抱之中，可避强风，可挡寒流，冬暖夏凉。

第三，水源充沛。水是人居环境中不可缺少的最重要的要素之一。凹塘形如“坩埚”，环山溪水汇集于凹塘，利于开沟打井筑堰，人畜饮水用水充沛，而且还便于养鱼和种植莲藕、茨菰等水菜。

第四，有畜牧和采集狩猎之利。凹塘周边绵延的山峦，为天然牧场；森林茂密，山间可供采集狩猎的种类丰富的动植物资源，是食物的重要补充，采集植物还广泛用于医药、服饰、宗教、娱乐等方面。

第五，可增强村民的凝聚力。在凹塘中建设村寨，氏族、家族集中居住，利于协调管理；村民鸡犬之声相闻，早不见晚见，亲密接触，交往频繁，相互依赖，相互帮助，近邻胜过远亲，较之散居村落，村民之间更具凝聚力和亲和感。

第六，利于节庆集会。凹塘形如躺椅，其下方通常为一块平缓之地，叫“寨脚”。哈尼族认为，凹塘下方有寨脚，村寨才“稳当”。寨脚可供“歇脚”，是村民休憩的场所。“寨脚”处建有秋千房和哈尼人最喜爱的磨秋场和秋千，磨秋场是村民娱乐、集会和举行宗教仪式的地方。哈尼族每年农历六月举行祈求丰年的“矻扎扎”节，祭师咪谷在秋千房主持祭献天神、谷神，村民唱歌跳舞打秋千，充满喜庆气氛。

第七，利于农耕。凹塘“寨脚”的下方是宽敞的山包，从凹塘到山谷谷底，坡面尺度大，存在较大的土地开垦利用的空间；农地分布在村寨的下方，便于劳作，节约劳力；水源在高地，农田在下方，溪水随地势流淌灌溉梯田，无须复杂的水利设施，农家积肥亦可随水注入田中，省去长途运送肥料之苦。此外，过去哈尼村寨水碾、水碓、水磨发达，也得益于凹塘高地湍急而流的溪水。

三　凹塘聚落景观

凹塘的上述自然禀赋和功能深得哈尼族的青睐，而哈尼族聚落除了充分利用凹塘的自然禀赋和功能之外，还赋予其诸多富于文化生态内涵的景观，这些充满着象征意义的文化生态景观，是哈尼族世界观、自然观、人生观、审美观的生动体现。将观念融入自然，自然被赋予了丰富的人文内涵，凹塘因此成为人神共居之所和情感愿望祈盼等的载体。凹塘景观的再造，主要有四点：

第一，设立神林。万物有灵和崇拜是早期人类社会普遍存在的自然观和神灵观，时至今日，万物有灵和崇拜仍然程度不一地为许多族群所信奉。一个民族的世界观蕴含在诸多事像之中，而以村寨的表现最为集中。村寨是人们的家园，同时也是祖先安息之地、神灵幽居之所、鬼魂游荡之区，村寨就是一个人神鬼的共生环境。正因如此，大凡村寨皆有庙宇、坟山、神林、神树、寨门、寨心等的安排，其中以神林神树最为普遍。而在具有灵魂的“万物”世界之中，森林树木占有重要的地位。关于这方面民族志的资料，可以说不胜枚举。詹·乔·弗雷泽所著《金枝》第九章列举了众多树神崇拜的事例，[①] 爱德华·泰勒所著《原始文化》也有不少篇幅记述人们对森林树木的崇拜。[②] 森林树木崇拜的灵魂

① 詹·乔·弗雷泽所著《金枝》第九章列举了众多树神崇拜的事例：在欧洲亚利安人的宗教史上，对树神的崇拜占有重要的位置。雅各·格林对日耳曼语“神殿”一词的考察，表明日耳曼人最古老的圣所可能都是自然的森林。克尔特人的督伊德祭司礼拜橡树之神，是人们很熟悉的史实。瑞典古老的宗教首府乌普萨拉有一座神圣树林，那里的每一株树都被看作神灵。欧洲芬兰—乌戈尔族人的部落中异教的礼拜绝大部分是在神圣的树丛中进行的。澳大利亚中部的狄埃利部落把某些树看得非常神圣，认为是由他们祖辈化生的，因此在谈到这些树的时候，非常尊敬，并且不许砍伐或焚烧它们。

② 爱德华·泰勒所著《原始文化》也记述了人们对森林树木的崇拜：对树木的崇拜在非洲极为普遍，正如维达·包斯曼所说：“这树是这个国家的二级神，是在生较之平常发烧更重的病时唯一用供物来祈求应急以便恢复患者健康的。”在阿比西尼亚，盖拉人（Gallas）从四面八方去朝觐哈瓦河畔的圣树沃达那比（Wodanabe），向它祈求富裕、健康、长寿和多福。缅甸的塔兰人，在砍树之前，要向其“卡努克”——也就是灵魂或居住在它里面的精灵——祈祷。暹罗人在砍伐树木之前，给它奉献馅饼和米饭，同时认为住在它里面的物神或树木之母变成用这树木建造成的船的善灵。住在北美洲太平洋沿岸美国西部地区的印第安人进入内布拉斯加的黑山峡谷时，常常把供品悬挂在树上或放到峭壁上，目的是向精灵讨好，让它们赐予好天气和使狩猎成功。新西兰人常常习惯把食物或一绺头发作为供品悬挂在一块陆地的树枝上，这悬挂物像是给住在这里的精灵的一份供品。在狩猎部落里特别适宜的树木崇拜，至今还在西伯利亚北方部落之间流行。具有较高文化的北欧也仍然保持着树崇拜的遗风。在爱沙尼亚地区，旅游者们还可以时常看到树神，一般是古老的椴树、栎树或白蜡树，它们神圣地矗立在靠近住房的隐蔽处。

观，在中国各民族中亦普遍存在。[①] 和世界上许多族群一样，哈尼族信奉万物有灵，盛行神林神树崇拜，并一直传承着这一古老的传统。在他们的观念里，世界是人类生存的空间，更是人与各种神灵鬼魂共生的空间，所以在建立寨子时，不仅要考虑人们居住生活的场所，同时还要给所有神灵安排好栖居的地方。每到一地建立新的寨子，寻找到适合的凹塘，就在凹塘的上方选择一片森林作为神林，然后由祭师谷咪以鸡骨占卜的形式选择一棵“最直最粗的树”作为全寨寨神栖居的神树，除了全寨供奉的神树之外，有的村寨还有家族的神树。选择神树无须考虑树木种类，但是必须是生长力强、粗大挺直的乔木，而且要会开花结果，如万年青树（榕树）、麻栎树（橡树）、柏木等。神树选定，祭师谷咪杀鸡祭献，迎接神灵降临，祈求允许在此建寨，保佑建寨顺利平安。寨子建好后，每年二月在神林举行隆重而盛大的名为“昂玛突”仪式。哈尼语寨神名“昂玛”，“昂”为“精神”，“玛”为“母”“大”，“突”为“祭、献”之意，“昂玛突”即“祭寨神”。“昂玛突”祭祀有一系列仪式，要祭献多个神灵，所以寨神其实是树神、植物神、五谷神、六畜神、石神、生殖神等多种神灵的象征。（李克忠，1998：54）

第二，修筑水井。水源对于村寨的重要性不言而喻，建村立寨，必须有蓄留泉水溪流的水井。水井是提供日常生活用水的基木设施，是水神栖居之所，每年进行的“昂玛突”祭祀，其中一个重要内容是清洗水井和祭祀供奉水神，以祈求村寨饮水用水源源不断。祭祀一般在水井边进行，祭品有公鸭、公鸡、麻花母鸡以及松树枝、刺竹、茎菜等。水井关乎村寨清洁平安，是村民的生命之源，因而人们对水井的保护和管理十分重视。在节日祭祀水井的过程中，长者们会谆谆教

① 例如傣族信奉南传上座部佛教，佛寺遍布村寨，菩提树是每个佛寺必种的树种，那是人们顶礼膜拜的佛祖赐予的“圣树”。村头村尾生长着高大茂密的百年老榕树，是傣族村寨的又一特征，那也是神灵的栖居之所，人们常为祛病消灾而祭献老树。神山、神林是傣族村寨不可或缺的构成要素，傣语叫“垄山”“垄林”。云南彝族是至今保留神林、神树最多的民族之一，也是相关信仰仪式传承得最好的民族。滇中滇南的撒尼人（彝族支系）村寨至今依然很好地保存着集体供奉的村中的神树和村旁大片的“密枝林”（即神林）以及各家各户的神树，而且至今传承着“密枝林”和神树的传统祭献活动。

导年轻人爱惜水井、爱护水源、节约用水等。妇女操持家庭衣食，须臾不可缺水，每日与水为伴，最懂得水的恩惠，所以水井的日常保护管理、清洁维护等多靠妇女劳碌。至于水沟水井的疏浚维修，每年进行一次，全体村民参加。

第三，建造寨门寨心。哈尼族认为，世界是万物的世界，天空云雾、山林沟箐、悬崖峭壁、河水溪流、池塘山洞、巨树大石等均附着各种生灵。村寨是人居之所，为维护村寨清洁平安，避免外界生灵和不良不洁事物的侵扰，建寨时要画出村寨的界线，并建立寨门。寨门是村寨防护屏障的象征，同时具有人们寄托美好祈愿的种种意义。寨门每年更新一次。西双版纳等地哈尼族的寨门，以木柱、木梁建造，多呈尖塔门形。大门两边门柱前分别竖立男女两具木雕偶像，其男女生殖器被刻意放大暴露，这与西藏的珞巴族在门上悬吊硕大的男性木制生殖器一样，具有生殖崇拜、祈求丰年和驱邪避鬼的象征意义。寨门上方横梁上挂着木雕的人像、鸟像以及木刀、木叉木枪、木梭镖、木箭和达溜（竹编的辟邪法器）等，其守护、镇寨的意义一目了然。红河流域的哈尼族村寨的寨门，有的专门竖立门柱，有的以自然生长的树木为门柱，横梁上系稻草索，索子中间悬挂木制的刀、叉、锤、箭等兵器，两端悬挂用竹片绷开的鸡皮和狗皮、狗脚，为“金鸡神狗把守寨门”之意。门柱下方通常放置刀、矛、犁、耙、锄、镰刀等。每至寨门更新，由祭师主持杀鸡狗祭献，将鸡狗的血涂于寨门横杆、草绳和器具上，然后祭师祷告：

> 哎，我们今天立寨门，为五谷粮食来立，为人类平安来立，为六畜兴盛来立，为避免村寨出现纠纷来立，为天上大黑鹰堵在村外来立，为驱走魔病瘟疫来立，为消除饥饿寒冷来立，为赶走吃粮的飞禽来立，为赶走野猪狗熊来立，为麂子马鹿堵在村外来立。立起了寨门，竖起了寨门，堵住了疾病妖邪于村外，放进了予人富福安康的神灵。立起了寨门，竖起了寨门，立起了吉祥福气，竖起了健康与财富。（李克忠，1998：106）

寨心是村寨的中心，云南许多少数民族如傣族、德昂族、拉祜族、布朗族等，在新建寨子之时首先要做的一件大事便是设立寨心。寨心或安置石头，或竖立木桩、木柱，是护佑村寨的神灵的象征。哈尼族和上述民族一样，新建寨子时也必须树立寨心，由莫批以海贝或谷粒占卜等形式测定寨心，然后竖立木桩，象征神灵，此后每年按时供奉祭献。

第四，栽种竹木。按照哈尼族的传统，从建寨之日起要在寨子周边种植竹、棕榈、梨、李、桃等树木，特别是竹子和棕榈。古歌里说："哈尼人哦，牢牢记住吧，哈尼是老祖母塔婆的爱子，大寨要安在那高高的凹塘；寨头要栽三排棕树，寨脚要栽三排金竹，吃水要吃欢笑的泉水，住房要住好瞧的蘑菇房！"种植竹子和棕榈不仅可美化环境，可供生活生产器用，还具有多种重要的文化意义：

第一，竹子、棕榈被视为哈尼村寨的象征符号，哈尼族俗话说："无棕无竹不成哈尼村寨。"

第二，竹子、棕榈、锥栗树是哈尼人心目中的三种神圣的灵物。棕榈是"村寨繁荣人丁兴旺的幸福树"，栽种于村寨和梯田旁可以驱除邪恶，具有保佑村寨和梯田的神力；金竹栽在哈尼族主房的后墙上，能使人们不忘祖根，并可获得祖灵保佑家宅的神力；锥栗树为哀牢山常见的一种阔叶乔木，长势高大挺拔，木质坚硬，且四季常青，最具驱邪除瘟、护寨保土的神秘力量，所以是哈尼族神树的首选。

第三，竹子、棕榈是生殖生育力的象征。哈尼族姑娘出嫁，娘家赠送的嫁妆中通常有一只竹编的背篓、一床棕片编织的蓑衣、一双竹筷等，而必不可缺的陪嫁物品则是三节金竹片和一个棕榈树的棕心。哈尼"嫁女歌"如是唱："金竹漂亮俊美，让你带去丈夫家，养出的儿女金竹般漂亮……棕树根深叶茂，让你带去丈夫家，养出的儿女棕树般高大。"唱词表达了希望女儿具有如棕榈和金竹般强盛的生殖力，婚后子孙繁衍，昌盛兴旺。

此外，金竹和棕榈还被视为爱情等情感的象征。在哈尼族的精神生活中，金竹和棕榈是诗歌经常描写的题材，也是一些舞蹈经常使用的道具。例如表达爱情的诗歌："我很早就把阿妹爱，自家门前把棕榈栽，棕榈长大我们也长大，我剥下棕片给阿妹做蓑衣，阿妹哟你喜欢不喜欢？喔嗬嗬——我很早就把阿哥爱，自家屋后把金竹栽，金竹长大我们也长大，我砍下金竹给阿哥做烟筒，阿哥哟你喜欢不喜欢？……棕榈金竹根连根，阿妹你给我烟筒情意浓，阿哥你给我蓑衣意绵绵，烟筒伴我度日月，蓑衣伴我遮风雨。”例如著名的棕扇舞模仿鸟类动作惟妙惟肖，借以表现人与自然的亲密关系。诗歌描绘金竹和棕榈，借以表达美好的情感。（云南民族学会哈尼族研究委员会，1999：161，268—269）

哈尼族至今保留着农历五月初五在村寨周边栽竹的习惯。五月初五端午节标志着哀牢山区雨水季节的开始，这一天有“栽下碓杵也能成活”的哈尼谚语，因此村民们都抓紧在这一天栽植竹子，主要是龙竹和金竹。村寨多竹，有的村寨便以竹子命名，比如元阳县的金竹寨（哈尼语叫 almoldol，意为金竹林），元阳县俄扎乡的哈播村（haqbol，直接取哈尼语对龙竹称呼的音），金平县的苦笋寨（哈尼语叫 alhaqdol，意为苦竹林）等，红河、绿春等县也有不少以竹子命名的村寨。（黄绍文等，2013：242）

第四，架设秋千。秋千场是哈尼村寨重要的公共集会娱乐空间，通常建于寨脚寨头寨边平坦处。秋千场建有秋千房，秋千有两种，磨秋和荡秋，哈尼磨秋最负盛名。相传古代哈尼人开发山区营造田地，扰乱破坏了动植物的生存环境，被告到天神那里，天神示意哈尼人建立秋千化解矛盾，于是秋千场便成为哈尼村寨的一个象征符号。秋千场于每年六月建设，按照天神指示，人们在荡秋千之时，须大声喊叫，要让周围动植物听到看到，感觉哈尼人是被“吊在空中遭受惩罚”，从而得到抚慰和满足。这个传说就像许多狩猎民猎杀动物后必须向动物灵魂表示道歉忏悔一样，是哈尼人对于大自然热爱、尊重、虔诚、感恩、赎罪心理和情感的生动表达。

哈尼族每年六月举行的“矻扎扎”节，其中一个重要内容便是祭祀天神、维护秋千房、架设秋千。节日到来，村寨要组织修缮秋千房，派人到山中砍伐高大笔直的树木运回村寨，由经验丰富的能人制作磨秋和架设荡秋。一切停当，祭师咪谷开始主持祭祀，举行仪式，杀生祭献，祷告天神。仪式完毕，全村老幼悉聚秋千场，磨秋荡秋，比赛技艺，欢歌跳舞，尽情狂欢，通宵达旦。

第五，建设水碾房。进入红河哀牢山，一眼望去，满山遍野的梯田犹如海涛天梯，坐落于青山田园中的村寨如诗如画，令人倍感激动震撼。梯田壮丽，民居亦十分独特，土墙斑驳，草顶如伞，远远望去就像雨后勃发的蘑菇群，韵味无穷。哈尼村寨蘑菇房闻名遐迩，慕名而去者一进入村寨，首先映入眼帘的多半是一幅灵动的画面：一座竹木掩映的“蘑菇”老屋，墙边水车吱吱旋转、溪水哗哗流淌，那是哈尼人的水碾房。水碾发明于江南稻作地区，水碾以水能为动力驱动石轮，石轮不停地旋转碾压放置于石槽中的稻谷，使稻壳粉碎脱落为便于食用的大米。据说水碾是20世纪20年代传入红河哀牢山的，由于哀牢山溪水充沛，利用便利，所以水碾很受哈尼人钟爱，各村寨纷纷建造。水碾房于是成了哈尼村寨的一个结构要素，一道亮丽的风景。

第六，开垦梯田。哈尼族谚语说“哈尼是粗粗的大树，树根就是大田”，梯田是哈尼族聚落景观最重要的组成要素。梯田通常开垦于村寨之下的中低山地，层层叠叠，错落有致，直达河谷，形成哈尼聚落景观中最为壮丽的风景。

上述哈尼族以凹塘为中心，以梯田为根基的聚落生境结构，被哈尼族形象地描述为“一座山梁养一村人”。而其聚落的森林、村寨、梯田、河谷的垂直分布形态，则被学者们概括为“四素同构”概念。[①] 所谓“四素”，就是哈尼族谚语“人的命根子是梯田，梯田的命根子是水，水的命根子是森林”中的“人”（村寨）、“梯田”、“水”和“森林”；所谓“同构”，则是指“森林”、“人”（村寨）、“梯田”、“水”这四个要

---

① 哈尼族的聚落生境空间建构规则，很早便受到学者们的关注，并将其作为哈尼梯田最为重要的生态文化内涵而予以深度阐释和总结。代表性的研究如王清华的论述：“哈尼族村寨多建在半山的向阳坡地。村后高山是茂密的森林，村前则是万道梯田。高山区的森林、中山区村寨和下半山区梯田在哀牢山立体地貌和立体气候带中的不同层次的分布，构成了可以说是哀牢山区独特的三位一体的空间格局，这是一种平衡的生存空间。”（王清华：《梯田文化论——哈尼族生态农业》，云南大学出版社1999年版）李克忠对此也有类似的论述：“高山区森林、中山区村寨和下半山区梯田在哀牢山区立体地貌和立体气候带中构成了哈尼族梯田农业三位一体的空间格局……”（李克忠：《寨神——哈尼族文化实证研究》，云南民族出版社1998年版）史军超在王李等提出的“三位一体”的基础上，创造性地提出“四素同构”概念，此后“四素同构”概念被广泛应用于社会科学和自然科学的梯田研究中。

素相互间进行能量流通、物质循环、信息交换的“人类生态系统”的“结构”。“四素同构”概念是对哀牢山地哈尼族等典型的生境垂直分布空间利用模式的科学概括，它体现了哈尼族等在长期适应山高谷深、气候垂直变异的生境的过程中，与自然达成的高度“默契”。“四素同构”人类生态系统最大限度地利用了气候、土地、森林、水源等自然资源，又有效维系了自然生态系统和人类生态系统的和谐与平衡，充分体现了哈尼族等顺应和利用自然、与自然高度融合的生存智慧。哈尼梯田千百年来经久不衰，持续发展，在很大程度上便仰赖了“四素同构”人类生态系统所发挥的卓越的良性互补循环功能。

图1-1　哀牢山哈尼族聚落生境的垂直空间结构：森林、村寨、梯田、河谷（笔者摄）

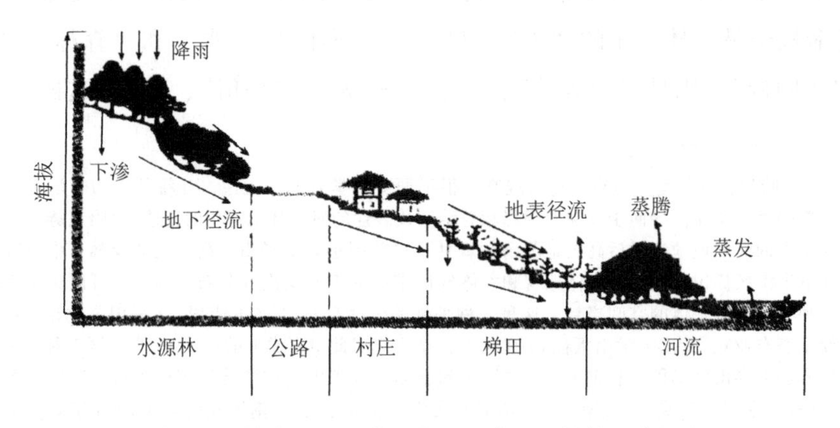

图1-2　哈尼族生境空间“四素同构”示意图（姚敏、崔保山，2006）

结语

哈尼族先民经过长期长途辗转迁徙，一部分南下到滇南与中南半岛北部毗邻地带，一部分跨过元江深入哀牢山区。哈尼族先民对生境的选择，既有和其他族群相同的诉求和考量，也有自身独特的文化理念。哀牢山区地势险峻，人烟稀少，远离强族，官府控制薄弱，对于饱经冲突战乱的哈尼先民来说，这是求之不得的安全之地。而寻觅凹塘建立村寨，则更多是出于文化生态的考虑。哈尼人通过对凹塘自然禀赋的发现和认知，在充分发掘其生态功能的基础上，凭借智慧和创造力，依次营造神林、神树、水源林、护寨林、水井、蘑菇房、寨门、寨心、金竹、棕榈林、秋千房、秋千、水碾房等生境元素，赋予凹塘聚落以丰富的生态文化内涵和文化象征意义，并在此基础上着力开发梯田，既达到了敬畏、感恩自然和祈愿美好生活的目的，又满足了人们的物质需求。可喜的是，近年来，哈尼族的这一聚落生境形态——“森林—村落—梯田—河流”受到越来越多的关注，并被上升为极富文化生态内涵的“四素同构”概念。目前，“四素同构”概念已经成为学界对我国所有著名灌溉梯田地区原住民生境空间建构模式的一个普遍应用的阐释工具。这也说明哀牢山区哈尼族的生境选择和文化建构，虽然只是哈尼族对于特定生态环境的特殊适应方式，却具有人类适应的普遍共性。透过其蕴含的生态文化内涵，可以深切感知人与环境相互依存、相互作用、相互建构的普遍规律。

第四节　生态与住屋

一个民族的住屋建筑，与其语言、服饰一样，都是民族文化、地域文化的重要特征。红河哈尼族的“蘑菇房”，和梯田一道，作为红河地区哈尼族的一个显著的文化象征符号，广为人知。哈尼族建寨环境的最佳选择是凹塘，村寨要素的配置有神林神树、水井、寨门、磨秋和秋千房等，此外，最重要的就是住屋的建盖了。值得注意的是，红河哀牢山区哈尼族和南部西双版纳等地哈尼族的住屋形态截然不同，南部西双版纳等地哈尼族选择建盖的是木草结构的干栏式住屋，而红河哀牢山区的哈尼族则选择建盖土木结构的“蘑菇房”住屋形式。不言而喻，哈尼族两类住屋形态的形成均与生境风土和社会文化有关。本节关注“蘑菇房”，拟在前人研究的基础上，透过“蘑菇房”产生、建造、结构和形态的事象分析，考察其独特的环境适应性。

一　“蘑菇房”生成的原因

史诗《哈尼阿培聪坡坡》（2016：38）说：“大地蘑菇遍地生长。小小蘑菇不怕风雨，美丽的样子叫人难忘；比着样子盖起蘑菇房，直到今天它还遍布哈尼家乡。”红河哈尼族把自己的住屋建筑称为“蘑菇房”，极其形象，似乎是天然生成，与环境浑然一体，散发着浓郁的自然山野气息，充满了生态之美，体现着人类文化适应的智慧。每当看到这样的家屋和聚落景观，不禁由衷赞叹，同时会提出问题：适应环境的家屋样式有多种选择，哈尼族为何没有选择其他适应样式，而仅仅钟情于“蘑菇房”的设计创造呢？

图1-3　红河哈尼族的传统“蘑菇房”村寨景观（采自红河县土司博物馆）

图 1－4　20 世纪 80 年代元阳县箐口村落景观（笔者摄）

人类住屋建筑的多样性是文化多样性的体现。家屋建筑形形色色、千奇百态、风格迥异，云南俗称“植物王国”“动物王国”“民族大观园”，此外还有“民族住屋建筑博物馆”的美誉。据专家研究，云南住屋建筑可分为五大系列二十八个种类型。第一系列为干栏式民居，该系列包括傣族的“干栏竹楼”、景颇族的“矮脚竹楼”、傈僳族和独龙族的“千脚落地”木楼、西双版纳哈尼族的“拥戈房”、德昂族的“刚底雄房”、佤族和拉祜族的“木掌楼”、壮族的“吊脚楼”、布朗族和基诺族的“干栏”木楼。第二系列为井干式民居，该系列包括纳西族的井干木楞房、普米族和彝族的木楞房、怒族的“平座式”垛木房、独龙族的井干式木房、中甸藏族的“土墙板屋”、洱源白族的“栋栋房”。第三系列为土掌房民居，该系列包括元江流域彝族和傣族的“土掌房”、哈尼族的“蘑菇房”、德钦藏族的“土库房”。第四系列为落地式民居，该系列包括拉祜族的“挂墙房”、佤族的“鸡罩笼房”、哈尼族支系西双版纳爱尼人的“拥熬”、瑶族的“叉叉房”、苗族的“吊脚楼”、布依族的“石板房”、白族的“土库房”。第五系列为合院式民居，该系列包括滇中及昆明地区的合院民居、滇西北大理、丽江地区的合院民居、滇东北会泽地区的合院民居、滇南建水、石屏地区的合院民居、滇西南地区的合院民居。①

住屋多样性的生成有多种原因，其中环境因素无疑是最重要的原因。建筑学者杨大禹认为“一方水土养一方人，同样，一方水土也造就一方屋，云南各少数民族形式多样的住屋，基本上是其所处那一方水土的产物”，并引用国外学者奥尔特曼（AItman）论述“住家作为文化和环境的关系”，以及日本学者石毛直道提出影响居住形式的八个因素：自然环境、生活方式、技术体系、村落形态、家庭形态、社会结构、精神结构和与异族的文化接触。八个因素里自然环境排在第一位。（杨大禹，1997：2、4）

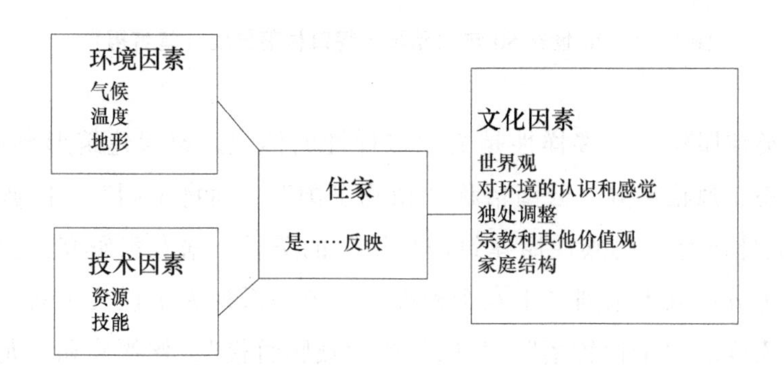

图1－5　奥尔特曼住屋关系图（杨大禹，1997）

建筑学家蒋高宸认为：“各民族人民在历史上所创造的每一种住屋模式，都是在一定历史时期，在一定地理单元内，与一定自然环境和一定文化环境相适应的适应性模式。如果承认这个观点是正确的，那么，住屋模式化的机理乃存在于人们不断谋求造就与本地自然环境和所处文化环境相适应的最优居住空间的努力之中。这种努力或可称为人的调

① 具体可参见云南省设计院《云南民居》编写组《云南民居》，中国建筑工业出版社1986年版；王翠兰、陈谋德主编：《云南民居·续篇》，中国建筑工业出版社1993年版；蒋高宸：《云南民族住屋文化》，云南大学出版社1997年版。

适。……上面所说的人的调适可以分为三类：其一，自然性调适。谋求住屋与自然环境的适应；其二，社会性调适。谋求住屋与社会环境的适应；其三观念性调适。谋求住屋与观念意识的适应。”（蒋高宸，1997：81）文中强调住屋是人对于环境的适应性模式，而三个层次的适应首先是自然性适应，即对自然环境的适应。

人类住屋的自然环境适应，根据环境要素有不同的层次，然而其最基本、最核心的层次乃气候的适应，印度建筑师 C. 柯里亚提出的“形式服从气候”的观点，可谓经典。（蒋高宸，1997：83）住屋的气候适应论，可资印证的案例比比皆是。在中国大地，无论是地理纬度差异形成的多种南北气候带，还是地貌垂直差异形成的多种垂直气候带，都存在形式迥异的住屋形式。如云南，在 39 万平方公里的土地上，住屋形式的多样性何以如此突出？为什么分布在不同地域的同一个民族会有截然不同住屋形态？为什么同一地域的不同的民族会居住相同的住屋形式？原因不是别的，就是气候、气候的文化适应。如果从这样的角度来理解的话，那么就可以明白，红河哈尼族选择建筑“蘑菇房”的住屋形式并非偶然，并非一种随意性的行为结果，而主要是生境的适应，尤其是气候的适应。

按建筑学分类，哈尼族的“蘑菇房”属于土掌房系列。在云南，土掌房的分布主要是在滇东南的红河流域的玉溪市和红河哈尼族彝族自治州以及滇中的楚雄彝族自治州等地。这些地区的气候主要是干热气候类型，土掌房即干热气候地区的典型的住屋建筑适应方式。所谓干热地区，是指年平均气温在 20℃以上，最高值可达 23. 8℃（最热月平均气温在 24℃—29℃、最低气温在 0℃以上），年降水量最低为 611. 1 毫米，最高为 973 毫米（一般在 800—900 毫米）的地区。干热地区气温高雨量少，建筑房屋必须考虑的主要问题是如何避免夏季房屋内部温度过高而难以承受。在诸多形式的房屋中，具有冬暖夏凉优点，特别是夏天能够保持屋内凉爽的住屋，便是土掌房。

土掌房是中国西南地区的一种特色民居建筑。土掌房之所以具备冬暖夏凉的特性，是因为采用了特殊的建筑材料和建筑技术。土掌房，顾名思义，是土做的房子，而且屋顶是平的，类似藏族、羌族等的碉楼。土掌房以土坯或夯土筑造厚实墙体，屋顶也以厚土覆盖，既保暖又隔热。土掌房除房门外，墙上一般不开窗子，或只开少量的小窗。红河流域的土掌房，土墙厚度在40—50 厘米，土质较好或排水方便的地方，可则直接在地基上垒砌土坯或夯土，如果石料取用方便，也有在筑墙时先用石块或卵石垒砌高约 30 厘米的墙脚，再垒土坯和夯土，如此墙体更为坚固。房屋四周通常开挖排水沟，疏导雨水，利于墙基保护。屋顶铺设泥土，要求四周墙体等高，这样筑造的屋顶就比较平整。其做法是，先在土墙上架设木梁，木梁须使用粗大的木料，要具备足够承载屋顶重量的强度，木梁上铺设一层竹子、荆条或树枝，尽量不留空隙，然后在其上铺灌泥土。泥土为掺拌了碎稻草的草泥，草泥厚 20—30 厘米，铺灌到荆条、竹子、树枝之上后，捶打拍实刮平。干燥之后，就像水泥板一样坚实。具有平整屋顶，既是土掌房的一大特点，也是一大优点，它除了具备其他类型房屋屋顶防雨渗漏、隔热隔寒的作用之外，还发挥着重要的大露台的功能。在山区河谷地势崎岖、聚落住屋间距狭窄、缺乏院落和公共广场的情况下，屋顶成为人们仅有的活动场所，晾晒粮食衣服，休息乘凉聚会，成为土掌房的一道独特的住屋文化风景。

总而言之，土掌房厚实的土墙和土平顶有较好的隔热性能，加之不开窗或开窗小，大大降低了热辐射量，故房屋内冬暖夏凉，这是其突出的优点。土掌房适宜生活于干热（或干冷）气候环境中的人们居住，而且具有取材容易、建造技术要求不高、施工简便、容易修补、造价低廉、坚固耐用等特点，所以一直是该区人们最为喜居的住屋形式。（张增祺，1999：159）

红河流域以土掌房为住屋的民族，有傣族、彝族、哈尼族和部分汉族，傣族是该区最早的住民，当是土掌房的最先创建者。彝族、哈尼族等先民属北方氐羌族群，是在秦汉之后自北方陆续南迁的族群，他们在漫长的迁徙岁月中，停留过许多地方，尝试过不同的生活和居住方式，最后到达红河地区定居下来，受傣族先民住屋文化的影响，学习、接受了土掌房住屋形式。然而由于哈尼族居住山区，山区气候较为凉爽，冬季则阴冷潮湿，而且降雨量多于河谷地带。为了增加冬季的保暖和夏季的防雨功能，哈尼族在借鉴傣族土掌房形式和结构的基础上，加盖了形状呈四面坡的草屋顶。这样一来，土库形式的土掌房便成了有斜面草顶的“蘑菇房”，形成了哈尼族独特的住屋形式。

图 1－6　滇中彝族的土掌房（笔者摄）

有学者对此有不同看法，认为“蘑菇房”应该是哈尼族先民固有的住屋形式，理由是哈尼族先民为羌人体系，羌人的古老住屋乃是“累石为室，高者至十余丈，为邛笼”的“碉楼”，“蘑菇房”的基本形态便是从“邛笼碉楼”的原型演变而来的。其曰：“古羌人族群的文化构成哈尼族文化之源，是哈尼族传统文化赖以发轫和生长的原始本根，建筑自不例外。邛笼建筑，是古羌人族群最古老的建筑样式，这在学术界是不争的共识。作为古羌人的后裔，构成哈尼族建筑原型的土掌房直接脱胎于邛笼建筑；哈尼族建造使用土掌房的年限，与本民族的历史一样久远。”（王学慧、白玉宝，2008：53）此为一家之言，然仅为推测，可惜无确凿证据。太多的事实业已说明，以族群源流区别论证族群的住屋形

图1-7 元阳县哈尼族的“蘑菇房”（笔者摄）

式的观点是难以成立的。前文曾经说过，为什么同一族群在不同的栖息地会有不同的住屋形式，而不同的族群分布于相同的栖息地会有相同的住屋形式，原因就在于住屋形式的决定因素并非族源及其“传统”，而主要是环境和气候。哈尼族先民出自古羌确为共识，不过当代哈尼族毕竟不等同于羌族，何况现有考古资料并不能证实羌人住屋自古便是“邛笼碉楼”，和所有族群一样，羌族的住屋形式也一定经历过由原始到文明的漫长复杂的变迁过程。值得注意的是，在哈尼族的口传史诗里倒是有哈尼族先民住屋形式历史变迁的记述。史诗十分清晰地表明，“构成哈尼族建筑原型的土掌房”并非“直接脱胎于邛笼建筑”，而是脱胎于“岩洞”“鸟窝房”。远古，哈尼族先民生活在北方一个叫“虎尼虎那”地方，他们居住山洞，靠采集狩猎为生：

虎尼虎那时代的先祖，

……

撵跑豹子，

他们就搬进岩洞，

吓走大蟒，

他们就住进洞房，

……

看见猴子摘果，
他们学着摘来吃，
看见竹鼠刨笋，
他们跟着刨来尝
……［朱小和（哈尼族）演唱，2016：12］

史诗接着说，随着人口增长，山洞住不下了，便搬到洞外，在大树杈上搭建“鸟窝房”：

哈尼先祖养下了大群儿孙，
石洞不能再当容身的地方。
看见喜鹊喳喳地笑着做窝，
先祖也搭起圆圆的鸟窝房。
鸟窝房搭上树杈，
冷天暖和热天荫凉，
圆圆的房子开着圆圆的门，
堵起大门不怕虎狼。［朱小和（哈尼族）演唱，2016：13］

若干年代之后，哈尼族先民迁徙到一个叫“惹罗普楚”的地方，在那里“头一回开发大田”，开始了农耕生活，住屋建筑随之发生变化，初期的“蘑菇房”出现了：

惹罗的哈尼是建寨的哈尼。
一切要改过老样。
难瞧难住的鸟窝房不能要了，
先祖们盖起座座新房。
惹罗高山红红绿绿，
大地蘑菇遍地生长。
小小蘑菇不怕风雨，

美丽的样子叫人难忘；

比着样子盖起蘑菇房，

直到今天它还遍布哈尼家乡。[朱小和（哈尼族）演唱，2016：38]

蒋高宸先生曾根据上述《哈尼阿培聪坡坡》的记述，绘制了哈尼族从采集狩猎时代到农耕时代住屋建筑的进化演变图，观之一目了然。

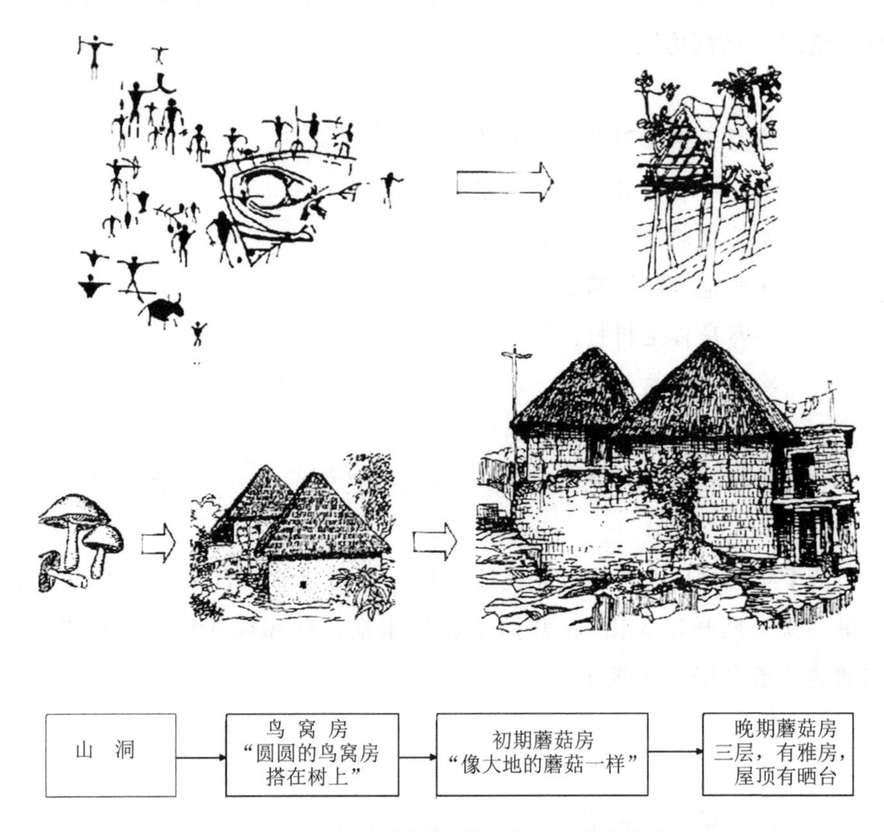

图 1－8 哈尼族先祖造屋传说示意图（蒋高宸，1997）

二 “蘑菇房”的建造和结构

“蘑菇房”属于土掌房系列，其建造方法与该区的傣族、彝族等的土掌房大致相同。“蘑菇房”的墙基通常用石料砌成，墙基也叫墙脚，地上地下各高 1 米或半米，地下墙基一般宽 1 米，地上墙基宽 40—50 厘米，其上两侧固定厚木夹板，木夹板长2米，宽50厘米，把土加入夹板捲捣夯实，夯土一段一段往上垒。墙高6米左右，墙壁一般不开窗，只是在正房后墙上留出一个小孔，用于透光和透气，太阳光可从墙孔直接照射到室内火塘上。墙体筑成后，架设柱子和屋梁，柱子共立8根，中间两根，每个墙角立一根，柱子底部垫50厘米高的石礅，起到防潮湿腐的作用。柱子与柱子之间架设木梁，形成稳固的“框架结构”。“蘑菇房”通常建盖两层，隔层楼板使用竹片或木板。屋顶先架设粗木，然后铺设细竹子或竹片，上铺稻草，然后加压10厘米的土层并拍实。半山多雨，所以屋顶要加盖草顶，草顶呈“倒V”形或四斜面，草顶以竹子做框架，以篾片绑定椽子，然后覆上多重茅草。草顶斜度一般为45度，利于雨水流淌，可增强其稳固性和使用寿命。

蘑菇房有两层和三层结构样式，两层结构由正房、耳房、前廊组成。前廊与耳房顶部为夯实的泥土平台，是休憩纳凉和晾晒农作物之所。正房底层为畜圈，并堆放农具。二层是居住、做饭、休息、会客的空间，用木板隔成左、中、右三间，左右两间为卧室，中间设一常年生火的方形火塘。火塘里立三块石头或铁三脚架，作为“锅架”，火塘旁有土灶，

图1－9 背运建房材料（笔者摄）

图1－10　建盖屋顶

辅以煮饭、炒菜或煮猪食。二层屋顶夯土，上面加盖高度三四米的草顶。二层屋顶和草顶之间的空间叫作“封火楼”，用以贮藏粮食、瓜豆或其他食物。耳房多为一层，也有建作两层的，楼下关牛马、猪狗或禽类，楼上住人。通常老人、大人和小孩住正房，成年儿子姑娘住耳房，耳房也是青年男女娱乐和谈情说爱的空间。三层结构的“蘑菇房”，底层关马圈牛，堆放谷船、犁耙等农具；二层为卧室、厨房、客厅并连接平台；三层置放粮食、柴草等物。“蘑菇房”门口常设置一口大水缸，水缸多为一块完整的石头凿成，也有用混凝土制造的，常年蓄水以备消防之用。金平县哈尼族的“蘑菇房”分两种，名为“糯美”和“糯比”。“糯美”型为二层，不设畜圈，正房底层隔为两间，一作卧室，另一作堂屋兼厨房，前面为一封闭围廊，楼层作卧室和储藏，分隔视需要决定。“糯比”型平面为曲尺形，空间划分和使用安排与糯美型基本相同。

图 1 - 11　屋顶露台可晒粮、打谷（笔者摄）

图 1 - 12　房屋底层为畜圈（笔者摄）

哈尼族的房屋按用途分为三种，第一种是住屋，即主体；第二种是田棚；第三种是水碾房，均为“蘑菇房”形态。哈尼族耕种梯田，梯田分布于山谷，大多离村子较远，且谷深坡陡，所以需在远离村寨的梯田里建筑田棚。春耕和收获的农忙时节，住在田棚，可省却山路往返疲劳，大大延长劳务时间，利于抓住节令抢种抢收；农闲时牲畜放牧于田间，田棚可做畜圈；稻谷收割后，可暂时存于田棚，之后再慢慢运回村寨。过去田棚都盖成“蘑菇房”式样，体量较小，现在用塑料等材质瓦片取代稻草的田棚逐渐增多。田棚有的建一层，有的建两层。一层结构的田棚人与鸡鸭共住屋内，牛马拴在田棚外。二层结构的田棚人住楼上，楼下为畜圈。

图 1－13　牛粪贴在墙上晒干作燃料（笔者摄）

水碾是我国南方稻作地区普遍应用的重要的谷子脱壳加工设施，水碾以水力驱动碾轮压碾谷子使之脱壳，是传统农耕社会稻谷加工的代表性的科技创造杰作。据《元阳县志》记载，哈尼族的水碾是 20 世纪 20 年代从两广地区引入的。在 20 世纪 80 年代之前，红河地区大多数哈尼族村寨都建有水碾房。水碾房也按“蘑菇房”式样进行建设，管理由村民轮流负责，或设专门的看护人员。收获时节，水碾、水碓日夜不停地运转，成为哈尼族梯田文化和村寨景观的一道亮丽风景。

三　蘑菇房的适应性

蘑菇房是环境适应的产物，归纳其适应性，主要表现为以下几点：

1. 气候适应性。“蘑菇房”土墙厚重，开窗小，上覆斜面草顶，适应哀牢山区日温差较大、夏季多雨、冬季阴冷潮湿的亚热带山地季风气候，冬暖夏凉，具有遮风挡雨的良好功能。

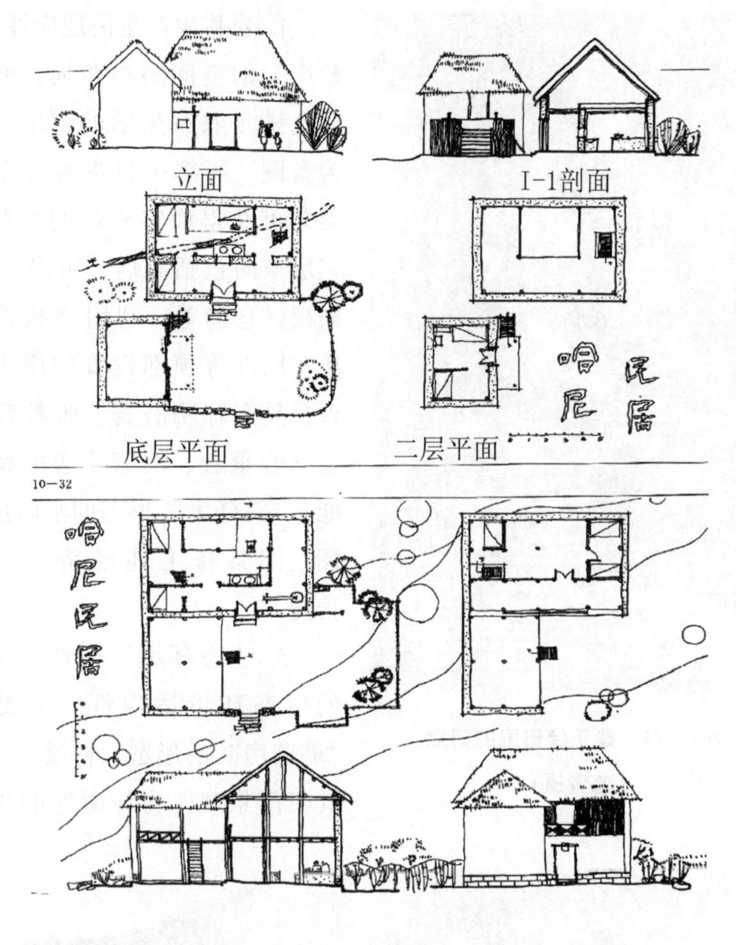

图 1－14　金平县哈尼族的“蘑菇房”，上图为“糯美”型，下图为“糯比”型（杨大禹，1997）

2. 资源适应性。土掌房主要建筑材料为土、木、竹、草，土、木、竹可就地取材；稻草产自梯田，一举多得，物尽其用。

3. 乡土社会适应性。“蘑菇房”由村民自建，房屋设计、伐木、木材加工、取土、夯土、建竖柱梁屋架、搭建修葺草顶等均为乡土知识，无须外界参与帮助。哈尼古语说“多大的田地可以一个人挖，但房子不可能一个人盖”。一家盖房，全村参与，此习俗发挥着传承乡土团结互助精神的优良传统和增强村民凝聚力与亲和力的功能。

图1-15　建于梯田里的田棚

（笔者摄）

4. 农耕生产生活适应性。“蘑菇房”的空间结构布局，能够很好地满足农耕生活的需要：一层为畜圈，可解决耕牛等牲畜的饲养并可获得稳定充足的厩肥；二三层空间包括起居、厨房、进餐、祭祀、仓储等，利用率极高；耳房、回廊等顶部设置的露天大平台，具有晾晒谷物、脱粒筛糠以及家庭聚会、纳凉休憩的特殊功能。“蘑菇房”形态的水碾房和田棚，亦具备上述经济、实用的功能。

5. 生态环境适应性。这里说的生态环境适应性，主要是指“蘑菇房”的形态、材质、色调及其聚落景观，均与山地的生态环

图1-16　田棚（黄绍文摄）

境、自然景观十分协调，体现着人与自然和谐、天人合一的人文生态之美。①

红河哈尼梯田于2013年成功申报为世界文化遗产，在诸多申报的条件中，以“蘑菇房”为核心的村落景观占有重要地位，一直是评委们关注的重点，其卓越的环境适应性和社会文化价值备受赞赏。(红河州地方志办公室档案资料)不过如果以现代人居环境的眼光衡量，“蘑菇房”也存在若干适应的缺陷，主要表现于以下几点：

图1－17 水碾房（笔者摄）

1. 建造技术粗放，建筑质量欠佳，是传统“蘑菇房”和土掌房普遍存在的问题。鉴于此，房屋容易变形破损，抗震、洪涝等灾害的性能较差，修缮较为困难。

① 在红河哈尼梯田申报世界文化遗产的文本中，对哈尼族住居的适应性有如下论述：“哈尼族典型民居建筑——“蘑菇房”在建筑形态、内部格局、建筑手法及用材等方面都独具特色，是研究中国少数民族建筑学的重要实物资料。从哈尼民居建筑的用材来看，哈尼族居住的半山区，一年四季阴雨连绵，云雾缭绕，因此所建造的民居“蘑菇房”（或称土掌房）多为土石木结构的草顶房。这种民居有结实的土墙、厚重的草顶，外形观感如蘑菇，其顶不仅能遮风挡雨，更为重要的是，使住房冬暖夏凉，通风干燥。草顶是哈尼民居建筑选材的显著特点。为了保证三至五年更换草顶，使翻盖的草屋功能如初，益于人居的生活，就需要大量的长棵稻草。为满足这种社会生活物质的需求，哈尼族的祖先在梯田稻作的选种方面，无论在高山、中半山、低山河谷耕种梯田的稻种，都选择高秆品种（一般稻草都长1米至1.5米）。这样梯田所产生的大量稻草，可满足建造或翻新蘑菇草顶的建房材料需要，形成哈尼民居与梯田息息相关，相互为用的和谐关系。由于在山坡上建筑村落，平整的基地难以寻找，哈尼族民居一般都以最为经济、占地最小的方式来建设，一般的家庭没有院落，建筑之间紧密相连。入口的平台作为家庭的户外活动的主要场所成为哈尼族传统民居的一大特色，而屋顶则是粮食的晒场。村落中的公共用地一般为水井前与村口的祭祀场地及节日中的磨秋场，这里是村民在节日中跳舞唱歌打秋千的欢聚地。‘蘑菇顶’是构成哈尼族民居典型外部特征的主要标志，它实际上是每个家庭放置粮食的屋顶仓库，由茅草或稻草搭建的屋顶保持了适当的温度与湿度，同时也有比较好的通风性。”（转引自红河州地方志办公室档案资料）

图1－18　建盖技术粗放、建筑质量较差的傣族传统土掌房和哈尼族“蘑菇房”（笔者摄）

2. 传统“蘑菇房”人畜共居，便于饲养管理和积肥，然而也容易滋生细菌，空气污浊，环境卫生较差，不利于人的健康。

3. 蘑菇房土墙厚实，开窗小，有冬暖夏凉的优点，不过这也造成屋内光线昏暗，通风不良，加之火塘整日柴火不断，烟熏火燎，四壁黝黑，降低了居住的舒适度。

图1－19　传统“蘑菇房”多为人畜共居（笔者摄）

4. “蘑菇房”屋顶以木竹做框架，上面覆盖稻草，可避雨挡风，防潮保温，然而草房容易发生火灾，加之哈尼村寨家屋密集，失火后果严重，这是心腹大患；草顶三五年更换一次，较之使用板瓦盖顶，成本高，费时费力；草顶稻草源于梯田传统种植的高秆稻种，传统高秆稻种产量较低，现在多被矮秆杂交稻所取代，如果固守传统草房建筑，那么将面临优质稻草短缺的困难。

5. 没有卫生、供水、供电等设施，是几乎所有传统民居的弊端，“蘑菇房”也不例外。相对而言，供水和供电问题比较容易解决，卫生设施的改造涉及观念和生活方式，要达相应的水平，需要一个过程。

哈尼族的“蘑菇房”，是历史时期或称传统农耕时代哈尼族对其生态环境的文化适应的产物，其良好的适应性毋庸置疑，然而由于历史的局限，“蘑菇房”也存在上述若干非适应性的缺陷。历史翻开了新的一页，随着时代的进步，随着人们生活方式和观念意识的改变，随着社会经济的发展和科学技术水平的提高等，为消除和弥补传统文化中非适应性的缺陷，传统适应方式必然进行调适和某些变革。“蘑菇房”也如此，近50年来，红河地区哈尼族村寨景观已然发生了显著变化。然而由于对传统文化价值认识的不足和偏差①，缺失及时必要的改良策略、优化方案和示范引导，所以导致村寨村容村貌和传统民居的急剧破坏性改变，很大程度上失去了往昔浓郁的生态文化意象。关于“蘑菇房”变化态势，建筑学家朱良文做过详细调查统计：“村寨是哈尼梯田文化遗产保护工作的难点。目前村寨的实际状况是令人担忧的，遗产区内85个村寨能够保持传统村落完整性与真实性的只有少量的3—5个，绝大多数已有不同程度的自然或人为的破坏。至于传统民居，我们对遗产区核心部位的56个一、二级村寨做了详细调查，真正保留传统风貌的A类民居（称得上是‘传统民居’）仅1190幢，占其总数8951幢的13.29%，而其中又有84%（1001幢）已有不同程度的破损。”在指出现状的同时，朱良文认为村寨是哈尼梯田文化遗产保护工作的重点与难点，人是哈尼梯田文化遗产保护的基础与出发点，面向实际是红河哈尼梯田文化遗产保护工作的唯一方法。同时强调要把传统村落的保护要求落到实处，要认真对待传统村落的发展，促进“美丽家园”建设与遗产保护工作的有机结合。（红河州地方志办公室档案资料）

① 20世纪80年代，农村实行家庭联产承包责任制，农业经济快速发展，一个相当普遍的观点认为，用土坯和茅草、稻草建造的“蘑菇房”代表着贫穷与落后，只有住上砖混结合的新房才是“现代化”的象征。哈尼族传统民居的传承和保护机制受到前所未有的冲击，许多哈尼族人家拆除“蘑菇房”，盖起了现代化的新房。

图1－20　经过改良的“蘑菇房”村落（笔者摄）

图1－21　一些哈尼族村寨“蘑菇房”消失了，取而代之的是砖混楼房（笔者摄）

为保护哈尼村寨，保护“蘑菇房”，2008 年红河州人民政府制定了详细的《哈尼族民居保护的计划》。为此曾组织人员深入村寨，依据乡土建筑的真实性与完整性标准，将村寨民居保存状况按“基本上保持传统民居”“建筑主体保持传统形式与材料的民居”“建筑局部保持传统形式与材料的民居”“非传统民居”四类进行详细的调查评估记录。针对调查评估现状，红河州哈尼梯田管理局和县乡两级政府针对不同类型的村寨民居，进行了有区别的保护、维护和恢复。

2010年，红河州人民政府聘请清华大学建筑学院和清华同衡规划设计研究院乡土建筑研究所团队编制了《红河哈尼梯田村寨保护与发展总体规划》，并现场指导村民，从防火改造、功能调整、改善采光、调整层高四个方面开展“蘑菇房”的维修改造工作。在整个维修改造过程中，充分发挥当地工匠、户主的智慧和积极性，起到了关键的作用。通过以上四个技术层面的改造，哈尼“蘑菇房”在一定程度上满足了人们对现代化生活的需求。实践说明，传承传统建筑的形式、风格和技术，沿用土坯砖、木材、茅草和稻草建造的“蘑菇房”，非但不代表贫穷与落后，还可以成为现代建筑追求节能环保、绿

图1－22　广西龙脊梯田村落景观（笔者摄）

色生态的榜样。清华团队编制的哈尼村寨民居保护改造方案及方案的成功实施，起到了示范作用，并为哈尼村寨民居的全面保护改良提供了思路，积累了经验。

传统住居作为梯田景观和文化遗产的组成部分，具有高度的协调性和审美价值，这一点不仅体现于红河哈尼梯田，也是我国几个著名梯田地区的共同特色。广西龙脊梯田地区壮族和瑶族的落地木楼，贵州黔东南梯田地区苗族侗族的吊脚木楼，湖南新化紫鹊界梯田地区苗瑶侗汉族的干栏式板屋，闽粤赣交界地带梯田地区客家人的土屋等，均为优秀建筑文化遗产。新时期如何加强相互间的学习交流，如何进一步保持和发挥传统住居的适应性并改良其不适应性，如何维系梯田文化遗产的协调性、完整性、真实性，如何解决梯田生态文化保护与发展的矛盾，如何使梯田农业遗产与传统村落建筑遗产永续融合发展，是大家共同面临的课题和致力的目标。

结语

红河哈尼族的“蘑菇房”，历来被视为传统民居建筑百花园中的一朵奇葩，和哈尼梯田一道，作为红河哀牢山区地域文化的重要特征和哈尼族文化的象征符号之一。哈尼族的“蘑菇房”在建筑学上属于土掌房系列，土掌房为干热气候地区典型的住屋建筑适应方式。人类在采集狩猎时代，曾经以山洞、大树为栖居之所，这一记忆也见于哈尼族的史诗

图1-23　贵州黔东南苗族村落景观（笔者摄）

之中。从穴居巢处到原始“蘑菇房”再到传统“蘑菇房”的演变，生动地体现了哈尼族先民的住居演变发展过程。如上所述，哈尼族的“蘑菇房”具有良好文化适应性，然而随着时代的发展，其某些不适应性也日益明显。为此，近年来有关方面在“蘑菇房”的保护与改良方面做了积极探索，取得了一些实验性成果。不过，要实现既能为哈尼族民众广为认同，又具有良好操作性的“蘑菇房”保护改良目标，还需要上下结合，凝聚各方智慧，继续努力。

第二章

梯田历史及形态

第一节　我国梯田的起源与发展

梯田为农田中的一个门类。何谓梯田？顾名思义，梯田即梯山而田——在山区坡地开发的呈梯形状层层累叠的农田。梯田少者数十层，多者达数千层。数百数千层梯田累叠于一山，景观壮丽奇绝，有“大地艺术”“世界奇观”之誉。1995 年、2007 年和 2013 年，被称为世界三大梯田的菲律宾依富高梯田、瑞士拉沃葡萄园梯田和中国云南红河哈尼梯田分别入选联合国教科文组织的世界文化遗产名录。2005 年和 2010 年，依富高梯田和云南红河哈尼梯田分别被联合国粮农组织列为全球重要农业文化遗产。（卢勇等，2017：9、10）文化遗产桂冠的加冕，使得梯田在传统农业事项的基础上，又凸显若干崭新的现代性意义，其研究空间随之豁然扩展。不过，相比时下诸多跨学科的新颖角度的梯田研究，其起源和发展依然是绕不开的最基本的课题。有鉴于此，本章拟在前人研究的基础上进一步梳理探讨，以期对梯田的历史有一个更为清晰的认识。

一　梯田的分布和分类

梯田在世界上广为分布。东亚、东南亚、南亚、喜马拉雅山区、中东、地中海沿岸、非洲、中美洲、南美全境等，均存在大量梯田。国外著名梯田有印度尼西亚巴厘岛的德格拉朗梯田、菲律宾吕宋岛北部的依富高梯田、尼泊尔的高山梯田、不丹的幸福之道梯田、秘鲁马丘皮克丘印加人的石阶梯田等。我国是梯田大国，梯田分布面积广阔，黄土高原、云贵高原、江南山地丘陵均为梯田密集分布地区。我国规模宏大的代表性的梯田有甘肃和宁夏梯田、内蒙古赤峰梯田、广西龙脊梯田、湖南紫鹊界梯田、江西赣南地区崇义梯田、贵州东南山地加榜和月亮山梯田、云南红河梯田等。

农田有“田”“地”之分。田通常指水田，为灌溉耕种的农田；地为旱地，是没有水利设施灌溉的农地。旱地按不同形态分，有火耕地、轮歇地、固定耕地、水浇地、平原盆地旱地、山坡的坡地和台地等；水田按不同形态分，有平原盆地的水田、区田、圃田、柜田、架田（也称葑田、浮田）、沙田、围田（圩田、柜田）、涂田、山地梯田等。通常说的梯田其实是指水田，是水田中的一种类型，并不包括旱地。山坡上旱作的坡地和台地，由于也多有累叠，如梯形垂直分布的景观，看上去和梯田无异，所以也常常被纳入梯田范畴，可统称为梯田。

梯田的分类，首先可分为灌溉梯田和干旱梯田两大类，前者主要种植水稻；后者种植陆稻、粟稷、麦子、玉米、马铃薯、豆类、棉花、水果、茶等作物。其次按田埂区分，主要有石埂梯田和土埂梯田两类。最后按梯田形态区分，可以分为三种类型：一是台阶式梯田。此类梯田是指在坡地上沿等高线筑成逐级升高的台阶形的田地，包括水平梯田（梯田的田面呈水平）、坡式梯田（梯田的田面有一定坡度，耕作数年后可成为水平梯田）、反坡梯田（梯田的田面呈反坡状，可增加田面的蓄水量）和隔坡梯田（水平梯田与坡式梯田的结合形式）四种。台阶式梯田主要分布在中国、日本及东南亚各国人多地少的地区。二是波浪式梯田。波浪式梯田又名软埝梯田或宽埂梯田，是指在缓坡地上修筑的断面呈波浪式、保留原坡面的梯田，便于机耕，主要盛行于美国。此类梯田，其实并无显著梯田形态，称之为坡地也许更为恰当。三是复式梯田。所谓复式梯田乃是水平梯田、坡式梯田、隔坡梯田等多种形式的梯田组合。（卢勇等，2017：9、10）

二　梯田起源于新石器时代

梯田作为一种重要的农田形态，分布广，类型多，起源难以考证。关于我国梯田的起源，学界存在不同的看法。一些国外文化传播论者曾主张梯田起源于中东，后来扩展至欧亚各地，并根据各地的情况而加以改良。持此论的学者认为，最早的梯田为干旱梯田，源自中东的干旱梯田开发技术是迄今2000年前传播到中国南方的，经过东方的灌溉技术的改良，成为水稻梯田，继而再从华南地区传播推广到亚洲各地。[①] 上述梯田中东起源传播论，迄今为止并没有可靠证据的支持，不过是主观的想象和推测，所以学界认同者并不多。此外，有论者将我国古代文献记载的“山田”界定为水田，即“种植水稻的梯田”，进而又推论说，日本及印度尼西亚、菲律宾等国外的水稻梯田亦当源自中国，而中国的水稻梯田则源于云南。此论同样没有可靠证据的支持，亦属想象推测，也不足取。（张增祺，2010：169）国内学者对梯田起源的探索，主要集中于本土起源。主张中国梯田本土起源的道理其实很简单，那就是中国农业历史十分悠久，作为公认的世界重要的农业起源中心，既包含了若干栽培作物的起源，自然也包含了相应的农田的起源。

农业的起源最早发生于大河流域的谷地平原，已为众多史前遗址所证明。中国黄河和长江两河流域是世界农业的重要起源地，为学界之共识。世界上最早研究栽培植物起源的学者瑞士植物学家康德尔（A. de-Candolle，1806－1893）在1882年出版的《栽培植物的起源》中写道，世界农业最早起源于三个地区——中国、亚洲西南部（包括埃及）及美洲热带地区。苏联植物育种学家瓦维洛夫（Vavilov，N. I.，1887－1943）所著《作物的起源、变异、抗病性及育种》一书，提出世界重要栽培作物起源于八个独立的中心：中国、印度、中亚、近东、地中海地区、阿比尼西亚、墨西哥南部及中美、南美洲，并认为世界上农业发展最早及最大的作物起源中心，包括中国中部与西部山区及邻近的低地。瓦维洛夫在其另一本著作《主要栽培植物的世界起源中心》中进一步说道，中国是“第一个最大的独立的世界农业发生发源地和栽培植物起源地”。

① 可参考布瑞《中国农业史》（上册），李学勇译，熊先举校阅，台湾：商务印书馆1994年版，第181、182页。这些学者并认为：“依照东亚水田发展之顺序：从天然沼泽、河床地、水田，而至泥土梯田；进步到石壁灌溉梯田；再进步到草泥田埂之灌溉梯田。假若以为中国之灌溉梯田为东方独立发展之田制，则在上述之顺序中似尚存有漏洞。我等以为天然沼泽地不可能为灌溉梯田之起点。从演变层次上看，亚洲之梯田观念整体由外界引入，始提供早期农民梯田之新方法，使水田之制度全部改观。”

上述论断并非空穴来风，而是具有充分的考古资料可资证实的。先看黄河流域的史前农业。迄今为止，我国考古学者已经在河南、河北、山东、山西、内蒙古、陕西、甘肃、青海、新疆、西藏等省区的新石器时代遗址中，先后发现具有碳化粟粒、粟壳或粟的谷灰的农业遗址40多处，其中发现于内蒙古赤峰敖汉旗兴隆沟碳化粟农业遗址，年代距今8000—7500年，为最早的粟栽旱作农业遗址，是旱作农业起源于黄河流域的有力例证。再看长江流域的史前农业。迄今为止，我国考古学者发掘的新石器时代稻作农业遗址已近200处，分布于江苏、浙江、安徽、江西、湖北、湖南、福建、广东、广西、云南等省市区。其中年代最早的是湖南道县玉蟾岩遗址、江西万年县仙人洞遗址、广东英德牛栏洞遗址，年代都在一万年以上；稍晚的湖南澧县彭头山稻作农业遗址，年代距今9200—8300年；湖南岳阳钱粮湖农场坟山堡、汨罗市附山园、华容县车轱山遗址以及河南贾湖稻作农业遗址，年代距今8000年；浙江罗家角稻作遗址，距今7100多年；浙江余姚河姆渡遗址出土的大量碳化稻谷和农作工具，尤为引人瞩目，距今也有7000年。上述遗址已经足够说明长江中下游流域是灌溉稻作农业的重要起源地。(尹绍亭编，2019：10、11、13)

农业起源时期的农田应是零星的、小面积的、小规模的、不固定的、种植十分粗放的，而不可能是山地梯田。何故？在人烟十分稀少、土地极为广阔的蛮荒时代，人们完全没有必要也没有相应的知识和技术去开垦山地梯田。但是梯田的雏形，却存在于早期定居农田之中。所谓“田”，尤其是稻田，为便于劳作、利于农作物生长和兼营水产品的养殖(指水田)，尤其是为了保持水土，必须具备两个要素，一是必须努力平整土地使之达到水平状态；二是必须修筑田埂以拦蓄水土。在有利于农田开垦的盆地河谷，其实许多地势并非绝对平坦，也多少存在高低之差，所以也必须按水平维度平整土地，并修筑田埂加以维护巩固，实际上这就是梯田的雏形或称“原生态”，只不过由于河谷盆地地势高差不大，田畴面积又比较广阔，所以阶梯不是太明显罢了。在我国南方灌溉稻作地区，布满纵横交错田埂的不规则的无序状态的平地农田景观随处可见，这种景观也清晰地表现在我国陕西、四川、云南、广东等地出土的汉代

图 2-1　河谷坝子里的傣族水田（笔者摄）

陶制水田模型之中。纵横交错的田埂固然是农田灌溉、农田所属地界标志和水田养殖等的需要，不过依据地势维护田地平整，达到保土保水的目的才是其主要的功能。

图 2－2　云南德钦山谷藏族的旱地，谷地多呈缓坡，河谷旱田也可视为山地梯田的雏形（笔者摄）

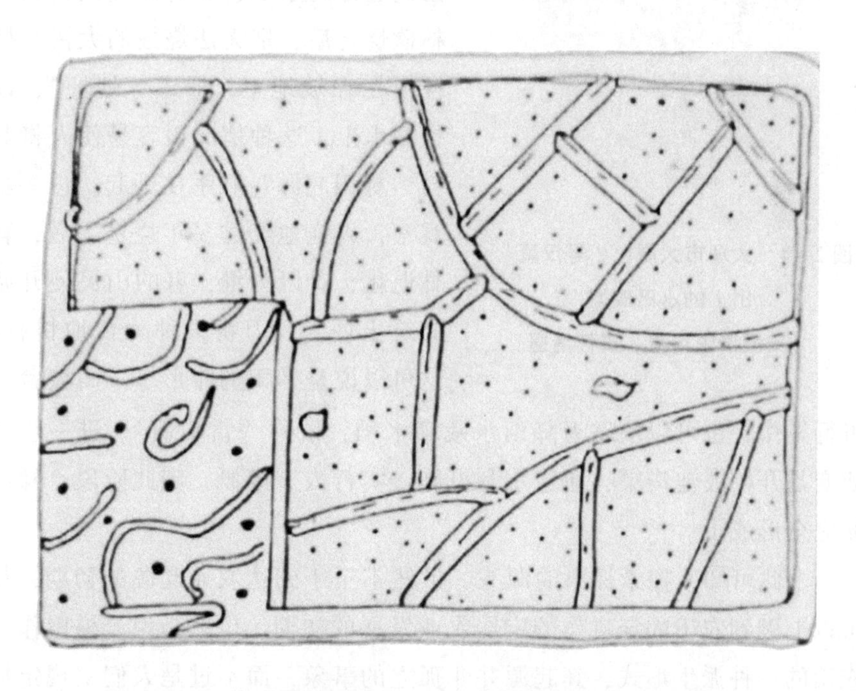

图 2－3　汉代陶制稻田模型，不规则的田埂具有维持水田水平的功能，四川省宜宾市出土（渡部武 1991）

下一节将详谈我国学者探索梯田的起源，绝大多数学者采取的是历史文献考据方法，这就存在局限性。原因何在？那是因为农业、农田的起源与文字的起源并不对等，它们之间实际上存在多达数千年的时间差距，所以仅凭文字记载（且多为难以明辨的记载）进行考据，是很难得出准确结论的；正确的方法应该是以考古资料为主。而梯田考古的关键在于田埂，梯田之所以成为梯状，靠的就是田埂。所以新石器时代的诸多农田遗址，尤其是其田埂遗存所表现出来的所有信息，值得梯田起源研究者高度关注。

图2－4　大理市大展屯2号汉墓出土的水田模型（田埂清晰可见，田怀清摄）

关于梯田的起源，还可以从民族志田野资料中寻觅端倪。笔者在对当代山地民族刀耕火种的调查中曾经观察到这样的景象，有的山地民族在森林砍烧之后，把无法烧毁的大树一棵棵横拦在坡地上，形成“地埂”，以拦截水土，这种情况很容易使人将其与“梯田起源”联系在一起。进一步观察，火烧地经过多年烧垦之后，森林退化，难以为继，有的山民便开始修筑土埂，改刀耕火种为台地耕种，这可以说是梯田的雏形了。山坡台地可行旱作，也可以依靠天降雨水栽培水稻，俗称“雷响田”。进一步的演变是开挖陂池沟渠，建造水利设施，实行人工灌溉，到此阶段，梯田便完全形成了。

由此可知，探索梯田的源头，虽然不至于到达农业起源的初期，却可以上溯到农田固定耕作的定居农业发展的初期。也就是说，梯田作为农田的一种派生形式，其起源并非孤立的事象，而不过是人们实现定居生活之后，实行固定农田（包括农地）耕作的产物。此外，应该注意田埂在梯田的起源过程中占有相当重要的地位，众所周知，筑田须筑埂，有埂才有“梯”。田埂的起源不见于文献，而见于新石器时代的农田遗址之中，所以探索梯田的起源不能仅凭历史文献，而应该把眼光移到农田考古的田野实践中去。

三　梯田缓慢发展阶段

我国梯田起源于新石器时代，此后数千年直到唐代以前，经历了一个缓慢发展的过程，这从为数不多的历史文献记载中可窥其端倪。1938 年至 1940 年，吴金鼎、曾昭燏等曾在云南省大理洱海西岸进行考古学调查发掘，发现从新石器时代至南诏以前时期的遗址 32 处，主持发掘了数处，这些遗址分布在山坡或小山上，有的遗址还发现了比较明显的沟渠、红土台阶、堤坝、储水池等的遗存。[①] 李根蟠先生（1985）据此认为这些发现“理应视为原始的梯田，起码是梯田的萌芽”，并指出：“云南多山，农业历史悠久，当地居民在长期山地耕作过程中首先创造了梯田这种土地利用方式的可能性很大。”王星光（1990）的《中国古代梯田浅探》一文，列举了殷墟甲骨文中的“田山”一字，认为此字形象地表现了“山上之田”，虽不能断然释为梯田，但与梯田的关系极为密切。王星光进一步推断，如果“结合殷商甲骨文的‘田土’字，我们认为李先生（指李根蟠——笔者注）对云南洱海新石器时代出现梯田的推测是可信的，尽管当时的梯田不如后来的梯田那样规整和典型”。西周初年至春秋中期的诗集《诗经》中的“小雅 · 正月”诗言“瞻彼阪田，有菀其特”，农史学家梁家勉先生（1983）认为“阪是倾斜的山坡，阪田就是山坡上的田，就是梯田”。又《诗经》“小雅 · 白桦”有“滮池北流，浸彼稻田”句，姚云峰、王礼先（1991）解释说滮池在陕西秦岭以北渭水之南，为南高北低的旱坡地，欲进行灌溉，就必须把坡地修成梯田。诗文虽仅八个字，却已说明西周时期我国黄土高原南部地区已经开始在坡地上兴修梯田了。一些学者考察云南哈尼族源

---

① 参见吴金鼎、曾昭燏、王介忱《云南苍洱境考古报告》，1942 年版（复印本），中央博物院专刊。“苍山坡地，凡经古人居住之地，必有阶梯式之平台。台之周边，自数里以外，或高山顶上遥望之，极为清楚，至近反不易辨明。经发掘后，证明此类平台为古人住处及农田两类遗址。”

流及其梯田的源头，常引用《尚书·禹贡》对四川西南地区农业状况的描述："厥土青黎，厥田唯下上，厥赋下中三错。"认为"厥田唯下上"系指梯田，以此说明先秦时期分布于那里的哈尼族先民已经耕种梯田。战国时期楚襄王与宋玉游于云梦之台，望高唐之观，宋玉作《高唐赋》："长风至而波起兮，若丽山之孤亩。"毛廷寿（1986）认为"孤亩"可能是梯田，赋作时间在公元前293至前263年之间，地点为今湖南。贾思勰在《齐民要术》中引《氾胜之书》描述"区田"云："汤有旱灾，伊尹作为区田。教民粪种，负水浇稼。区田以粪气为美，非必须良田也。诸山陵近邑高危倾阪及丘城上，皆可为区田。"区田因为施肥耕种，所以不必是平原的良田，可以在山地、丘陵、陡坡上开垦田地种植。对此梁家勉先生（1956）考证说："在西汉末期（公元25年间），教田三辅（即今陕西省中部）的氾胜之，把区田方法应用于陕西黄土区的梯田上，可以说是梯田技术的一个显著进步。"东晋时期，苻坚曾发"三万人开泾水上源，凿山起堤，通渠引渎以溉冈卤之田"；梁家勉先生（1983）说，所云"凿山起堤"以溉的冈田当是梯田。上述历史文献说明，自新石器时代晚期至西汉末期，梯田已存于黄土高原、西南山地、长江流域等地区，不过因为那一时期总的来看人口较少，人地关系相对宽松，所以梯田垦殖尚不发达，发展较为缓慢，这种状况一直延续到唐代。

唐代全国大部分地区依然很少有梯田的明确记载，只有云南是一个例外。上文说李根蟠根据大理地区的考古发掘资料认为"云南多山，农业历史悠久，当地居民在长期山地耕作过程中首先创造了梯田这种土地利用方式的可能性很大"。如果说李根蟠依据的考古资料还带有不确定的因素，关于早期大理梯田的论述只是一种推测的话，那么到了唐代，情况就十分明朗了。《南诏德化碑》载："高原为稻黍之田，疏决陂池。"意思是高原上分布着种植稻黍的梯田，利用建在山坡上的陂池进行灌溉。唐代樊绰《蛮书》（又名《云南志》）卷七"云南管内物产"载："从曲靖州以南，滇池以西，土俗惟业水田。"又特别说道："蛮治山田，殊为精好……浇田均用源泉，水旱无损。"从《蛮书》的记载看，"山田"系指梯田已明白无误，“殊为精好”说明其时云南梯田的规模和耕作技术已经相当可观。关于此，张增祺论述较详，值得参考。①

四　梯田兴盛阶段

唐代云南梯田已经达到“殊为精好”的程度，领先于其他地区，原因在于地理环境。云南多山，山地占到全境总面积的95%左右，平地只占约5%。云南坝子（云南人称盆地为坝子）河谷少、面积小，人口稍有增长（包括外来移民进入），便会产生人地之间和人群之间的矛盾。为解决矛盾，要么迁徙远方，要么就近向山坡要地，两相比较，后者自然更为省事简单。长江中下游流域尤其是江南和华南，地理环境与云南恰好相反，平原广阔，山地较少。在人口缓慢增长时期，广阔的平原有足够的土地可供长时段开发利用，不存在太大的人口和环境压力，住民自然不会也没必要花费大力气去山地垦殖梯田。所以，古代江南和华南梯田的开发和发展远比云南迟缓，这是符合逻辑的。韩茂莉（2012：66－67）关于梯田起源的观点与许多学者不同，认为梯田“一般不会早于宋代”，她指的应该就是江南和华南的情况。②

---

① 张增祺认为：“据《蛮书·云南管内物产》载：‘蛮治山田，殊为精好’。说明山田是‘治’出来的。是需要选择加工的。不仅有精好和粗劣之分，也有肥沃与贫瘠的区别。文中所说的‘山田’，论者多谓之梯田，也有称之为水田，或‘种植水稻的梯田’。山田、梯田、水田三者虽可通称为农田，但也有差别。如向达先生《蛮书校注》引《齐民要术》卷一称：‘山田种强苗以避风霜，泽田种弱苗以求华实也。《要术》所说之山田，当以此处（即《蛮书》）所称之山田同，亦即云贵一带所常见之梯田也。’《蛮书校注》中还引《农政全书》卷五‘梯田’条云：‘梯田为梯山而田也。夫山多田少之处，除磊石及峭壁例同不毛，其余所在土山，下自横麓，上至危顶，一体之间，裁作重磴，即可种秫。如土石相伴，则必垒石相次，包土成田。又有山势峻急，不可展足，播种之际，人则伛偻蚁沿而上，耨土而种，蹑坎而耘。此山田不等，自下登陟，俱若梯磴，故总曰梯田。上有水源，则可种秫粳，如止陆种，亦宜粟麦。说明尽管山田种类较多，有的水种，也有的陆种，但仍可‘总曰梯田’。”具体可参见张增祺《洱海区域的古代文明——南诏大理国时期》（下卷），云南教育出版社2010年版，第167页。

② 韩茂莉认为：“丘陵山区的开发史上，梯田的出现具有十分重要的意义。……大约北宋中后期是梯田的肇始时期，至南宋则已在南方各地推行。……但那时在一家一户为生产单位的自然经济状态下，还无力修筑水平面积较大的梯田，田面一般都较小。甚至元代梯田仍然‘指十数级不能为一亩’，以致耕作的农民‘不可履足，播殖之际，人则伛偻蚁沿而上，耨土而种，蹑坎而耘’。由于田面狭小，‘快牛剡耜不得旋其间’，耕作主要还是靠人力。”

在我国历史上，“梯田”一词最早出现在范成大（2002：52）所著《骖鸾录》中：“出庙，三十里至仰山，缘山腹乔松之磴，甚危，岭阪上皆禾田，层层而上至顶，名梯田。”晚范成大《骖鸾录》百余年的元代王祯（2008：366）于1313年完成的《农书》对梯田有着更为详细的记述：“梯田，谓梯山为田也。夫山多地少之处，除垒石及峭壁，例同不毛。其余所在土山，下自横麓，上至危颠，一体之间，裁作重磴，即可种艺如土石相伴，则必垒石相次，包土成田。又有山势峻极，不可展足。播殖之际，人则伛偻，蚁沿而上，耨土而种，蹑坎而耘。此山田不等，自下登陟，俱若梯磴，故总曰‘梯田。上有水源，则可种秫粳；如止陆种，亦宜粟麦。’”

宋元之际，梯田之名被载入史册，而且有了较为详细的记载，显然是其时江南华南梯田垦殖空前发展的反映。只有梯田在农田中的比例大幅上升，梯田作为人们生存的一种农业形态才能发挥出日益重要的作用，其价值和意义才受到社会的广泛重视，“梯田”之名才得以问世，随之载入史册。

中国的梯田，被认为最具代表性、最具规模的是广西龙胜龙脊梯田、新化紫鹊界梯田、江西赣南崇义梯田和云南红河哈尼梯田。宋元明清时期我国梯田迅速发展的状况，也清晰地表现于四大梯田发展的历史脉络之中。

根据考古资料和历史文献记载综合推断，广西龙胜龙脊梯田形成于秦汉时代，距今至少有2300多年的历史。其大规模开发始于唐代，经宋元明三个朝代的发展，于清代基本达到现有规模——100亩以上连片梯田320处，2000亩以上的连片梯田9处，泗水梯田大峡谷的连片梯田9560亩，龙脊片区连片梯田10734亩。（卢勇等，2017：15）

新化紫鹊界梯田初垦于秦汉。唐宋时期，朝廷积极鼓励种植“高田”。所谓“山田”“高田”，因依山层起为阶级，俗称“梯田”。宋熙宁年间，新化王化以后，随着“给牛贷种使开垦，植桑种稻输缗钱”等政策的推行，山区耕地面积大幅飙升，梯田稻作得到空前发展。明清时期官府奖励垦荒，新化田亩大增，梯田规模更为壮大。目前该区梯田面积多达821764亩，主要为明清时期开发。（白艳莹等，2017：10、19）

江西赣南崇义梯田在客家梯田中占有突出的地位。崇义客家梯田最迟于南宋就已存在，至今至少有800年的历史。南宋时，崇义居民开垦的梯田主要为山麓及沟谷中较低缓的坡地，梯田只是一些零星分布的局部小块，地势高的坡地尚未开垦。这一时期被称为客家梯田的雏形阶段。明清时期，梯田开垦面积迅速扩大，崇义成为客家梯田的典型代表。目前崇义仅核心区的梯田面积为2024.5公顷（30367.5亩），和新化紫鹊界梯田一样，也主要是明清时期开发的结果。（杨波等，2017：19、20）

一些学者推断云南红河哈尼梯田至少有1300多年的历史。关于红河哈尼梯田的明确记载见于清代中期的嘉庆《临安府志》卷十八的“土司志”之中。明洪武年间哈尼头人率民众开山：“左能亦旧思陀属也，后以其地有左能山，故曰左能寨。明洪武中，有夷民吴蚌颇开辟荒山，众推为长。寻调御安南有功，即以所开辟地另为一甸，授副长官，司世袭，隶临安。”又据雍正《云南通志》卷二十四“土司传中·纳更山土巡检”条说：“明洪武中，龙嘴以开荒有功，给冠带，管理也。方寻授土巡检，传子龙政……”明代《土官底簿》“纳更山巡检司巡检”条说：“龙政，车人寨冠带火头，系和泥人……”嘉庆《临安府志》卷二十“杂记”有梯田的描述：“土人依山麓平旷处，开凿田园，层层相间，远望如画。至山势峻极，蹑坎而登，有石梯磴，名曰梯田。水源高者，通以略彴（涧槽），数里不绝。”[①] 从这几段文字来看，哈尼梯田在明清时期已经达到开发的高峰。目前，红河流域的哈尼梯田主要分布在滇南哀牢山脉中下段的元江（红河）流域、藤条江流域、把边江（李仙江）流域。据不完全统计，总面积达140万亩。如此大规模的梯田，是在明清梯田的基础上发展起来的。

五　梯田快速发展的原因

梯田在宋元明清得以迅速发展，原因何在？关于此，其实古人已经

---

① （清）江濬源纂修：《嘉庆临安府志》卷二十《杂记》，载《中国地方志集成·云南府县志辑》第47册，凤凰出版社2009年版，第385页。

做了很好的回答。请看王祯《农书》，该书不仅较为详细地解说了何为梯田，更为难得的是，还揭示出梯田垦殖的原因。为此他先讲述梯田垦殖的艰辛："山乡细民，必求垦田，犹胜不稼。其人力所至，雨露所养，不无少获。然力田至此，未免艰食，又复租税随之，良可悯也。"山地梯田耕种的艰辛，数倍于平地水田，这是常识。那么人们为什么非要开发耕种呢？"田尽而地，地尽而山"，这就是王祯《农书》的回答。（王祯，2008：166）"田尽而地"指平旷处再没地方开发水田了，只能去耕种无法灌溉的荒地；"地尽而山"，平旷处的荒地也开发完了，只好去山坡垦殖。欧阳修（1986：931）也有类似的关于人地关系的记述："河东山险，土地平阔处少，高山峻坂，并为人户耕种。"平原土地不够耕种，高山峻岭也多被垦殖，人地关系如此紧张，根源不在于地，而在于人、在于人口的增长。这样的情况不只发生在中国，世界凡有梯田之地也都一样。环境史家约阿西姆·拉德卡（2004：118）曾说："人们一般认为，梯田的位置和种植是这样的困难，因此，只有当人口的稠密迫使人们利用山坡上的土地精耕细作时，才会吃这样的苦。"农史学家布瑞（1994：184）亦言："由于构筑梯田需要大量的劳工，故梯田的开辟必为适应自然条件及应对人口压力之结果。并非仅以扩展领土所能解释。"为缓解人口压力，人们不只是上山开发梯田，还向湖泊海岸要田，《农书》里和梯田一起记述的还有围田、柜田、架田、涂田、沙田5种特殊农田。[①] 这些特殊的农田，或围造于湖滨沼泽、水面，或开垦于海边沙滩、碱地，如果不是出于人口压力、粮食短缺的无奈，人们是不会想尽

---

① 具体参见（元）王祯《东鲁王氏农书·农器图谱集之一》，缪启愉、缪桂龙译注，上海古籍出版社2008年版，第356—369页。"1. 围田。围田也叫圩田，利用低洼沼泽地种庄稼，为防止洪水泛滥淹没，围以土堤，称为围田，围田面积大者可达千百亩。2. 柜田。柜田就像小型围田，在田的四周构筑设有涵洞的堤坝，呈柜形，所以叫柜田。堤坝内顺地形修筑田丘，便于耕种。若遇水患，因是小型围田，容易加固堤岸，外水难以侵入，内水则容易车戽干涸。3. 架田。架田也称葑田、浮田。在湖沼水深的地方，做木架浮于水面，木架上堆积以草根盘结的葑泥，便可在上面种庄稼。4. 塗田。塗田是滨海地区筑堤围垦的农田。滨海地带，涨潮后往往泥沙淤积，上面生长碱草，时间长了会形成大小不一的地块，先种水稗，等土壤含盐量减少后再种庄稼。涂田建造首先要在沿海一边筑堤坝阻挡海水，或立桩栏抵挡潮水，然后在田边开沟贮存雨水，干旱时用于灌溉。5. 沙田。沙田是指南方江淮间泥沙淤积的滩地经开垦而成的农田。"

办法在这些不适宜耕种的地方造田种粮的。梯田的扩展，实际是人口增长压力的结果。明末徐光启《农政全书》卷五《田制·农桑诀田志篇》有梯田耕作极其艰难情景的生动描写："世间田制多等夷，有田世外谁名题；非水非陆何所兮，危颠峻麓无田蹊。层磴横削高为梯，举手扪之足始跻；伛偻前向防颠挤，佃作有具仍兼携。"清乾隆以后，人多地少成为全国性、全局性的问题。乾隆时人赵翼（2016：12）在一首诗中说："海角山头已遍耕，别无余地可资生。只应钩盾田犹旷，可惜高空种不成。"也是人多地少的生动写照。

关于唐宋时期丘陵山区开发与人口增长关系的情况，韩茂莉（2012：64－65）所著《中国历史农业地理》（上）第二章"中国农业空间拓展进程"第三节"移民山区与山区开发"说得十分明白。该书列举了严州的案例：严州位于浙闽丘陵北部，即今浙江省淳安、建德、桐庐一带。严州在晋武帝时人口为5560户，至南宋景定四年（1263年）达到119267户，一千年内严州人口增长了118000多户。[①] 又据闵宗殿先生（2016：6－8）等的研究，据历代官方统计的数字，在明代以前，中国人口大致是5000万—6000万人，最高数是西汉平帝元始二年（公元2年），为5900多万人。进入明代以后，中国的人口一直不断增加。明洪武十四年（1381年），中国的人口已超过西汉平帝元始二年时的数字，达到5987万人，永乐元年（1403年）时更达到6659万人。中国人口突破1亿大关是在清乾隆六年（1741年）。是年，据《清实录》记载，中国人口达到14000万人，24年后，即到乾隆三十年，人口增加到2亿人，到乾隆五十五年，人口又增加到3亿，至道光十五年（1835年）人口又猛增到4亿人。耕地情况，明洪武十四年（1381年）为3.6亿亩，洪武二十年（1387年）为8.5亿亩，清雍正四年（1726年）为8.9亿

① 韩茂莉说："隋唐两宋时期山区开发重点仍然在东南丘陵山区。这时中国古代经济中心已经逐渐由北方移向南方，这一切进一步促进了南方经济发展与东南丘陵的开发。虽然自两晋以来，东南地区就进入了全面开发阶段，但那时人口与后代相比还不算多，人们的经济活动主要集中在平原地区，丘陵山区人口还很有限。唐至两宋时期东南地区人口激增，人们虽然采取了围水造田和深化精耕细作等方式来提高平原地区的土地承载力，仍然无法缓解平原地区的人口压力。在这种情况下，人们自然要走向丘陵山区，开拓新的土地。"

亩。从洪武十四年到雍正四年，耕地共增加 49188 万亩，即增加了 147%；如以近代前夕的嘉庆十七年（1812 年）的耕地面积计算，前后耕地增加了 39486 万亩，即增加了 118%。贾恒义（2003）在《中国梯田的探讨》一文中所举黄土高原的例子，可视为闵宗殿等研究的注脚："黄土高原水平梯田发展的一个重要因素，是和人口的发展密切相关。……明代在黄土高原的一些地方，陡坡地改造为坡式梯田。其二是人口密集的地方，如山西省洪洞县、赵城一带的梯田已有 600 多年的历史，其中中楼村一个村庄就有梯田 2600 多亩。从坡顶到坡底，全部修成梯田。"

从前述中国四大梯田的形成过程看，人口压力起了决定性的作用。广西龙胜龙脊梯田的开发源于移民，壮族系从低地桂中的宜州一带迁来，红瑶先民最早是从中原一带迁来，后来的红瑶人是从湖南洞庭、五溪一带迁来，移民中还有汉族等民族。（黄中警、吴金敏，2005：11—13）据文献记载，新化紫鹊界大规模梯田的形成，原因一是宋熙宁年间新化王化以后汉民大量迁入；原因二是明清时期官府积极招徕流亡，奖励垦荒。（黄中警、吴金敏，2005：11—13）江西赣南崇义梯田的形成，先是唐宋时期客家先民迁入，明代饱受战乱之苦的闽粤客家人为躲避倭患迁入，而后清朝闽粤移民迁入本境的人数达到最高峰，梯田开垦规模随之扩大，使崇义梯田成为客家梯田的典型代表。（白艳莹等，2017：10、19）云南红河哀牢山地区，唐代以前乃是烟瘴千里、野兽出没、荒无人烟的地区。哈尼族等大约于 1000 年前迁入该区，初始阶段依赖刀耕火种、采集狩猎为生，后来转而开垦经营梯田农业。促成刀耕火种向梯田农业演化的最主要的动因，同样是人口繁衍、人口压力不断升级。

结语

本节讨论了我国梯田的源头、演变的脉络和发展的动因。说到梯田的起源或者说梯田的雏形，可上溯到新石器时代人类实行定居农业的时期。如此，则可以认为中国的梯田乃是本土起源，所谓"中东起源论"

不过是一种无根据的想象。不过，我国梯田起源时代虽然很早，然而自新石器时代至唐代以前数千年间由于人地关系的松弛，其发展是一个十分缓慢的过程。我国梯田作为农业的一种重要农田形态开始被社会认知和重视，即山地梯田的垦殖开始呈现出规模化态势，在全国广大山区迅速发展，其时代当在唐宋之后，明清达到鼎盛。而唐宋之后促使南方山地梯田迅速开发的原因，则主要在于人口的增长。人口增长有自然繁衍，更有因经济中心的人口转移以及战乱、灾害等因素造成的人口流动性增长。人口增长必然加剧人地关系的紧张状态，河谷平地人满为患，可供选择的生态调适策略，便是迁往山区，开发山地，营造和发展梯田。当代世界和我国的著名梯田，虽然都是农民智慧勤劳的象征，然而智慧勤劳的背后，却隐藏着人口压力那只无形操作的巨手。

第二节　哈尼梯田的产生和发展

前文说，我国梯田的起源和发展过程可分为三个阶段：第一阶段为起源阶段，为新石器时代人类实行定居农业时期；第二阶段是缓慢发展阶段，时代在唐代以前；第三阶段为兴盛阶段，时代在唐宋之后。唐宋之后梯田迅速发展并成为一种重要的农田和农业形态被载入史册，这一历史的转变主要是在人口压力的驱动下实现的。那么在这样的大背景之下，红河哈尼梯田的产生和发展又呈现怎样的历史景象呢？

一　哈尼先民早期农业的推断

研究哈尼梯田的学者，大多认为哈尼族从事梯田耕作的年代十分久远。在持此观点的学者中不排除存在这样的逻辑推理：现实哈尼梯田规模宏阔壮观，经营管理制度体系健全，垦殖、水利、耕作和栽培等生产技术均已达到传统农业的较高水平，这样的农业应该是悠久历史积累传承的结果。然而，逻辑推理毕竟是“推理”，历史的研究还得依据翔实可靠的资料进行考证。

如前文所述，学者们考察哈尼族源流及其梯田的源头，常引用《汉书》《山海经》和哈尼族先民的历史传说。[①] 他们认为哈尼族早在北方“努玛阿美”“肥美平原”生存之时，就已经从事梯田稻作灌溉农业，到达无量山、哀牢山区后以梯田稻作为生，乃是哈尼族对古老传统生计形态的传承，是其农耕记忆的复现和再造。持此观点，意在说明哈尼族文明开化很早，他们应该是“最早的梯田农耕民”。上述推断值得重视，不过，也有学者对此提出质疑，认为《山海经》卷一八《海内经》的记载因时代久远，时间地名不能确定，其中内容尚难以指实。《汉书》卷二八上《地理志》引《尚书·禹贡》的记述也一样，其中尚有难以圆满解通之处。《史记·西南夷列传》记载西汉前期的西南夷“耕田，有邑聚”，但“巴蜀西南外蛮夷”是否包括哈尼族先民，尚晦暗不明。此外，历史传说也存在时代久远、传颂人记忆的增减等因素，须认真鉴别。[②]

---

① 《汉书》卷二八上《地理志》引《尚书·禹贡》，记梁州：“……蔡、蒙旅平，和夷厎绩。厥土青黎。厥田上下，赋下中三错。”认为所居大渡河畔的“和夷厎绩”的“和夷”为哈尼族先民，“田上下”是梯田。《山海经》卷一八《海内经》记载：“西南黑水之间，有都广之野，后稷葬焉……爰有膏菽、膏稻、膏稷，百谷自生，冬夏播琴……”黑水系指大渡河西南的雅砻江和金沙江，黑水之间的“都广之野”指的就是今四川省凉山彝族自治州冕宁、西昌、越西等广大地区，认为这一地带曾经是哈尼族先民的集聚地，“爰有膏菽、膏稻、膏稷，百谷自生，冬夏播琴”，说明哈尼族先民从事农业的历史非常悠久。据哈尼族广为流传的古老故事《然咪检收》讲述，从前哈尼族居住的地方，有一块很大很宽的田，这块田的埂子有七围粗，一个出水口有七尺宽，从头看不到尾。从田的东边用七头牛耙田，西边的田水不晃动、不混浊；从东边的田中开始栽秧，栽到大田的西边，东边先栽的稻子先成熟。对此王清华等认为，这个故事所说的大田在哀牢山区是不存在的，哈尼族所居的哀牢山区并没有如此宽广平地，所有田都是狭窄的梯田，这种大田只能存在于平坝地区，说明哈尼族早期在平地种植稻谷，这与《山海经》对哈尼族所居之“都广之野”及其农作物的记载是相符的。此外，哈尼族的许多口碑资料也保存有关于稻谷起源的古歌，最古老的丧葬祭词《斯批黑遮》以专章记述了稻谷的起源。迁徙史诗《普嘎纳嘎》唱道：“庄稼几十样，籽种带着走。好的稻种带着走，坏的稻种留后边。”即使被迫迁徙，离开古老家园，也没有忘记要带走稻种，可见哈尼族在再次迁徙前，即在农耕定居的大渡河畔已经开始从事稻作农业。

② 候甬坚：《红河哈尼梯田形成史调查和推测》，载郑晓云、杨正权主编《红河流域的民族文化与生态文明》（上），中国书籍出版社 2010 年版，第 143、146 页。候甬坚对哈尼族古歌的利用有如下几点意见，可资参考：（1）尽管古歌里面有不少历史内容，但时代仍是不清楚的，尤其是地名；（2）演唱者凭记忆留下的材料，在多名演唱者的唱词比较中，存在不一致的地方，需要对照使用；（3）演唱者有自己的籍贯，唱词中出现的家乡地名可以查到，说明演唱者受到了本地文化因素的影响；（4）唱词中出现后世事物，如吃阵烟、种玉米等，说明古歌传承中被加入了后来的内容；（5）古歌中的人群，均称作哈尼族、哈尼人，是哈尼族确定后的体现。由于受演唱人本身因素的影响，记忆的内容会有所增改调整，再不能够获取最原始古歌的场合，对新刊古歌的利用，主要是在对其有所鉴别后加以使用。

笔者认为，关于哈尼族先民在其发源地“努玛阿美”便已从事梯田稻作、哈尼族应为我国“最早的梯田农耕民”、当代红河哈尼梯田农业乃是该族古老记忆的复现和再造的观点，可视为一种“假说”，尚不宜视为结论。理由除了其依据的历史文献和口传资料十分有限、所指所言有待考证之外，还有一点值得注意。根据相关文献记载和田野经验可知，古代及当代甘青高原及边缘地带的氐羌族群，既少有纯粹从事畜牧的群体，也没有专门从事灌溉稻作农业的部落，他们的生存方式多是半农半牧或者说是农牧混合的生计形态。其方式大致如下：一方面在较为平坦的盆地、河谷从事以高山冰雪融化之水灌溉栽培耐寒作物的农业；另一方面则实行夏季和冬季轮番转场的随畜迁徙的游牧。这种半农半牧的生计，是一种农牧互补的复合生计系统。从需求等的角度看，它可以同时满足粮食和肉乳的需要；从可持续的角度看，畜牧可产出在高寒地带贫瘠土地上作物生长不可缺少的大量圈肥，而种植青稞和其他大小麦的麦秆则是牛羊冬季存栏的主要饲料。由于自古迄今半农半牧均为甘青高原及其周边地区的主要生计方式，所以认为哈尼族先民在“努玛阿美”便从事梯田农业的说法，似与当地传统生计形态不符，确实有待进一步的考证。

追究哈尼梯田农业产生的早与迟、早千年或晚千年，其实并无多大意义，须知当代红河哈尼梯田的伟大并不在于其历史的悠久，它之所以成为世界文化遗产，靠的并不是古老的记忆，而是内涵深厚的生态文化和独一无二的文化景观。再者，从学术角度看，考证哈尼族先民在北方“努玛阿美”古老的生存状态是一回事，而研究红河流域哀牢山梯田的产生和发展又是另一回事。两者之间虽然存在某些联系，然而毕竟相隔数千年，走过了千山万水，经历了太多的演变和分化，时过境迁，面目全非。我们知道，在传统社会中，任何一个族群的生计方式，无一例外都是在其栖息的生态环境中形成的，都是对其生境的适应方式。原住民如此，迁徙民也不例外。迁徙民每移动到一个新的栖息地，即便存贮着多么丰富的生存手段和技艺的记忆，积累着多么高明的谋生经验与智慧，都不可能在一个完全不同的生境中原样复制或移植记忆中的生计模式，都必须重新认识新的生境，根据新的生境的自然禀赋和资源条件等重新探索设计开发新的生存策略。例如历史上滇西南的布朗族、德昂族等，早先曾是在坝子河谷生活的灌溉稻作民，由于族群纷争，有的迁移到山地，环境变了，生计方式即随之改变，从经营灌溉稻作农业转而从事刀耕火种、狩猎采集经济。再如通海县兴蒙蒙古乡，该乡所辖 5 个自然村近 6000 人为元代入滇的蒙古族后裔。众所周知，蒙古族乃是典型的畜牧民族，元代随军进入云南的蒙古人，定居云南之后，为适应新的生存环境，不再从事畜牧，转而从事稻作农耕，变成了地道的农耕民。此类因生境改变而改变生计方式的例子极多。所以，研究哈尼梯田的产生和发展，依据古籍和口碑进行探讨不失为一种方法，然而最重要的途径，还须是立足于确凿史实的论证。

二　唐代以降哈尼族先民的梯田垦殖

云南梯田最早的历史文献记载出现于唐代，许多学者据此推论，红河哈尼梯田迄今至少有 1300 多年的历史。

关于云南乃至中国梯田的起源，前文说过，李根蟠先生根据大理洱海新石器时代遗址认为可追溯至新石器时代。然而此论并没有引起学界特别的关注，学者们重视的却是唐代两种文献的记载。一是《南诏德化碑》，其碑载：“高原为稻黍之田，疏决陂池。”意思是高原上分布着种植稻黍的梯田，利用建在山坡上的陂池进行灌溉。二是樊绰所撰《蛮书》。《蛮书》第七卷“云南管内物产”载：“从曲靖州以南，滇池以西，土俗惟业水田。”又特别说道：“蛮治山田，殊为精好……浇田均用源泉，水旱无损。”“山田”显然是指梯田，“殊为精好”说明其时云南梯田的规模和耕作技术已经达到可观的水平了。樊绰于唐懿宗咸通二年（861 年）任安南经略使蔡袭的属吏。安南北部即红河下游，与云南哀牢山地尾闾衔接。樊绰在安南时，留意收集有关云南历史和现状资料，而且曾经经由滇南进入滇中游历，《蛮书》记述多属其亲历其境所获的第一手资料。由此看来，《蛮书》所记“蛮治山田”中的蛮，很可能包括了已迁徙到红河南岸定居的哈尼族先民。虽然《蛮书》未写明经营梯田的“蛮”到底包括哪些族群，但是如果从其时哈尼族先民的社会经济等方面看，“蛮”包括哈尼族应该是没有疑义的。据文献记载，7 世纪中叶，哈尼族先民“和蛮”的大首领曾向唐朝进贡方物，唐朝在给云南各族首领的敕书中列入了“和蛮”首领的名字，并承认他们为唐朝的臣属。“南诏”“大理”地方政权建立后，其东部的“三十七蛮郡”中，“官桂思陀部”“溪处甸部”“伴溪落恐部”“铁容甸部”等都属于今天哈尼族聚居的红河地区。10 世纪（大理国时期），哈尼族向傣族封建领主纳贡，开始进入封建社会。元朝征服大理政权后，设置元江路军民总管府隶属云南行省。明朝在云南少数民族地区推行土司制度，哈尼族部落首领由明王朝授予土职官衔，并受所隶流官的统治。清朝在云南实行改土归流，废黜哈尼族地区的一些土官，流官制度代替了部分地方的土司制度，但思陀、溪处、落恐、左能、瓦渣、纳埂、犒梧卡等地土官仍被保留下来。一些学者根据以上文献记载认为，经济基础决定上层建筑，由于梯田农业的发展支撑，哈尼族社会经济日趋稳定，导致人口增长，部落规模扩大并萌生封建社会的萌芽，才会形成哈尼族部落封建制的土司治地。

哈尼族垦种梯田的确切记述，迟至清代才见诸文献。清代中期的嘉庆《临安府志》卷十八“土司志”载有明洪武年间哈尼头人率民众开山的文字：“左能亦旧思陀属也，后以其地有左能山，故曰左能寨。洪武中，有夷民吴蚌颇开辟荒山，众推为长。寻调御安南有功，即以所开辟地另为一甸，授长官司，世袭，隶临安。”又据雍正《云南通志》卷二十四“土司传中 · 纳更山土巡检”条说：“明洪武中，龙嘴以开荒有功，给冠带，管理也。方寻授土巡检，传子龙政……”明代《土官底簿》“纳更山巡检司巡检”条说：“龙政，车人寨冠带火头，系和泥人……”头人土司率民众开荒，加速了梯田的垦殖。明代，明王朝推行大规模的兵屯、商屯、民屯政策，大批汉民进入滇南，与早期定居在元阳等地的哈尼族、彝族等民族一道共同开发边疆。随着中原的农田耕作技术与稻作栽培技术的传入，哈尼族等的梯田稻作技术更趋完善。明洪武十六年（1383 年），龙嘴随明军征战有功，受封为纳更山土巡检，领兵屯驻垦殖，开发荒山，修造梯田，防堵交趾兵，此为军屯修造梯田的最早文字记录。根据嘉庆《临安府志》卷十八“土司志”对梯田的描述来看，哈尼梯田在明清时期已经十分兴盛，蔚为壮观。时至今日，红河流域的哈尼族的梯田主要分布在滇南哀牢山脉中下段的元江（红河）流域、藤条江流域、把边江（李仙江）流域。据不完全统计，总面积已达140万亩。

三 红河哈尼梯田的发展

下面进一步整理元阳、红河、绿春、金平四县资料，以具体了解红河哈尼梯田发展情况。①

元阳县。元阳县位于云南省南部，哀牢山脉南段，红河中游南岸。东接金平县，南邻绿春县，西与红河县接壤，北隔红河与建水县、个旧市相望。总面积2212.32平方公里。

哈尼族约在唐朝早期迁徙到红河南岸山高林深的哀牢山区。早先系从事刀耕火种农业，而当人口增加，林地不足之后，即不得不转变农作方式，逐渐向集约型的灌溉梯田农业过渡。其法：先改轮歇耕作为固定耕作，一块土地连续耕种两三年之后，待土壤熟化，便平整土地，围筑田埂，引水灌溉，栽种水稻。

明代，明王朝推行大规模的兵屯、商屯、民屯政策，大批汉民进入滇南，与早期定居在元阳等地的哈尼族、彝族等民族一道共同开发边疆。中原耕作技术传到哀牢山区，哈尼族等兼收并蓄，使其梯田耕作、稻作技术进一步完善。清代，元阳梯田的垦殖已经达到相当的规模。一些地方如坝达、多依树、老虎嘴等，整山整坳被开垦，梯田满山遍野，层数多达数千，气势磅礴，蔚为壮观。

梯田开垦，田埂的砌筑是关键。元阳哈尼梯田田埂筑造的黑土黏合度较高，成埂后紧密牢固。田埂平均厚20—30厘米，埂高1—2米。田埂顺山势自然弯曲，抗压强度高，不易塌方。梯田开垦多自下而上，越往高处，山坡越陡峭，最陡坡度达75°，垦殖十分艰难。陡坡梯田，有的田埂高达五六米，需以大土垡层层垒筑，层层夯实，形似河坝大堤。

① 资料来源：红河州地方志办公室档案资料。

田埂须经常维护管理，补缺堵漏，除草加固，保田，保水。

民国时期，元阳哈尼梯田有长足发展。至1949年，元阳境内建成大小水沟2600条，灌溉梯田9万余亩。1952年至1985年增加灌耕梯田8.12万亩。1977年新建水沟14.5公里，使1300亩雷响田变成灌溉梯田。2010年，新增灌溉面积0.42万亩，改善灌溉面积4.15万亩。2016年新增灌溉面积0.77万亩，新增旱涝保收面积0.05万亩，恢复或改善灌溉面积1.35万亩，改善除涝面积0.05万亩，改造中低产田0.84万亩。1990年至2016年，新增有效灌溉面积16.25万亩，改善灌溉面积32.26万亩。2016年，坡改梯治理21.07公顷。元阳县梯田现已成为世界上梯田连片面积最大、最为壮美的梯田景观。2013年红河哈尼梯田入选世界文化遗产名录，元阳县梯田是主要的遗产核心区。

红河县。红河县地处横断山系哀牢山中山峡谷地带，山势巍峨，峰峦起伏，沟壑纵横交错，地形复杂。总面积2028.5平方千米，除北部红河沿岸有几个面积狭小的河谷冲积盆地外，96%的面积为山地，最高海拔2746米，最低海拔259米，地势高低悬殊。“一山分四季，十里不同天”的立体气候、立体生态、立体农业特征明显。

唐、宋、元时期，红河县境内先后有官桂思陀、七溪溪处、伴溪落恐、因远逻必、亏容甸等部落崛起，形成红河南岸哈尼族、傣族繁衍生息的活动中心。明洪武年间，朝廷继续推行元朝“以当地土酋统治当地土民”的封建世袭土司制度，封设亏容、瓦渣、思陀、溪处、佐能、落恐、因远等世袭封建长官司，为云南边疆土司设置最多的地区。清仍沿袭明朝土司旧制。民国时期曾实施“改土归流”，废除土司制度，但改革不彻底，土司旧制与区乡建制并存。1951年成立红河县人民政府，沿袭近600年之久的世袭封建土司制度废除。

民国二十三年（1934年）编《五土司册籍》记载：“明洪武中（1368—1399年），有夷民吴蚌颇率众开山造田，众推为长，寻调御安南有功，即以所开辟地另为一甸，授佐能甸长官司副长官世袭土职。”明代，今红河县境嘎他、俄垤一带的梯田已陆续开垦。清代以后，扩山开垦，面积逐渐扩大。

1950年以前，红河县处于农奴制社会向封建领主制社会和封建土司制社会过渡的阶段。在辖区内，土司、头人是政治上的统治者和土地的所有者，拥有绝对的权力。为维护统治者的利益，发展本地区的经济，扩大本辖区的势力，土司和头人鼓励百姓在本辖区内移民，垦荒修筑梯田。思陀土司动员、鼓励百姓移民垦荒，将开垦出来的土地划给垦荒的移民。如龙车行政村的“比若”村，哈尼语“比若”有“送给”之意。土酋当年动员百姓到此垦荒造田，许下诺言：谁开的荒地、谁造的田就送给谁，故建村后以此为村名。又如“比自”村，哈尼语“比自”有“随你认领”的意思。土酋当年动员百姓到此地随意自由垦荒，谁开的田归谁所有，所以村子叫“比自”村。《红河县志》记载：民国初年，瓦渣土司鼓励开荒、修渠。据民国九年《续修建水县志·卷三》记载：光绪十年（1884年），头人永兴提倡开垦荒地，鼓励民众造田，田地日渐增多，落恐地区随之兴盛。在红河县哈尼族聚居地区，以头人名字命名的村寨名称很普遍，这在一定程度上反映出红河县移民垦荒开发梯田的历史。

中华人民共和国成立，建立红河县。1952年，全县有梯田86469亩。人民政府把扩大耕地面积作为发展农业生产的重要措施，实行开生荒3年、熟荒2年后才缴纳公粮的政策，鼓励农民开荒种田。1957年，全县新开荒地8631亩。1958年搞“农业大跃进”，全县新开荒地30000亩。1962年调整体制改革以后，多数农户单干，农户普遍开荒扩种粮食作物，至1964年共开荒地20822亩。1965—1966年，中共红河县委和县人民委员会规定，开100背（每背60斤稻）产量以上荒田者，评为先进集体，给予表彰奖励。1971—1978年开展“农业学大寨”运动，提出“以粮为纲”，农业生产队又开荒扩大耕地面积9952亩。1973—1979年，全县修复因灾荒废梯田9626亩。2017年，全县有梯田10.76万亩，分布在全县13个乡镇，其中5000亩至10000亩以上连片的有六大片，以宝华镇撒玛坝梯田、甲寅镇他撒梯田、乐育镇桂东、尼美梯田、石头寨乡石头寨梯田、洛恩乡普咪梯田、大羊街乡车普梯田为代表。（见表2-1）

表 2－1　**红河县 30 年耕地面积变化情况表（邹辉整理）**（单位：年/亩）

年度	耕地面积	土地类型				
		水田	雷响田	旱地	水浇地	轮歇地
1952	171850	86469	19250	43981		22150
1962	173784	78430	23610	48150	656	22938
1972	179829	85738	19239	40295	1091	33466
1982	174899	86725	18302	47891	1299	20682
1985	170989	85111	17785	49872	1921	16300

绿春县。绿春县位于云南省红河哈尼族彝族自治州西南部，哀牢山南出之脉西南端。东与元阳、金平两县接壤，北与红河县相连，西北邻墨江县，西南隔李仙江与江城县相望，东南与越南社会主义共和国毗连。全境均为山区。总面积 3096.86 平方公里，境内山高林密，沟谷纵横，河流密布，最高海拔 2637 米，最低海拔 320 米。据《绿春县志》记载，唐代南诏年间哈尼族先民进入绿春居住，绿春梯田开垦也源于当时。之后，随着人口的不断增长和社会的发展，梯田开垦面积逐年增加，一直到 1949 年，绿春县境内农田面积达 4.1 万亩。中华人民共和国成立后，重视发展生产，兴修水利、开挖农田，至 1952 年，全县农田面积增加到 4.63 万亩，占总耕地面积的 48.2%，其中梯田 4.31 万亩、台地 3213 亩。1981 年，实行家庭联产承包责任制时，全县开垦农田面积 8.89 万亩，其中梯田 5.9 万亩、台地 2.99 万亩。至 1985 年，全县农田面积 9.15 万亩，占耕地总面积的 49.7%，其中梯田 5.99 万亩、台地 3.17 万亩。1990 年，中央对贫困地区脱贫致富采取“粮食以工代赈项目”，即以“农业基础设施建设为主，以中低产田地改造、坡改梯地和小型水利设施完善配套为重点”的特殊扶持政策，中央、省、州在“八五”期间（1991—1995 年）下达绿春县粮食以工代赈建设项目任务 3.5 万亩，其中低产田地改造 2 万亩、坡改梯 1.5 万亩，并要求每年以 7000 亩的进度发展。1993 年，建设高稳产农田 1193.33 亩，改造中低产田地 4000 亩，建设农田三面光沟渠 11 条共计 16.85 千米，增加灌溉面积 2050 亩，受

益10个村公所、21个自然村、共793户3552人，全县完成坡改梯6000亩，开垦农田2875亩。1996年，全县共实施粮食以工代赈项目6000亩，其中坡改梯2875.95亩、中低产田地改造3124.05亩，改善和新增农田灌溉面积2628.45亩，恢复灌溉面积2965.05亩，保护农田663.6亩。1999年，县政府发动群众投工投劳，实施粮食以工代赈农田建设项目，以治水改土为中心，完成建设7120.05亩，其中坡改梯3499.95亩、中低产田改造3619.95亩，新建大水沟乡大果马、布鲁、石皮各马和三猛乡扑思农田灌溉沟渠4条共5.86千米，改善灌溉面积2974.95亩，新增灌溉面积1071亩。2002年，在三猛乡爬别片区实施农田基本建设，完成三面光沟渠4000米，开挖台地4030亩，中低产田地改造4.99万亩。2005年，全县农田面积9.95万亩，其中梯田6.32万亩、台地3.63万亩。2010年，全县共有农田面积9.84万亩，其中梯田6.49万亩、台地3.35万亩，占总耕地面积的62%，当年粮食总产量7938万千克，农民人均有粮315千克。2012年，全县农田面积9.86万亩，其中梯田6.39万亩、台地3.47万亩。到2015年，全县农田面积9.9万亩，其中梯田6.47万亩，台地3.43万亩。

金平县。金平苗族瑶族傣族自治县，位于云南省红河哈尼族彝族自治州南部。东隔红河与个旧市、蒙自市、河口瑶族自治县相望，西接绿春县，北连元阳县，南与越南社会主义民主共和国老街省接壤。县境内最高海拔3074米，最低海拔105米。云岭山脉呈西南走向，分支为哀牢山和无量山，以藤条江为界，东有分水岭，西有西隆山，形成“两山两谷三面坡”的地貌特征。

金平县梯田始建于何年代，虽无史料可考，但从部分民间口头传说以及有文字记录的“祖途”迁徙志看，大致有六七百年的历史。中华人民共和国成立后，到1951年境内匪患基本肃清，社会治安秩序得到根本性的好转，生产得以恢复。据统计，1952年全县耕地面积10666公顷，其中梯田4746公顷，占比44.5%。1956年，和平协商土地改革后，到1957年全县耕地面积扩大到18173公顷，比1952年增加7507公顷，梯田面积5056公顷，比1952年增加314公顷。1958年，水田面积增加到

5634 公顷，比上年增加 574 公顷。1959 年起，受“大跃进”影响，劳动力几乎都投入工业生产一线“大炼钢铁”，且“炼钢”占用部分不少耕地，当年耕地面积反而减少。1962 年，调整农村经济体制以后，农业生产才逐渐恢复元气。1966 年，耕地总面积首次突破 30 万亩，耕地面积为 20886 公顷，其中梯田面积 7826 公顷。

20 世纪 70 年代，政府提倡集中精力抓精耕细作、田间管理、推广良种种植、提高单位面积产量，耕地面积基本上稳定在 20000 公顷以上。1979 年进行农村经济体制改革；1982 年实行家庭联产承包责任制。由于贯彻落实家庭联产承包生产责任制以及国家帮助恢复边境战区生产，农民生产积极性较高，掀起新的垦田种地热潮，1985 年耕地达到 24720 公顷，其中水田 10040 公顷。到 1990 年全县耕地总面积 25635 公顷，其中水田 10241 公顷。据 1998 年开展第二轮土地承包工作时统计显示，第一轮承包土地（1979—1997 年）由于国家建设、集体建设占地以及滑坡、泥石流等地质灾害等原因，耕地面积减少 725 公顷。2016 年，全县水田面积 11147 公顷，其中含雷响田面积 1547 公顷，水田占总耕地面积的 42.21%。（见表 2－2）

表 2－2　　**金平县耕地面积统计表**（1952—2016 年）　　单位：年/公顷

年度	总面积	水田	旱地	年度	总面积	水田	旱地
1952	10666	4746	5920	1985	24720	10040	14680
1953	11320	4773	6547	1986	24533	10013	14520
1954	11533	4800	6733	1987	24366	9966	14400
1955	12806	4826	7980	1988	24686	10033	14653
1956	15246	4900	10346	1989	25037	10010	15027
1957	18173	5060	13113	1990	25635	10241	15394
1958	18220	5634	12586	1991	26273	10348	15925
1959	17753	5567	12186	1992	26441	10507	15934
1960	17680	5567	12113	1993	26557	10476	16081
1961	17900	5560	12340	1994	26636	10615	16021

续表

年度	总面积	水田	旱地	年度	总面积	水田	旱地
1962	18086	5533	12553	1995	26689	10670	16019
1963	19313	5613	13700	1996	26810	10665	16145
1964	19980	5560	14420	1997	26873	10761	16112
1965	19920	5907	14013	1998	27008	10841	16167
1966	20886	7826	13060	1999	27038	10775	16263
1967	20826	8020	12806	2000	27070	10892	16178
1968	21360	8413	12947	2001	26969	10890	16079
1969	21253	8447	12806	2002	26522	10804	15718
1970	19960	7787	12173	2003	26124	10587	15537
1971	19960	7980	11980	2004	25472	10247	15225
1972	19953	8093	11860	2005	25426	10561	14865
1973	19980	8340	11640	2006	25144	11134	14010
1974	20106	8660	11446	2007	25329	11188	14141
1975	20106	8733	11373	2008	26303	11303	15000
1976	20660	9160	11500	2009	26403	11254	15149
1977	20500	9427	11073	2010	26430	11163	15267
1978	20913	9760	11153	2011	26415	11176	15239
1979	21220	9733	11487	2012	26410	11160	15250
1980	22053	9700	12353	2013	26410	11160	15250
1981	22753	9647	13106	2014	26411	11147	15264
1982	22806	9640	13166	2015	26409	11147	15262
1983	23806	9800	14006	2016	26190	11147	15043
1984	24466	9953	14513				

除了上述四县之外，50 年间周边地区的墨江县、元江县等的梯田规模亦有较大幅度的增长。目前，在红河哀牢山区，据不完全统计，以哈尼族为主的梯田总面积已达 140 万亩。

结语

综上所述，红河哈尼梯田的开发史，从唐代有确切记载开始大致可分为三个阶段。第一阶段在唐宋时期。此阶段哈尼族先民进入红河哀牢山区，先是依赖刀耕火种、采集狩猎为生，随着人口的增加和森林的减少，刀耕火种农业逐渐被梯田农业所取代。第二阶段是元明至民国时期。此时期随着哈尼族先民部落联盟的发展壮大，由部落首领主导的梯田垦殖有了长足的发展。从明代开始，中央王朝大规模的兵屯、商屯、民屯政策促使大批汉民进入滇南，中原的制田技术与稻作技术随之传入，使得哈尼梯田的经营更加成熟，垦殖面积达到新的高度。第三阶段为中华人民共和国成立至今。在红河哈尼梯田的开发史上，此阶段的开发最为迅速。从上述三县的资料可知，绿春县和金平县的梯田数量在短短四十年间就翻了大约一倍。当代红河哈尼梯田农业的迅速发展，固然有人口增长的因素，而最大的动力则是政府的强力推动。

第三节　哈尼梯田分布

哈尼梯田主要分布在滇南哀牢山脉中下段的元江（红河）流域、藤条江流域、把边江（李仙江）流域。据不完全统计，总面积达140万亩。从行政区域的分布看，红河哈尼族彝族自治州有100万亩，分布在元阳、红河、绿春、金平四县的各乡镇以及建水县的坡头、普雄2乡。普洱市有30万亩，主要集中在墨江哈尼族自治县的龙坝、坝溜、那哈、双龙、碧溪等乡镇，云南省—宁洱哈尼族彝族自治县的黎明、普义、把边等乡镇，江城哈尼族彝族自治县的嘉禾、曲水等乡镇，澜沧县的惠民、发展河等乡镇，孟连县的腊垒、南雅等乡镇。玉溪市约有10万亩，主要分布在元江哈尼族彝族傣族自治县的羊街、那诺、咪哩、羊岔街、因远等乡镇以及新平、双柏、镇沅县的哀牢山自然保护区边沿。西双版纳勐海县的格朗和、西定、巴达等乡镇也有少量梯田分布。（黄绍文等，2013：111）

红河梯田分布是哈尼梯田研究的重点，一些书籍有所介绍，然而均过于简略，读之不得其详。有自然科学者曾利用遥感技术等科研手段做过红河哈尼梯田分布的分析，然而所获结果乃是其行内数字化的呈现，传达信息的效果也十分有限。红河哈尼梯田的分布是其生态文化内涵的重要组成部分，是其研究不可或缺的内容，也是普及红河哈尼梯田知识和满足大众求知应有的功课。元阳、绿春、红河、金平四县是红河梯田的主要分布地，四县计有规模性代表性的梯田120余片，本节将逐一进行介绍。

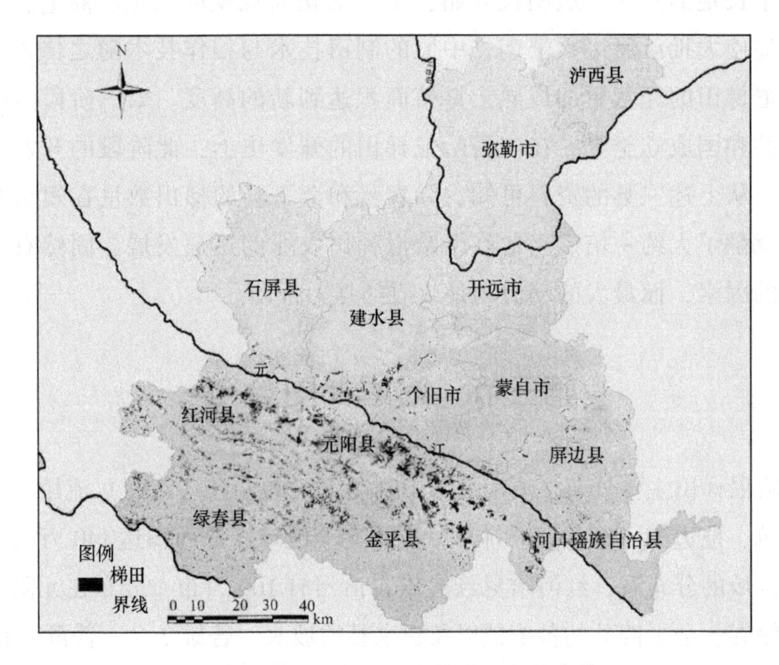

图2-5　红河哈尼梯田分布图（宋伟峰、吴锦奎等，2016：3）

一　元阳县梯田分布

元阳县位于云南省南部，哀牢山脉南段，红河中游南岸。地处东经102°27′—103°13′、北纬22°49′—23°19′之间，东西横距74公里，南北纵距55公里。东接金平县，南邻绿春县，西与红河县接壤，北隔红河与建水县、个旧市相望。总面积2212.32平方公里。

2016年统计，全县辖14个乡镇。有耕地面积372208亩，其中，旱地（田）197248亩，哈尼梯田168563亩[①]，临时性耕地（田）6397亩。元阳县是红河哈尼梯田世界文化遗产的所在地。红河哈尼梯田世界文化遗产地分为遗产区和缓冲区。

1. 遗产区

遗产区位于元阳县中部山区的新街镇、攀枝花乡和黄茅岭乡3个乡镇。涉及18个行政村82个自然村，总人口12930户61004人，总面积197658.6亩。其中，森林面积127069.5亩（含东观音山自然保护区），稻作梯田面积70589.1亩。遗产区最大、最集中、最壮观的稻作梯田景观为新街镇坝达片区、多依树片区以及攀枝花乡老虎嘴片区3组片区。3组片区稻作梯田主要分布在海拔600—1900米的中、低山区，分属3个小流域。

（1）坝达梯田景观片区

坝达梯田片区位于遗产区北部中段，连片梯田1748公顷（26220亩），属麻栗寨河流域。该片区层层哈尼梯田好似天梯，从海拔800米的麻栗寨河边向上延伸至海拔1980米的高山之巅，海拔落差1180米，共有3700多级，梯田规模大，景象壮观。

（2）多依树梯田景观片区

多依树梯田片区位于遗产区北部东段，连片梯田1477公顷（22155亩），属大瓦遮河流域。该片区梯田沿大瓦遮河由南向北排列，坡度平缓，梯田景观三面临山，一面坠入深谷，最低海拔820米，最高海拔1960米，海拔落差1140米。

（3）老虎嘴梯田景观片区

老虎嘴梯田片区位于遗产区南部，连片梯田1480.94公顷（22214.1亩），属阿勐控河和戈它河流域。该片区山高谷深，地势陡峭，梯田沿箐谷由东向西排列。梯田最低海拔603米，最高海拔1996米，海拔落差1393米，梯田级数3000级，是元阳哈尼梯田乃至世界梯田景观中山势

① 2016年元阳县统计局统计数中，哈尼梯田为168563亩，约17万亩；县梯田管委会提供的数字是19万亩，也是申报世界文化遗产时上报的数字。

最险峻、气势最恢宏、布局最壮观的梯田区。老虎嘴梯田被国内外摄影家称为世界上最壮美的田园风光，被法国报刊列为1993年新发现的七大人文景观。法国一对年轻恋人亲临其境后，流连忘返，在梯田田棚里举行了婚礼，并在此拍摄了《山岭雕塑家》，盛赞哈尼梯田。

2. 缓冲区

缓冲区是围绕遗产区四周的梯田区，涉及新街镇、南沙镇、牛角寨镇、攀枝花乡、黄茅岭乡、俄扎乡和沙拉托乡的154个村寨，总面积29501公顷。其中，国有土地约3186.39公顷，占总面积的10.80%，主要是林地；集体所有土地约26314.62公顷，占总面积的89.20%，有林地，也有村寨、旱地和稻作梯田。稻作梯田中，牛角寨镇的牛角寨、良心寨、新安所、果期4个连片稻作梯田约2292公顷（34380亩），是缓冲区梯田中的最佳片区，称牛角寨梯田区。该区以牛角寨河为界，分为东部梯田景观和西部梯田景观。东部可观日落，西部可观日出，晚霞、早霞光彩万道，恢宏壮丽。

3. 非遗产区和非缓冲区

元阳浩瀚的哈尼梯田，除遗产区和缓冲区外，还有大量梯田散布在其他乡镇的山岭之间，其中不乏几千亩近万亩的连片梯田，其景观的壮丽与遗产区、缓冲区的景观毫不逊色。其中，嘎娘乡大伍寨梯田、苦鲁寨梯田，上新城乡梯田、下新城梯田、瓦灰城梯田，小新街乡石碑寨梯田、大拉卡梯田，逢春岭乡大鱼塘梯田、尼枯补梯田、老曹寨梯田，大坪乡小坪子梯田，沙拉托乡坡头梯田，黄草岭乡哈更梯田，马街乡瑶寨梯田、丫多村梯田等，均为较大规模的梯田区。

二　绿春县梯田分布

绿春县位于云南省红河哈尼族彝族自治州西南部，哀牢山南出之脉西南端，东经101°48′—102°39′、北纬22°33′—23°08′之间。东与元阳、金平两县接壤，北与红河县相连，西北邻墨江县，西南隔李仙江与江城县相望，东南与越南社会主义共和国毗连。绿春县原名“六村”，意指县城周边有六个哈尼族村寨，现县名（绿春）是1958年建县时周恩来总理依据县境内青山绿水、四季如春的特点亲自确定的。建县时由元阳、金平、红河、墨江等县的相邻地带划归组成，县情可以用“少、边、山、低、丰”五个字来概括。“少”指少数民族聚居县。县境内世居哈尼、彝、瑶、傣、拉祜、汉六个民族，其中拉祜族、瑶族两个特少民族属于“直过”民族。“边”指地处中越边境。区位相对边远，是云南省25个边境县之一，与越南莱州勐谍县接壤。“山”为山区。总面积3096.86平方公里，境内山高林密，沟谷纵横，河流密布，最高海拔2637米，最低海拔320米。“低”指经济社会发展程度低。基础设施滞后，经济发展落后，科教文卫等社会事业发展指标在全省排后，是国家首批和新一轮扶贫开发工作重点县之一。“丰”指自然文化资源丰富。有丰富的土地资源，人口密度仅78人/平方公里；有丰富的水能资源和生物资源，全县森林覆盖率达62.3%；黄连山国家级自然保护区面积达93万亩，有数十种国家重点保护动植物。

全境为中山峡谷地貌，河流深切，沟壑纵横，峰峦叠嶂，没有一块足1平方千米的平地。地势总体为东高西低，北高南低，多高峻条状山地。境内山脉均系哀牢山南出支脉，从最高海拔2637米的黄连山主峰到最低海拔320米的小黑江与李仙江交会处，海拔1000米以下的热区面积有100多万亩。全境从低到高有北热带、南亚热带、中亚热带、北亚热带、南温带、中温带6种气候类型，冬无严寒，夏无酷暑，属云南省西部亚热带山地季风气候，是云南省典型湿热区之一。

绿春县共有梯田10万亩，分布于海拔500—1800米，主要集中连片的梯田有三猛乡腊姑梯田，总面积4500亩；桐株梯田，总面积2800亩；平河镇真龙梯田，总面积15900亩；戈奎乡埃倮登巴梯田，总面积4000余亩；子雄梯田，总面积3000亩；等等。

1. 三猛乡梯田

三猛乡位于绿春县中心腹地，地处黄连山国家自然保护区脚下，东邻元阳县俄扎乡，东南与平河镇隔河相望，西南与骑马坝乡相倚，北枕大兴镇。境内全是山区，山高坡陡，峰峦叠嶂，沟壑纵横，最高海拔2637米（黄连山核心区内），最低海拔576米（洛瓦电站），年平均气温17.2℃，雨量充沛，热量充足，年降雨量2400毫米，年日照时数2061小时，森林覆盖率55.5%。境内居住着哈尼族、彝族、汉族三个世居民族。总面积263平方千米，人口密度每平方千米101人。耕地面积2.29万亩，其中梯田1.19万亩，农民人均耕地面积0.86亩。三猛乡梯田是绿春县域内最为集中的梯田，一座座山峦，从山脚到山顶，一层层、一块块、一条条、一磴磴，都是绵延无尽的梯田。大者一块十多亩，小者一块如桌面大；少者一坡上百级，多者一坡数千级。三猛乡梯田包括黄连山脚下的腊姑梯田4500余亩、山势峻急的桐株梯田3100多亩、周围林地多达1.65万亩的巴德梯田2000余亩、由欧的梯田和牛波独红梯田组成的塔普梯田750亩、由阿东梯田哈生梯田车龙梯田组成的爬别梯田200余亩、由巴卡塔普梯田和鲁车德玛梯田等组成的埃洞梯田800余亩、位于全乡海拔最高处的巴东梯田1200余亩。

2. 大兴镇梯田

大兴镇地处绿春县东北部，东接元阳县俄扎乡和绿春县戈奎乡，南邻三猛乡，西依牛孔乡，北靠红河县乐恩乡。森林覆盖率61%。境内处于哀牢山脉西南侧，属中山峡谷地貌，均为山区，坝区很少，地势东高西低，四周高而中间低，最高海拔2296.9米，最低海拔1290米。属亚热带季风气候，有北亚热带、南亚热带、中温带3种气候类型，年均日照2031小时，常年降雨量1680—2100毫米。境内河流均属红河水系，主要有规洞河、松东河、老边河、东德河、马宗河、老边河、的马河。境内梯田依水域、顺山势开垦。2016年，大兴镇梯田总面积约为1.41万亩，其中，水田9621亩，旱地4471亩。境内梯田分布集中连片，蔚为壮观。其中有分布于海拔600—1300米地带的倮德河坝梯田1600亩；分布于海拔1300—1500米、为红软米种植示范基地的马宗河坝梯田1400亩、层数2200级；分布于海拔1400—1700米、呈“V”字形布局、梯田、村寨、田棚、树林、小河等景色交相辉映的马河坝梯田2090亩、层数1930级；平均海拔1500米、地势西高而东南北低、梯田呈“爪子”形排列的东德片区4片梯田3000亩、层数4420级。

3. 牛孔镇梯田

牛孔镇位于绿春县西北部，东与大兴镇接壤，南邻骑马坝乡，西连大水沟乡和墨江县坝溜镇，北隔尼马河与红河县架车乡相望。世居有哈尼、彝、瑶、拉祜、汉五个民族。牛孔镇有梯田面积1.33万亩，其中100亩以上连片集中梯田5000余亩。梯田主要呈连片集中状，比较集中大片的梯田主要有6个：海拔1420米的牛孔村委会共有耕地面积2908亩，其中梯田1544亩、层数约1000层；海拔1530米的阿东村委会有耕地面积共2300亩，其中梯田652亩、层数约2200层；海拔1710米的曼洛村委会共有耕地面积1820亩，其中梯田690亩、层数约3000余层；海拔1660米的破瓦村委会共有耕地面积1734亩，其中梯田638亩、层数约2500余层；海拔1530米的依期村委会共有耕地面积2300亩，其中梯田352亩、层数约900余层；海拔1680米的平掌街村委会共有耕地面积1944亩，其中梯田768亩、层数约3000余层。

4. 大水沟乡梯田

大水沟乡，位于绿春县西部，总面积236平方千米，东邻骑马坝乡，南接大黑山镇，西与墨江县坝溜镇毗邻，北与牛孔镇接壤。全乡辖10个村（居）委会，92个村（居）民小组，100个自然村，居住着哈尼、彝、汉、拉祜四个民族，其中哈尼族1.89万人，占总人口的95%，农业人口占比97%。境内最高海拔2193米，最低海拔560米，最高气温28℃，最低气温-1.5℃，年均气温16.1℃，年均降雨量2313.3毫米，属南亚热带山地季风气候。

大水沟乡境内都是高山，崇山峻岭间，梯田如画，嵌满山坡。梯田大的有几亩，小的只有1平方米左右；高的位于海拔2000米左右接近山顶的地方，低的就在山脚海拔仅500米的河水旁。高高低低，大大小小，错落有致，满山满谷，如湖似海。在阳光、云雾、水汽的作用下，景观变幻无穷。大水沟梯田主要分布在大水沟、大果马、东沙村委会。规模较大的有牛俄梯田1000余亩、100多级；在坡缓地上开垦大田的阿波良子梯田650亩、70多级；以哈尼支系白宏为主开垦的坡度在15°—75°、附近分布着6平方千米喀斯特地貌的大果马梯田700亩；分布在海拔

500—1000 米、上半部分陡如将倾大厦、下半部分直入深渊如万蛇蠕动的大二公路梯田 800 亩；以哈尼支系期第为主开垦、一年有两百天云海瞬息万变的哈弄梯田 450 亩。

5. 半坡乡梯田

半坡乡地处绿春县南部，东南与越南社会主义共和国隔江（小黑江）相望，有耕地面积 1.64 万亩。境内居住着哈尼、拉祜、瑶三个民族。境内遍布高山，森林覆盖面积达 87.5%。崇山峻岭间，梯田形态万千，满山遍野，造化鬼斧神工。梯田高者位于接近山顶海拔 1000 米地带，低至山谷海拔仅 300 米的河流之畔。在阳光、云雾、水汽的作用下，半坡乡梯田景观不仅四季不同，一天之间也时刻变幻。有时像波光闪闪的湖面，有时似金沙铺就的海滩，有时像装满五彩珠子的玉盘，有时似银装素裹的天梯。半坡梯田主要集中分布在高井槽村委会、半坡村委会、牛托洛河村委会。梯田规模较大的有马统、夫巩的烂滩梯田 350 亩、40 多级，梯田多为开垦于缓坡地上的大田，田形舒展开阔；高井槽梯田为壮家经营的梯田，面积 100 余亩、20 多级；汉八依梯田规模较小，面积 60 余亩、10 级，周围森林环绕。

6. 骑马坝乡梯田

骑马坝乡位于绿春县境中部，与本县除戈奎乡外的 7 个乡镇毗邻，东与三猛乡、平河乡接壤，南与半坡乡隔河相望，西与大黑山乡、大水沟乡相邻，北倚牛孔乡、大兴镇，辖 9 个村（居）委会、72 个村（居）民小组，境内世居哈尼、彝、瑶、傣、拉祜五个少数民族。境内最高海拔 2474 米，最低海拔 550 米，年均气温 20℃，年均降雨量 1966.4 毫米，属于典型的热带、亚热带山地季风气候，干湿季分明，雨热同季。全乡有耕地面积 2.29 万亩，农民人均耕地面积 0.86 亩，其中梯田 1.02 万亩。全乡有耕地面积 2.29 万亩，农民人均耕地面积 0.86 亩，其中梯田 1.02 万亩。近年来，因大力发展绿色产业，大多数梯田已种植胡椒，全乡连片 100 亩以上的梯田仅剩哈育村委会哈育梯田。哈育梯田有耕地 757 亩，其中水田 200 亩。哈育梯田面积大，线条美，立体感强，甚为壮观。

7. 戈奎乡梯田

戈奎乡位于绿春县东北部，东与元阳县沙拉托乡、俄扎乡毗邻，西南与本县大兴镇相连，北与红河县阿扎河乡、洛恩乡隔河相望。境内地形复杂，属于中山峡谷地貌，地势西南高、东北低，最高海拔2291.5米，最低海拔850米，属云南省西部亚热带山地季风型气候，年降雨量1454毫米，年平均气温17.32℃。戈奎乡“山有梯田坝有云，谷有红河岭有泉”，风光秀美。该梯田大部分位于境内哈鲁、俄普、俄马、子雄等地，其中哈鲁有耕地1868.8亩，有林地1.47万亩，连片梯田有6块，分别为哈鲁半顶梯田、轰马东角梯田、牛德梯田、哈弱梯田、当盆梯田、阿枯梯田，总面积1200亩；俄普梯田面积较大的有2块：虾巴重合梯田250亩，巴东咕东梯田300亩；俄马梯田连片面积较大的有2块：新寨梯田400亩，俄马梯田约400亩；埃倮登巴梯田连片面积较大的有2块：新寨旧寨两村各有梯田约200亩；阿来旧梯田面积500；俄普梯田750亩；子雄梯田260亩；普洛洛瓦梯田面积200亩。此外，戈奎乡还有轰马东角梯田、牛德梯田、阿枯梯田、虾巴重合梯田、龙巧梯田等。

8. 平河镇梯田

平河镇地处绿春县东南部，总面积460.31平方千米，全境为山地，地势南北高、东西低，境内群山蜿蜒、沟壑纵横，多陡坡，少平地，全镇最高海拔2202米，最低海拔410米。境内属亚热带山地季风气候，局部地区属北热带气候，年均气温17.2℃，全年无霜期一般在350天左右。一年中旱季、雨季分明，每年5月至10月为雨季，11月至次年4月为旱季，年降雨量2890.7毫米，80%的雨量集中在雨季，月最大降雨量96.6毫米，为多雨地区，为开垦梯田创造了得天独厚的气候以及地理条件。平河镇梯田开垦的历史可追溯至20世纪30年代。平河镇梯田面积为1.59万亩，连片成规模的梯田主要有略马梯田约1350亩、俄龙梯田约1100亩、尼龙梯田1450亩。

三　红河县梯田分布

红河县地处横断山系哀牢山中山峡谷地带，山势巍峨，峰峦起伏，沟壑纵横交错，地形复杂。总面积2028.5平方千米，除北部红河沿岸有几个面积狭小的河谷冲积盆地外，96%的面积为山地，最高海拔2746米，最低海拔259米，地势高低悬殊。“一山分四季，十里不同天”的立体气候、立体生态、立体农业特征明显。

全县梯田依山迤逦，曲折连绵，布满山岳河川，以海拔800—1800米分布最为集中，撒玛坝梯田集中连片梯田级数多达4300余级，似道道天梯直逼山顶，规模宏大，气势磅礴。随着四季更迭，梯田呈现出迥然相异的自然景观。夏季，稻谷布满田间，青翠欲滴，生机盎然；秋天，稻浪翻滚，满山遍野，一片金黄；春冬两季，梯田如镜，波光粼粼，如梦如幻。

1. 迤萨镇梯田

迤萨镇境内沟壑纵横，迤萨梁子南北两翼有红河、勐龙河深切，并有支流罕龙河、勐甸河、曼版河、虎街河、大黑公河纵横全镇。海拔300—1034米。迤萨在彝语中意为缺水之地，因山梁缺水，清代，当地人民挖塘蓄水种稻，称其为塘子田、雷响田，安邦、王塘子、罗家寨、莲花塘、斐尼哨等村周围的塘子田较多；有少量梯田分布于勐龙河、勐甸河、曼版河、虎街河、大黑公河沿岸。因处于坝区，地势平坦，现已基本变为旱地，改种其他经济作物。

2. 甲寅镇梯田

相传早在1500多年前，“加依”（原属最早到此定居的哈尼人名，甲寅为谐音）率民众在甲寅开垦梯田，此后人口逐渐增多，梯田规模随之扩大。甲寅镇地处山区，梁子盘踞全境，北高南低，呈三级阶梯式下降，以高山峡谷为主的地貌，地势高耸，向南山川逐渐拉开距离，地势逐渐下降，总体呈现重峦叠嶂、沟壑纵横，山梁之间为“V”字形地貌发育特征。甲寅梯田被列入世界文化遗产红河哈尼梯田十大片区之一，是哈尼农耕文化传承、保护和发展的核心区。2017年，有梯田12580亩，分布于海拔1300—1880米，梯田级数1400余级，最大坡度50°。甲寅镇梯田以他撒梯田为主，他撒梯田分布于甲寅镇他撒村委会与阿撒村委会一线，面积近万亩，梯田周边多种植棕榈树、樱花、杨柳树，成片棕榈树和火红的樱花与梯田相映，风景如画。1982 年，农村实行土地家庭联产承包责任制，农民种粮积极性提高，除耕种自家承包土地之外，还努力开荒开挖梯田，梯田面积有所增加。2000 年之后，大量青壮年到内地去打工，部分承包梯田因无人耕种管理而放荒，有的农民则把梯田改为旱地，种植香蕉、甘蔗等经济作物。此外，修建公路等基础设施也占据了部分梯田，导致梯田面积减少了 410 亩。

3. 石头寨乡梯田

石头寨乡旧称溪处，属官桂思陀部，据《续修建水县志·卷三》记载："溪处，山名也，奇峭延长，中多溪涧，厥初有夷人，不知姓，以世居溪处，因以溪处为名。"乡境地处半山区、高寒山区，由不相连的东西两部分组成，地形狭长，高山深谷，群峰连绵。石头寨乡梯田开垦历史甚早，梯田分布在海拔 400—2745. 8 米，以石头寨、旧施梯田为美，2017 年，有梯田 7830 亩。在市场经济快速发展的背景下，传统水稻种植业收入较低，不能满足农民的需求，所以该乡有部分农户把梯田改为旱地，以种植甘蔗、香蕉等经济作物，梯田减少了 385 亩。

4. 阿扎河乡梯田

"阿扎河"的哈尼语意为种荞吃的山岭。地处腊咪大山、么索鲁玛大山地带，境内地形复杂、地势险峻，沟壑纵横交错。梯田坡度在 15°—75°之间，随山势地形变化，因地制宜，缓坡地开垦大田，坡陡地开垦小田，有的梯田甚至开垦于沟边坎下的石隙之中。梯田大者数亩、小者仅簸箕大，往往一坡垦田千亩，其间并种竹子、杨柳、杂木等，田林掩映，景致优美。梯田分布在海拔 650—1800 米，2017 年，有梯田 12446 亩，其中普春、洛孟、沙普、西巧安梯田规模较大。冬春时节，云雾缭绕，犹如仙境。1958 年至 1961 年，垤施村四周森林砍伐破坏严重，水源锐减，普拉水沟及密码高水沟等供水不足，约 900 亩梯田被迫放荒，另有 3900 亩梯田改为旱地，种植经济作物。

5. 洛恩乡梯田

"洛恩"的哈尼语意为人们定居的聚散地。地处本那河流域，腊咪大山和底施普鲁山盘踞北南两岸，属山区半山区，境内地形复杂，山高谷深。梯田青山环抱，四周森林郁郁葱葱。梯田沿本那河沿岸逐级向上开垦，全乡有大小水沟 148 条，流域 500 千米。2017 年，有梯田面积 8365 亩，以哈龙、拉博梯田为核心。由于人口逐年增多，粮食不足，政府鼓励农民开荒，人们以家庭联产承包地为基础，沿山坡开垦新田。最近一次大面积开垦梯田在 1976 年，时年 80 岁任大队长的王荣周带领拉博群众，开垦关东、普施、咪租陡坡荒山，扩大梯田面积 3500 亩。20 世纪 90 年代后，青壮年外出务工人数增多，留守老人、小孩没有能力管理梯田，水沟长期失修，沟毁严重，梯田灌溉水源出现短缺。此外，老百姓认为种水稻不如种其他作物，耗工费钱，经济效益低，结果导致梯田放荒 58.7 亩，梯田改旱地 874.9 亩，以种植石斛、姬松茸、玉米、荞子、大豆等经济作物。

6. 乐育镇梯田

乐育原名“倮约”，哈尼语意为最早到此定居的人，清道光年间思陀土司治所由大新寨迁此，借谐音更名为乐育。地处山区，地势南高北低，陀山、然仁梁子盘踞全境，罕龙河、勐甸河、曼版河纵贯其间，河谷深切。该镇为红河县最早的哈尼族官桂思陀部的主要领域及思陀土司的辖境，《新纂云南通志·土司考四·临安府》卷一百七十六记载：“此甸本唐之官桂思陀部，壤地本广，析而为五，溪处、瓦渣、左能、落恐，皆此部分。”历经一千多年，可知梯田开垦历史甚早。梯田分布在海拔 800—2437 米，2017 年有梯田 11581 亩，其中桂东梯田和尼美梯田最为壮美，每年冬春季节，为梯田云海胜境。桂东梯田面积 7000 亩，集中连片，山顶山腰是哈尼村庄，从沟谷至山顶，层层梯田，一级连一级，似天梯直铺上云天。四季尽展梯田美妙景色，春是田园，夏是绿海，秋是金山，冬是明镜。尼美梯田面积 3000 多亩，是高海拔梯田，平均海拔在 1400—1900 米。红星水库（340 万立方米）坐落于梯田的上游，人称“高山绿洲一碗水”。每年 12 月至次年 3 月会出现壮观的万里云海，有平海云、大海云、翻卷云，云中有林，林中有岛，岛上有人，山、水、云、田浑然一体，如诗如画。

7. 宝华镇梯田

宝华旧称“么垤”，彝语意为刺竹坪。地处腊咪大山和宝华梁子地带，山势巍峨。宝华梯田历史悠久，面积大，分布广，主要集中在撒玛坝一带。民国二十三年（1934 年）编《五土司册籍》记载：“明洪武中(1368—1399 年)，有夷民吴蚌颇率众开山造田，众推为长，寻调御安南有功，即以所开辟地另为一甸，授佐能甸长官司副长官世袭土职。”亦是汉文史书记载的红河南岸开垦最早的哈尼梯田之一，明、清以来持续开山造田，连片开垦的有江泥岗碧、德然来宁、红德阿孔落、撒玛坝等梯田。2017 年，全镇有梯田 14778 亩。宝华梯田属世界文化遗产保护区，为 2013 年入选世界文化遗产红河哈尼梯田的十大片区之一；又，2010 年 6 月 1 日被列入“联合国粮农组织授予全球重要农业文化遗产地”，2007 年 11 月被批准为“国家湿地公园”，是哈尼农耕文化传承、保护和发展的核心区。梯田充分体现了人与自然的高度和谐、天人合一，是集中展现“森林—村庄—梯田—水系”四要素共构的农业生态系统和各民族和睦相处的社会体系，是哈尼梯田文化的明珠和杰出代表，是农耕文明的典范。

8. 撒玛坝梯田

“不到撒玛坝，不知梯田大”，撒玛坝梯田属于哈尼梯田国家湿地公园，是世界上集中连片最大的梯田。“撒玛坝”在哈尼语中是指宽阔的田地，面积 12000 亩，从海拔 600 米的干热河谷延伸至海拔 1880 米的哀牢山麓，共有 4300 多级，四周有森林 4000 多亩，村庄 21 个，6 条水沟分布于不同海拔等高线，首尾相连，依山开垦，顺势造田，经纬纵横，蛛丝密布，大的有三四亩，小的只有水牛大，在陡峭处田如天梯，美若龙脊。当地人为加固田埂，在一些田埂上种植杨柳和棕树，形成独特的景观。撒玛坝梯田中的“初角大田”，千百年来被认为是哀牢山最先开垦的田神所居住的神圣梯田。初角大田从古至今归宝华老安玛村张姓哈尼人耕种，每户一轮不得超过三年，每年春耕栽插之前，由一户张姓农户主持祭田之后，方能下田栽秧，万亩梯田便能风调雨顺，千家万户五谷丰登，人畜平安。

9. 浪堤镇梯田

浪堤系哈尼语“龙特”的译音，意为峡谷，因村旁河谷深邃狭窄，故得名。梯田分布于浪堤梁子地带，东西两侧为罕龙河、南罕河河谷。哈尼先民开垦梯田，随山势地形变化，因地制宜，坡缓地大则开垦大田，坡陡地小则开垦小田，梯田大者有数亩、小者仅有簸箕大。2017 年有梯田 10650 亩，分布在海拔 800—2329 米地带，座普、沙期贵者依期洛、虾里、浪堵等梯田规模较大。近年来由于大量青壮年外出务工、灌溉水源减少、甘蔗香蕉等经济作物种植增加等原因，浪堤、红波洛、安品、俄期等村委会共计有 2340 亩梯田转为旱地耕种。

10. 大羊街乡梯田

大羊街自清道光元年（1821 年）始，逢未羊日集市，故名。地处山区，大羊街梁子盘踞全境，地势南高北低，东西两翼南罕河、羊街河切割强烈，沟壑深邃。相传在 1000 多年前（11 世纪），奕车人的祖先辗转来到哀牢山区，在向阳开阔的山腰建村搭寨，并开垦梯田。2017 年，有梯田 7188 亩，分布在海拔 340—2125 米。代表性梯田有车普格米、妥赊浦玛梯田。该乡境内有大量野生樱花和棕榈树，与梯田错落交叉，形成优美田园画卷。近年红土坡村委会有 800 亩梯田改为旱地种植香蕉。

11. 车古乡梯田

车古系古代哈尼族土酋长“策窝”的演化名称。该区汉、唐进入王朝版图，宋大理时为因远部，元朝属元江路，梯田开垦历史悠久。地处咪尼干大山和阿波黎山地带，山高谷深。2017 年有梯田 3924 亩，分布在海拔 1080—2489 米之间。全乡森林总面积 7886. 57 公顷，森林覆盖率 67%，梯田坐落在山林之间，在四周森林的掩映及漫漫云海的覆盖下，构成神奇壮丽的景观。全乡有 118 条灌溉水沟，这是车古梯田的突出特点，其中小洛玛、阿期、哈垤梯田景观尤为壮丽。至 2017 年，放荒梯田 450 亩，梯田改旱地种植玉米 660 亩。

12. 架车乡梯田

“架车”系最早到此定居的哈尼人名。该地历史上属官桂思陀部，梯田开垦历史较早。据老一辈口传，架车乡梯田开垦人为祖先阿培仰者（人名），与三兄弟在大羊街长大，后来阿培仰者移迁到架车定居，开垦梯田，从事农耕。境内地势南高北低，西北起自尼玛浪阿红特、东南延伸至绿春县的底施普鲁山，境内主脉长38千米，西北至东南走向，腊咪大山耸立县境南部，横亘架车等乡，为本那河的分水岭；东北、西南两侧被腊咪河和尼罗河深切。水资源丰富，为藤条江源头，藤条江和尼罗河贯穿分布在乡境内，为全乡的梯田灌溉发挥巨大作用。2017年，有梯田7170亩，分布在海拔1030—2466米。主要集中于腊咪河与尼罗河两岸，尼罗河梯田位于扎垤、规普、合莫、妥产、翁居村委会；腊咪河梯田位于架车、牛威两个村委会。两个片区相对集中，面积5000亩。森林覆盖率67.1%，是全县森林覆盖率最高的乡。扎多、女东、为嘎、咪初、妥普、么底、妥阿梯田坐落在森林之间，形成林田交错景观。近年来，梯田放荒的面积逐年递增。至2017年，全乡放荒梯田284亩，改为旱地种植玉米、姬松茸、蔬菜、石斛等经济作物1722亩。

13. 垤玛乡梯田

“垤玛”系哈尼语“虾垤垤玛”的简称，意为“田坝”。该乡地处垤玛河谷，稻田成片，故称。元朝时属元江路（今元江县），梯田开垦历史较早。境内地形复杂，群峰起伏，沟壑纵横交错，阿者大山盘踞南部、阿波黎山屏立东边，垤玛河由东向西横穿全境。2017年，有梯田4930亩，分布海拔1146—2580米。

据当地村民所说，垤玛河附近的土地是最早开垦的地区，后来人口慢慢增加，逐渐扩大了垤玛河两岸土地的开垦，其中沿曼培河分布的达洋、达白么东、轰脚梯田零星开垦于清末，大面积开垦是在20世纪60年代。垤玛乡有一汉族村寨名为“农场”，该村汉族也靠垦种梯田为生。垤玛地处河谷，频发山体滑坡和泥石流，梯田经常损毁。近十余年来，梯田放荒面积逐年递增。至2017年，全乡放荒梯田800亩，改为旱地种植玉米500亩。

14. 三村乡梯田

民国时期，以坝兰、坝木、坝茨三个村子为中心的三片地方为一个联保，故名“三村”。元朝时属元江路（今元江县），梯田开垦较早。地处阿者大山和观音山地区，坝兰河由北向南纵贯全境。2017 年，全乡有梯田 6126 亩，分布在海拔 1000—1958 米，以达洞、南哈者、坝茨、一足龙珠格等田房梯田为胜。

据村民讲述，较早开垦梯田的村子是一足村，时间为乾隆元年（1736 年）。1750 年，由于人口增加，粮食产量不足，村民们增开了 130 余亩梯田。民国时期人口慢慢增加，河流附近的土地被逐渐开垦，梯田面积进一步扩大。1967 年，一位在当地有威望的村民白龙福带领全村 39 人增开梯田，使该村梯田面积增加了 100 余亩。出于相同的原因，至 2017 年，放荒梯田 10.5 亩，改为旱地种植玉米、大豆、小麦等经济作物 343 亩。

四　金平县梯田分布

金平苗族瑶族傣族自治县，位于云南省红河哈尼族彝族自治州南部。东隔红河与个旧市、蒙自市、河口瑶族自治县相望，西接绿春县，北连元阳县，南与越南社会主义民主共和国老街省坝洒，莱州封土、清河县，奠边府省孟德县接壤。中越边境线长 502 千米。地域面积 3685.69 平方千米，山区面积占 98.4%；河床阶地（坝子 8 个）占总面积的 1.6%。世居苗、哈尼、瑶、彝、汉、傣、壮、拉祜、布朗（莽人）等民族。2016 年总人口 37.28 万人，人口密度每平方千米 101 人。

全县辖 13 个乡（镇）92 个村委会，总人口仅万人。2016 年，常用耕地面积 26190.4 公顷，其中水田面积 11147.2 公顷（含雷响田面积 1547.3 公顷），占总耕地面积的 42.56%；旱地面积 15043.2 公顷，占耕地面积的 57.44%。

县境内最高海拔 3074 米，最低海拔 105 米。云岭山脉呈西南走向，分支为哀牢山和无量山，以藤条江为界，东有分水岭，西有西隆山，形成“两山两谷三面坡”的地貌特征。多年平均降水量 2330 毫米，年均气温 18℃，森林覆盖率 57.33%。

全境为红河水系。1982 年地名普查，全县常流河 117 条，集雨面积大于 100 平方千米的河流有 14 条。最大洪峰流量在 100 立方米/秒以上的有 22 条；河流长 2 千米以上的有 24 条，10 千米以上的有 15 条。大小河流以分水岭和五台山为界，分为红河流域和藤条江流域。大部分河流河床陡窄，水流湍急，水质好，落差大，具饮用、灌溉和开发水电之利。主要河流为藤条江。全县水资源总量为 57. 82 亿立方米，耕地每亩拥有水资源 6115 立方米。多年平均降水量 2288. 5 毫米，多年平均降水量 84. 1 亿立方米。水资源丰富，但丰富的水资源未能得到充分的开发和利用，地表水控制利用率为 2%—3%。全县水库蓄水量 256. 8 万立方米。

1984 年土壤普查显示，全县稻田面积 21674 公顷，占耕地面积的 34. 38%，其中水田 19220. 4 公顷，雷响田 2453 公顷。水田分布：海拔 600 米以下稻田面积 4134 公顷；海拔 600—1000 米的稻田面积 6585 公顷；海拔 1000—1300 米的稻田面积 5642. 8 公顷；海拔 1300—1600 米的稻田面积 4629. 2 公顷；海拔 1600—1900 米的稻田面积 682. 5 公顷。海拔 1900 米以上地带无稻田分布。水田坡度：0°—15°的稻田 3741. 4 公顷，15°—20°的稻田 3160. 5 公顷，20°—25°的稻田 2308 公顷，坡度超过 25°的稻田 12463. 6 公顷。

相对集中连片梯田主要有：金河镇哈尼田至马鹿塘梯田、金水河镇普角梯田、勐拉乡翁当至者米三棵树梯田、铜厂乡懂棕河梯田、沙依坡乡阿哈迷至阿都波梯田、阿得博乡水源梯田、马鞍底乡普玛至马拐塘梯田等十余个片区，总面积约 2500 公顷。

结语

通过对元阳、绿春、红河、金平四个县 120 余片梯田的考察，笔者总结其特征如下。

1. 梯田面积：根据统计资料，2017 年元阳县梯田面积 168563 亩；绿春县梯田面积 100000 亩；红河县梯田面积 100760 亩；金平县梯田面积约 167208 亩（11147. 2 公顷），四县总计梯田面积约为 536531 亩，红河流域哀牢山区共有梯田约 100 万亩，红河州四个县梯田的面积约占红河哀牢山区梯田总面积的53.7%。

2. 梯田民族：四个县从事梯田耕作的民族除哈尼族之外，还有彝族、傣族、汉族、瑶族、苗族、壮族等，“哈尼梯田”涵盖、代表了该区各民族的梯田。

3. 著名梯田区：四个县梯田连片面积或密集面积达10000亩以上的代表性梯田（其中大部分是梯田世界遗产核心区）如下。

（1）元阳县的坝达梯田26220亩；多依树梯田22155亩；老虎嘴梯田22214.1亩。

（2）绿春县的三猛乡梯田11900亩；大兴镇乡梯田14100亩；牛孔镇乡梯田13300亩；骑马坝乡梯田10200亩；平和镇乡梯田15900亩。

（3）红河县的迤萨镇梯田、甲寅镇梯田12580亩；阿扎河乡梯田12446亩；乐育镇梯田11581亩；宝华镇梯田14778亩；撒玛坝梯田12000亩；浪堤镇梯田10650亩。

（4）金平县金河镇等十一个片区梯田总面积约37500亩。

4. 梯田分布海拔高度：元阳县梯田分布最低海拔280米，最高海拔1996米；绿春县梯田分布最低海拔300米，最高海拔2000米；红河县梯田分布最低海拔340米，最高海拔2745.8米；金平县梯田分布最低海拔约300米，最高海拔1900米。从全州整体看，梯田分布最集中的是海拔600—1800米的地带。

5. 梯田分布坡度：四县梯田分布坡度多在20°—60°，最小坡度不到10°，最大坡度达到75°。

6. 梯田级数：元阳县梯田最多3700余级；红河县4300级；绿春县4420级。

7. 梯田单丘面积大小：用农民的话说，单丘梯田面积小的有“簸箕”或“水牛”或“1平方米”大，大的面积可有数亩。

上述哈尼梯田的7个特征体现了哈尼梯田与众不同的样貌，其形成既是红河哀牢山脉地质、气候等自然条件的塑造，亦深刻地反映了人地之间复杂的相互关系。

第四节　哈尼梯田形态

分类是事物研究的基本方法之一。泰勒曾说：“研究文明的第一步是把文明碎片划为各个细节，然后进行合适的分类。”（杰里·D. 穆尔，2016：20）欲认识梯田生态文化及梯田之美，首先需了解梯田的形态和特征；欲了解梯田形态和特征，就必须对梯田进行分类。

在农耕社会中，农田的认知和分类是农业的基本知识。农田的分类按大的形态划分，有水田和旱地两大类。两大类中又包含多种亚类型，如水田多为平地农田和山地梯田，还有一些特殊的农田，如王祯《农书》列举的区田、圃田、柜田、架田（也称葑田、浮田）、沙田、围田（圩田、柜田）、涂田等；旱地有平原盆地河谷旱地、山坡旱作梯田和台地等。再细分，梯田又被有的农学家分为水平梯田、坡式梯田、隔坡梯田、反坡梯田、复式梯田五类。而无论何种田地，都可以进一步按土壤、肥力、水源、坡度等因素划分为不同的类型。

和所有农耕民一样，哈尼族也具有农田分类的丰富经验和知识。哈尼族传统水稻等栽培作物品种十分丰富，原因就在于土地类型多、差异性很大，不同的地类需要配置不同的栽培作物。哈尼族生活于哀牢山地，山地垂直尺度大，立体性差异，尤其是立体气候差异对其生产生活的各方面发挥着巨大而深刻的影响。哈尼族梯田的分类主要是按山地环境和气候进行分类——依据海拔高度，并结合阳坡阴坡、迎风坡背风坡等地理条件，将梯田分为各种类型。

和以往的哈尼梯田的分类方法不同，本书分类关注的是梯田的形态。在所有农业类型中，梯田形态的多样性最为丰富，可以说是“冠盖群芳”。那么，作为哈尼梯田景观的梯田形态到底有多少种类型呢？这是一个尚未解答却很有意义的话题。由于哈尼梯田形态过于复杂，欲进行准确的形态分类是比较困难的。此外，为了更充分地展现灌溉梯田形态的多样性，本书除了使用哈尼梯田资料之外，还引入黔东南苗族、侗族和广西龙脊壮族、瑶族以及云南怒江峡谷怒族、傈僳族等的梯田资料进行比较。根据田野访谈、野外观察，并结合科学分析，笔者拟将哈尼梯田形态分为六大类17小类。

一　山梁梯田

山梁是大山的“骨架”和“脊梁”，是大山地貌的重要形态。山梁梯田即开垦于山梁上的梯田，是梯田中最常见的形态之一。山梁地势地貌复杂，有大山、小山、陡坡、缓坡、高坡、低坡、土坡、石坡、阴坡、阳坡等的不同，山梁梯田亦随之复杂多样。下文简略讲解缓坡山梁梯田、陡坡山梁梯田和缓陡坡山梁交汇梯田三种。

1. 缓坡山梁梯田

缓坡山梁坡度在30°以下，由于山势较为平缓，山体较宽，梯田垦殖相对容易，所垦梯田面积较大，耕作管理较为方便省力。土层深厚、灌溉便利的缓坡山梁梯田属于上等梯田。缓坡山梁梯田多呈半月形或不规则半月形，亦有不规则方形、矩形、圆形、椭圆形等。梯田层间落差小，田埂和田壁较矮，田埂随田形伸展，曲直多变，但多为弯弓形，舒展流畅，灵动飘逸，观之赏心悦目。

图2-6　缓坡山梁梯田（笔者摄）

2. 陡坡山梁梯田

陡坡山梁梯田坡度一般在30°以上，陡峭者甚至高达到70°以上。陡坡山梁多狭窄崎岖，梯田垦殖难度大，所垦梯田大小形状随山势而变化，多呈凸半月形和不规则凸半月形等形态。梯田层间落差大，田埂厚实，田壁高且呈斜坡状，陡处田壁十余米。元代王祯对梯田的描述："又有山势峻极，不可履足，播殖之际，人则伛偻蚁沿而上，耨土而种，蹑坎而耘"，说的就是此类陡坡梯田。

图2－7　陡坡山梁梯田（笔者摄）

3. 缓陡坡山梁交汇梯田

哀牢山地势伟岸，地貌复杂，山梁纵横，不同坡度、不同走向的山梁无序杂陈，交汇冲撞；梯田亦如山随坡，或为缓坡梯田，或为陡坡梯田，或上下排比，或左右并列，或交叉组合，各具形态。缓陡坡山梁梯田交汇，缓坡田及其田埂舒展松弛，陡坡田及其田埂逼仄紧促，可谓"和而不同，美美与共"。

图 2-8　缓陡坡山梁交汇梯田（笔者摄）

二　山坳梯田

山坳梯田与山梁梯田一样，均为重要梯田类型。在山地的地形地貌中，山梁与山坳称得上是一对“孪生兄弟”，哀牢山多少山梁，就有多少山坳，山坳和山梁均为梯田密集开发之所。山坳的形态，有大小、深浅、宽窄、长短、高低之分。山坳形态不同，所垦殖之梯田形态亦随之变化，和山梁梯田一样，山坳梯田也大致分为缓坡山坳梯田、陡坡山坳梯田、缓陡坡山坳交汇梯田三种。

1. 缓坡山坳梯田

山坳顾名思义，多呈凹槽形。缓坡山坳坡度在30°以下。山坳形态众多，其深浅、大小、长度不一，所垦梯田的面积、形状、大小亦各式各样。缓坡山坳坡度平缓，舒展开阔，所垦梯田面积一般较大，或呈凹半月形，或呈内弓鱼形，或呈腹腔形等，其田窄者腹部宽度两三米，宽者腹部宽度可达六七米甚至10余米。梯田层间落差较小，田壁矮，田埂内曲如坝，抗压力强。缓坡山坳梯田与缓坡山梁梯田一样，由于田畴平缓，所以便于筑埂、耕作、种植、管理、收获、养殖，为梯田中的良田。

图 2-9 缓坡山坳梯田（笔者摄）

2. 陡坡山坳梯田

陡坡山坳坡度在30°以上，地势陡峭，坳陷深，凹度大，形状复杂多变。山坳坡度越陡，地形越是崎岖，梯田开发难度越大。陡坡山坳梯田面积狭窄，多呈窄长条凹弓状，田腹宽仅2—3米，狭窄者不到1米。梯田层间落差大，田埂厚，田壁高。从远处眺望，但见密密麻麻、弯弯曲曲的田埂漫山遍野。每观其景，思其劳作，常令人有不可思议之感。

图 2－10　陡坡山坳梯田（笔者摄）

3. 缓陡坡山坳交汇梯田

山地多山坳，但山坳各具形态，鲜有雷同者。一坳之内，或上缓下陡，或上陡下缓，或陡中有缓，或缓中生陡，大自然造化，鬼斧神工，变幻无穷。而无论山坳是大是小，是陡是缓，是长是短，是高是低，是并列组合还是交叉相间，是大小重叠还是首尾相连，只要具备哪怕是最起码的垦殖条件，人们都会将其开垦，使地尽其利，山尽其用。俗话说“人杰地灵”，那是说地理环境好、人才出众的情况，但此话也可用于哀牢山区的人地关系：哀牢山脉地形地貌有多么诡谲无常，哈尼族等的开发利用便有多么灵动神奇。

图 2－11　缓陡坡山坳交汇梯田（笔者摄）

三　山梁山坳混合群聚梯田

上文说了山梁、山坳的地形及其梯田的数种形态，下面说山梁和山坳的结合。山梁山坳的结合究竟能生出什么样的梯田景象？笔者也将其归纳为三类：一是山梁主体群聚梯田；二是山坳主体群聚梯田；三是山梁山坳耦合型群聚梯田。

1. 山梁主体群聚梯田

哀牢山谷沟壑纵横，层峦叠嶂；群山之中，山梁相间并列，少者数列，多者数十列，或缓或陡，或宽或狭，自高山延伸至谷底，如群龙并舞；梯田顺势而生，鳞次栉比，比肩擦踵，层层叠叠，如天梯排列；梯田级数少者数十级，多者数百级，超多者三四千级，最高者五千余级。国外媒体称哈尼梯田为世界奇观，此言不虚。不过能当此美誉者，哈尼梯田之外，尚有黔西南加榜月亮山梯田、广西龙脊梯田、湖南新化紫鹊

图2－12　山梁主体群聚梯田（笔者摄）

界梯田、江西崇义客家梯田等，它们与哈尼梯田同中有异，异中有同，同工异曲，共建文明。

2. 山坳主体群聚梯田

山梁是大山的脊梁，山坳是大山的腹腔；群聚山梁显示大山阳刚气势，群聚山坳表现大山阴柔之美。如上所述，山坳多姿，有小山坳、大山坳、短山坳、长山坳、浅山坳、深山坳、条形山坳、月形山坳、圆形山坳、不规则山坳等形态。其上雕琢的梯田，也随之镶嵌组合，簇拥团集，此起彼伏，熙熙攘攘，百态丛生。

图 2－13　山坳主体群聚梯田（笔者摄）

3. 山梁山坳耦合型群聚梯田

无论是哀牢山脉还是龙脊山脉，无论是黔东南加榜月亮山地还是湖南紫鹊界山地，山梁山坳相间并列均为其基本形貌。一眼望去，山梁山坳相偎相依，你中有我，我中有你，如同“孪生兄妹”，如影随形，不离不弃。山梁山坳有缓坡、陡坡和陡缓坡之分，山梁山坳的各种地形交叉混合在一起，景象更是异彩纷呈。开垦于这种地貌地形之上的梯田，多种特征汇集，形态千变万化，田形或舒展优美，或飘逸如带，或凸凹有致，或比肩擦踵，或如镜似月；田埂则蜿蜒连绵，刚柔相济，扭曲不定，伸缩恣肆，如蛇似龙，气象万千。

图2－14　山梁山坳耦合型群聚梯田（笔者摄）

四　山包山脊梯田

红河哈尼梯田稻作农业系统或称文化生态系统，被称为“四素同构”系统。所谓“四素同构”，是指森林、村寨、梯田、流水四个子系统上下排列，并通过相互间的能量流通、物质循环、信息交换而结为一体。“四素同构”生态文化机理的发掘和构建，深得学界和社会的赞许和认同，于是成为红河哈尼梯田以及我国南方诸多著名梯田文化生态系统的典型模式。然而梯田系统除了高山森林、中山村寨、中低山梯田这一主流系统结构模式之外，尚有其他若干模式，例如独立山包梯田、“半岛”梯田、山脊梯田、群峰梯田等，虽非主流，但也独具生态文化特色，不失为梯田形态中的奇观。

1. 独立山包梯田

在梯田形态之中，有一类形态灵秀优美，甚为独特，那就是独立山包平顶梯田。山地的地形地貌大都沟壑纵横，坡陡谷深，然而也有例外，

图2－15　独立山包梯田（笔者摄）

偶尔也会出现山峦环抱或依山傍水的秀气小山包。此种小山包非常适合开垦梯田，它虽然不具备高山流水灌溉之利，但春夏雨水充沛，能够满足水稻生长的需要。小山包土地利用率很高，可以进行整座山包的开垦。顶部削平，辟为大田，雨季降水，可兼具陂池的功能；山体从上到下，可一圈一圈进行开凿，形成螺旋状梯田体。山包平顶梯田有一个显著的现象十分引人注目，那就是山顶并不全部削平，而是在其中留下一个土堆，土堆大小形状不一，保持原生状态。询问农民土堆有何意义，被告知如果把山头全部铲平，那是对山神地神的不敬和伤害，小山头是留给山神地神的，对山神地神必须保持敬畏之心，开挖了山神地神的土地，必须表示感谢和歉意，并且要按时供奉祭祀，祈望保佑，以求丰收。

2. “半岛”梯田

此类梯田依存的地形，三面为坡，一面与山梁或山坳连接，呈半岛状。其梯田垦殖，顶部通常劈为平坦水田，三面坡地顺应地势逐级垦殖，直到山脚，形成“半岛”梯田形态。

图 2－16　“半岛”梯田（笔者摄）

3. 山脊、群峰梯田

山脊、群峰梯田以龙脊梯田最为典型。龙脊梯田位于广西壮族自治区桂林市龙胜各族自治县龙脊镇龙脊山脉。龙脊山脉气势如虹，龙盘虎踞，群峰巍峨，纵横蜿蜒；梯田如波似浪，如鳞似甲，如锦似缎，漫山遍野，蔚为壮观。纵观其他地域的梯田，多为坡面梯田，即梯田多分布于山顶保留森林的迎风坡面；龙脊梯田不同，除了具有和其他地域相同的坡面梯田之外，更有无数山峦整体开垦的景观，即无论是山头还是山脊，均不留余地地全面开发。面对这样的梯田形态，人们不禁要问，灌溉之水从何而来？龙脊山脉受太平洋东南季风控制，为湿润的亚热带气候，年降雨量保持在 1500—2400 毫米，不言而喻，敢于实行从山头到山谷不留余地的梯田开垦之法，自然是得益于雨水丰沛的优越的自然条件。

图2－17　山脊、群峰梯田（笔者摄）

五　开阔台地梯田

一个地方能否开垦梯田，取决于该地的自然地理条件，那就是有无适合的地貌、气候、土壤和水源。一个地方能够开辟多大规模的梯田，也取决于这四个自然条件的优劣，这些自然条件得天独厚，便具备产生规模宏阔梯田的潜在优势。上述各类形态的梯田规模大小不一，就因为其自然条件存在差异。在红河哀牢山区，大规模梯田除了山梁群聚型、山坳群聚型和山梁山坳耦合型群聚梯田之外，还有开阔台地梯田，闻名遐迩的元阳县老虎嘴梯田、箐口梯田、巴达梯田和红河县甲寅梯田等就属此类。在相同的气候条件下，开阔台地由于具有地势舒展平缓、面积宽阔、土壤积累深厚、蓄水灌溉便利和耕作管理容易等优势，所以成为垦殖大规模梯田的理想之地。在宽阔台地梯田之中，可以看到上述五种梯田形态，更有五种梯田形态的掺杂、混合、融会和聚变，田块万千面相，田埂密布如网，鬼斧神工，浑然天成，如诗如画，宛若仙境。开阔台地梯田又可分为三类，一为开阔缓坡台地梯田；二为开阔褶皱形台地梯田；三为开阔波浪形台地梯田。

1. 开阔缓坡台地梯田

此类梯田主要分布于山麓台地和山间盆地边沿，地势开阔、舒缓，适于垦田便于耕作，为山区梯田开发早、规模大的富庶之地。

图 2－18　开阔缓坡台地梯田（笔者摄）

2. 开阔褶皱形台地梯田

此类梯田一眼望去，但见田埂密密麻麻，如无数龙蛇竞相窜动，如千百绳索扭曲延伸，让人感觉好像不是田的景观，而完全是线条的世界。

梯田有如此“喧宾夺主”的景象，令人倍感奇妙莫名。究其原因，实为地形使然。台地横向虽然开阔，然而纵向坡度较大且崎岖逼仄，在这样的坡地上开垦梯田，只能尽量收缩梯田宽度，密集构筑田埂，方能实现土地的最大化利用。

3. 开阔波浪形台地梯田

此类梯田景观如海浪翻腾，波涛汹涌，跌宕起伏，气势恢宏，观之如临大海，如闻涛声。元阳县老虎嘴梯田为此类梯田代表，国内外摄影家称其为世界上最壮美的田园风光，法国报刊将其列为 1993 年新发现的七大人文景观，足见其无穷魅力。

图 2－19　开阔褶皱形台地梯田（笔者摄）

图 2－20　开阔波浪形台地梯田（笔者摄）

六　石山梯田

土为农田之本，有土才有田，有土坡土山，才能大面积开垦梯田，这是常识。我国代表性梯田如红河哈尼梯田、广西龙胜龙脊梯田、湖南新化紫鹊界梯田、江西崇义客家梯田、贵州西南加榜月亮山梯田、甘肃和宁夏梯田、内蒙古赤峰梯田等，国外著名梯田如印度尼西亚巴厘岛的德格拉朗梯田、菲律宾吕宋岛北部的依富高梯田、尼泊尔的高山梯田、不丹的幸福之道梯田、秘鲁马丘皮克丘印加人的石阶梯田等，无一例外，均为土山土坡开垦的梯田。不过，大自然富于造化，不仅造就了万千土山，而且还造就了无数土石混杂之山，石峰林立之山，悬崖峭壁之山。山有多奇，人有多智，大自然鬼斧神工，人类亦造化无穷。人类能开垦土山土坡，能耕种土石混杂之山，也能在悬崖峭壁之上栽培谷物，所以梯田家族就多了一个“奇葩”——石山梯田。石山梯田大致可分为两种，一为土石混杂山坡梯田，二为石山悬崖峭壁梯田。

1. 土石混杂山坡梯田

山地地貌无序，地质不尽相同，有的土层深厚，有的土层瘠薄，有

图2－21　土石混杂山坡梯田（笔者摄）

的土多石少，有的乱石嶙峋。在石头裸露的山坡，开垦梯田必须尽量避让石头，把石头留在田头地脚或田间劳作歇息的地方。石头山坡开垦的梯田，面积小，且凌乱散碎，不成方圆。不过石头多也有一个好处，那就是可以顺其自然，因势利导，巧妙利用，作为田埂，提高田埂强度。

2. *石山悬崖峭壁梯田*

悬崖峭壁梯田，不是通常的泥土“雕塑的艺术”，而是利用悬崖峭壁创造的奇绝景观。不用说，在悬崖峭壁上打造梯田不合常理，实属另类，甚为稀罕。据笔者所知，这种梯田只产于中国，而在中国也只见于一个神奇的地方，那就是云南怒江大峡谷。

图 2-22　石山悬崖峭壁梯田（艾怀森摄）

怒江大峡谷位于我国西南横断山脉之中。发源于青藏高原的怒江、金沙江、澜沧江南北纵贯，汹涌奔腾，长期切割横断山脉山谷，形成著名的“三江并流”地貌奇观。怒江大峡谷由绵延千里的雄奇巍峨的高黎贡山山脉和怒山山脉夹持，谷深数千米，谷底怒江滚滚呼啸，江岸山坡极少缓坡台地，地势异常险峻陡峭。生活在峡谷中的有怒族、傈僳族等，传统所行旱地农作被形象地称为“陡坡壁耕”，劳作之中稍不留神，往往失足滚落谷底葬身江中，劳动条件极为险恶。该区灌溉水田产生于五六十年前，由于适合农耕的土地资源十分有限，人们为了生存，不得不“铤而走险”，行“异想天开”之法，以不可为而为之，大胆开拓创新，竟然把庄稼种到了悬崖峭壁之上。人们利用悬崖峭壁无数断层形成的形形色色、大大小小的平台，围以石埂，拦截高山冲刷而下的土壤，并利用山泉灌溉，以栽培水稻等作物，打造出世所罕见、闻所未闻的峡谷悬崖峭壁梯田。

结论

通过梯田形态的分类，可以清晰地看到人类对于自然的适应关系：一方面，红河哀牢山脉倔强、本能地彰显着自身的冷峻、严酷、富饶与博爱，其山梁山包山谷山坳林林总总、不拘一格、恣肆纵横、姿态万千；另一方面，人类为了生存和发展则表现出宠辱不惊、逆来顺受、不亢不卑、坚忍不拔、执着抗争、敬畏虔诚，极尽适应改造利用之能事。这种人与自然之间所发生的决定、限制、塑造、影响与顺应、抗争、利用、改造的双向互动，这种在不断对立统一的运动过程中所创造的物质和精神财富，及其沉积的丰厚的文化、科学、美学内涵，极大地丰富了人与自然关系内涵。每当看到或想到红河哈尼梯田，笔者脑海中总会浮现出一幅的曼妙景象：一对俊男倩女在凌空翩翩起舞，男者刚毅矫健、伟岸雄奇，女者婀娜多姿、舒展飘逸，两者的配合，刚柔兼具，浑然一体，美妙绝伦！何以有此景象？其实是梯田蕴涵意象的反映。人与大山共舞，融天地之精华，创世界之奇迹，活化资源以尽地利，开辟莽荒而为文明。作为人地互动互融共生共荣的象征，哈尼梯田展现了人类文化适应恢宏壮丽的画卷，揭示了中华民族多元一体、生生不息、天人合一的文明共创之道。

第三章

哈尼梯田灌溉

第一节　森林与水源

水为万物之源，亦为人类文明之源。世界四大文明的发源地都在大河流域：古埃及文明产生于尼罗河流域；古巴比伦文明产生于幼发拉底河和底格里斯河两河流域；古印度文明产生于恒河流域；中国文明产生于黄河和长江流域。世界四大文明，农业是其根基，文明的源头在农业：古埃及和古巴比伦文明的基础是麦作农业；古印度文明的基础是稻作农业；中国文明的基础分别是黄河流域的粟稷农业和长江流域的稻作农业。“农业是整个古代世界的决定性的生产部门。”（马克思、恩格斯，1972：145）

中国是世界重要的农业起源中心，黄河流域是粟稷农业起源中心，长江流域是稻作农业起源中心。两类农业的起源都与特殊的时空条件有关。距今8000—3000年为全新世大暖期，土壤肥沃的黄河流域不乏充沛降雨。作为黄河文明的重要古文化遗址，如磁山文化、裴李岗文化、仰韶文化、大汶口文化、龙山文化、马家窑文化、齐家文化等，即出现于这一时期。（李玉洁，2010：15）长江流域历来气候温暖，多雨湿润，这样的生态环境为稻作起源提供了得天独厚的条件。仅在长江中下游流域，目前已知稻作古文化遗址即多达123处，年代距今10000—4000年。（游修龄，2014：24）中国文明历经数千年而不衰，原因固然很多，包括水在内的生态环境的影响。红河的哈尼梯田文明也一样，没有得天独厚的水资源环境和水资源禀赋，就不会有世界文化遗产——哈尼梯田。

一　山高水长

水是农业的命脉，这是世界上所有农民的共识。哈尼族的谚语说："人的命根子是梯田，梯田的命根子是水。""人靠饭菜养，庄稼靠水长。""田坝再好，没有水栽不出谷子；儿子再好，没有姑娘生不出后代。"水为农田的"命脉""命根"，亦是农作物的"命脉""命根"。红河哈尼梯田的产生和兴盛，仰赖于哀牢山区丰沛的水资源。

红河哀牢山的水资源禀赋是雨水的造化。综观古今中外农田的灌溉，绝大多数离不开降雨。完全依赖降雨灌溉的农田，年降雨量的最低限度不能少于350毫米，极端下线不能低于250毫米（史蒂文·米森、休·米森，2014：59），到了此限，即便是最耐旱的农作物也无法存活。我国国土从东北东端经黄土高原、北缘至青藏高原南缘这一绵延数千里的地带，存在一条400毫米降雨量分界线。在历史上此分界线以北和以南地区的人类生计方式迥然不同——北部为畜牧区，南部为农耕区。北部为游牧区，降雨量多在400毫米以下，不能满足绝大多数农作物生长对水的需要量，不适合经营农业，只能从事畜牧业；南部地区降雨量在400毫米以上，且越往南雨量越多，利于农作物生长，所以成为发达的灌溉农业区。

我国400毫米降雨量分布线的形成因素有两个：一是高耸的喜马拉雅山脉自西北向东南横亘绵延，挡住了来自印度洋的西南季风，使其暖湿气流难以深入我国西北地区；二是西北地区纬度较高，来自太平洋的东南季风到达此线附近已是强弩之末，几近烟消云散。不过，即使是在400毫米降雨量分布线以南的广大地区，降雨量的差异也是非常大的。在东南地区的长江、淮河、珠江中下游流域平原以及低山丘陵地区，太平洋季风可以长驱直入，年降雨量通常在1000毫米以上；而在作为我国地势二级台阶的云贵高原等西南地区，情况就不同了，该地区同时受印度洋西南季风和太平洋东南季风的控制，然而由于地形复杂，山峦重叠，走向无序，所以整个地区季风强弱不定，降雨量极不平衡。有的地区，一条山脉两个世界：面向季风的山面，即通常所说的迎风坡，犹如屏障，春夏袭来的西南和东南季风，受坡所阻，气流抬升上旋，随着气温的下降，暖湿气流冷凝结为地形雨，这是迎风坡降雨量丰富的原因。哀牢山区迎风坡的年降雨量，一般为1600毫米左右，多者可达2500毫米以上。而在背向季风的山坡和山谷却是另一番景象，由于湿润气流越过山脉时把水分留在了迎风坡，翻越山脊，成为干燥焚风，焚风下沉，温度随之升高，每下降1000米，温度平均升高约10℃，这一气候现象被称为“焚风效应和山谷风局地环流效应”。盛行焚风的河谷被称为“干热河谷”，其少雨干旱荒芜程度堪比400米降雨量以北的干旱地区。干热河谷在我国主要分布在西南地区的金沙江、元江、怒江、南盘江等沿江的四川攀枝花、云南和贵州等地区。

红河在云南省境内称元江，元江自西北向东南贯穿无量山、哀牢山，元江切割下沉的河谷为典型的干热河谷；而紧邻元江、与干热河谷仅有一岭之隔的红河南岸哀牢山地，却是水资源丰沛的暖湿世界。该区年降雨量少者如元阳县，为1397.6毫米；多者如绿春县和金平县，分别为1980毫米、2330毫米。大自然造化“厚此薄彼”的现象，在红河流域表现得淋漓尽致。

红河南岸哀牢山地的哈尼族说到他们居住的环境，常以“山高水长”“山有多高，水有多长”予以赞美。何以山高水长？原因有三：

第一即季风降雨。哀牢山区属于亚热带季风气候类型，是云南省典型湿热区之一。大部分山地面向西南季风和东南季风，年平均气温约18°C，年日照时长约1800小时，年降雨量多在1300毫米至2400毫米之间，季风带来的充沛的降雨是“山高水长”的主要成因。

第二是山谷地貌。山地沟壑纵横，山谷地势高低悬殊，山峰最高海拔近3000米，山谷最低海拔不到100米，从谷底低地至高山地带，气候“一山分四季，十里不同天”，立体气候特征十分突出。山体从低到高依次为北热带、南亚热带、中亚热带、北亚热带、南温带、中温带6种气候类型。海拔1800米以上的高山地带，年平均气温为11.6℃，全年日照时长1000小时，多云雾阴雨，气候寒凉，季风带来的暖湿气流所形成的降水多集中于该地带。高地降雨，汇成泉水溪流，溪水从高山沿山坡顺势而流，直到谷地，形成“山有多高，水有多长”的“山高水长”景象。

第三是森林。哈尼族生境空间的建构是一个独特的人与环境共生系统，是特殊山地环境的塑造力和人类适应性高度同构的体现。哈尼族俗话说“一座山梁养一村人”，一座山梁怎么养一村人？山梁只是提供空间和资源，至于怎么养、如何养好，得由人来决定。那么哈尼族是如何认知山梁环境资源，以建构理想的生境空间，从而达到最佳的生存模式呢？哈尼族谚语说：“要烧柴上高山，要种田在山下，要生娃娃在山腰。”这句话形象地表现了哈尼族生境建构的规则——高山森林，中山村落，低山梯田。高山广布森林，是“山高水长”的重要保障。

二 林在高山

哀牢山降雨丰沛，固然是大自然的恩惠，然而哈尼族认知、保护、利用水资源的智慧和知识所发挥的积极作用亦值得推崇。哈尼族认为“水的命根子是森林”，这是非常科学的理念，而将森林配置于高山，并予以重点保护，更是人与环境同构的杰作。

哈尼族把村寨上方高地规划为森林区，并将其划分为三种类型：一是寨神栖居之地——神林；二是生态林——水源林、风景林、护寨林；三是经济林——建材林、薪炭林。三类森林，前两类受传统法规的保护，不能砍伐破坏；第三类为用材林，但有林权限制。又，三类森林，神林为神圣之地，其一草一木、一虫一鸟均不可获取；而生态林和经济林则可供采集狩猎。

云南各民族过去都有神山神林崇拜，而且神山神林都是村寨不可或缺的标志性景观。但目前情况大不一样了，许多村寨的神山神林已经荡然无存，只是在老人们的记忆中还保留着昔日的印象。相比之下，哈尼族的神山神林保存得比较好，而且依然发挥着多方面的重要作用，值得重视。

哈尼族的神林是村寨保护神的象征。哈尼族凡建立新的寨子，必先在新寨址上方森林茂密的山头挑选大树奉为“昂玛”（寨神），并划定以寨神树为中心的大片森林作为神山神林。哈尼古歌说：

寨头最高最好的山包，
是哈尼认定的神山；
寨头最密最厚的树林，
是哈尼认定的神林；
神林里最高最直的大树，
哈尼认做普玛觉阿；
树脚宽大的祭石，
是哈尼不变的心。
……
自从有了哈尼的寨子，
寨头的神树就望着寨子；
自从阿妈生下我们，
寨头的神树就保护着寨人；
哈尼寨头的神树，
是一天离不开的神树，
哈尼寨头的神树，
是一下离不开的神树。①

神林神山里除了寨神栖居，还集聚着祖灵、树神、植物神、地神、水神、五谷神、六畜神、石神、生殖神等众多种神灵。有各种神灵保佑，村寨才能消灾免祸，人丁繁盛，六畜兴旺，五谷丰登，安居乐业。神山神林如此神圣，出于敬畏和虔诚，村寨有一系列保护神山神林的法规和禁忌，违反法规禁忌，必受惩罚。此外，每年要举行隆重的祭祀活动。哈尼族一年之中重要的祭祀活动或称节日主要有 6 个——“昂玛突”（寨神祭）、“卡窝棚”（开秧门）、“莫昂纳”（栽秧结束）、“矻扎扎”

① 完整版可参见西双版纳傣族自治州民族事务委员会编《哈尼族古歌》，云南民族出版社 1992 年版，第 304、338 页。

(六月节)、“车拾扎”(尝新节)、“扎特特”(十月年)。其中活动时间最长、最为隆重的节日就是“昂玛突”。“昂玛突”也写作“昂玛吐”,“突”为“祭祀”,“昂玛突”意即“祭祀寨神”。“昂玛突”于农历二月举行,也称“二月节”。不同地方祭祀活动的时间长短有别,以占卜凶吉而定。祭祀活动一般为三天或五天、七天,长者可达九天。“昂玛突”由“咪谷”或称“普司”“普最”“昂玛阿委”等祭师主持,主持者是寨神意志的代表者,须由村民推举。各村寨举行祭祀的程序和内容不完全一样,但祭祀对象大致相同,为寨神,地神、水神、火神、鬼神等。古歌里有祭祀寨神的颂词:

> 祭树,是人口增添的祭树;
> 祭树,是庄稼丰收的祭树;
> 祭树,是牛羊满山的祭树。
> 我们今天来祭树,
> 祭来大山的福气,
> 祭来大水样的吉祥。①

哈尼村寨的生态林(水源林、护寨林、风景林)和经济林(建材林和薪炭林)通常分布于村寨上方和周围山梁。生态林具有生态涵养、生态屏障和美化景观的功能。经济林是村寨所需木材的生产基地。生态林不能砍伐,但是与经济林一样,可供采集狩猎。采集食物在哈尼族饮食构成中占有重要的地位,有木耳、竹笋、蕨菜、水芹菜、白花、羊奶菜、臭菜(香刺蒙)、鸡脚菜、玉荷花、甜菜、滑菜、香椿、金雀花、棠梨花、苦刺花、百合、葛根、野魔芋、移依果、核桃、油茶果、香野果、杨梅、羊血果、五眼果、无花果、木姜子、枇杷、板栗、藤子果、樱桃、锥栎籽、鸡嗉果、橄榄、香菌、树头菜、炮仗花、金银花、野山药等。

① 完整版可参见西双版纳傣族自治州民族事务委员会编《哈尼族古歌》,云南民族出版社1992年版,第337、338页。

狩猎活动一直到20世纪50年代都是哈尼族村寨成年男子重要的生产和娱乐活动，他们经常捕食的动物有野兔、竹鸡、野鸡、斑鸠、箐鸡、马鹿、麂子、野猪、岩羊、刺猪、熊、獐子、水獭、虎、豹、猴子、野猫、鹌鹑、松雀、原鸡、豪猪、山驴、山雀、松鸡、鹧鸪、铜鸡等。

哈尼族分布于高山之上的三类森林，属性和功能各不同，但同时又相辅相成，在生态效益方面发挥着综合性、整体性的作用，那就是收纳雨水、涵养水源、调节溪流，犹如一座座绿色天然水库。哈尼古歌“哈尼哈吧”说：“有好树就有好水，有好水就开得出一块好田，有好田就养得出好儿孙。”哈尼族谚语说：“人的命根子是梯田，梯田的命根子是水，水的命根子是森林。”“人靠饭菜养，庄稼靠水长，山上林木光，山下无米粮。”“有田有粮才有命，有山有林才有水。”“有林才有水，有水才有粮。”这些谚语与傣族谚语“没有树就没有水，没有水就没有田，没有田就没有粮，没有粮就没有人”如出一辙，生动形象地道出了森林对于农业及粮食生产的重要性。其实，森林的作用还不只保障农业的灌溉，其在防灾抗险方面，也能够发挥巨大功能。在我国，洪灾最为严重的地区是长江、黄河、淮河、珠江等中下游流域平原，这些地方几乎年年遭受洪水大面积淹没，防不胜防。[①] 相对而言，作为我国地势第二阶梯的云贵高原的情况要好得多。在云贵高原，又有山地和盆地之别。原因不难明白，首先当然是地势使然。众所周知，平原盆地水流不畅容易阻塞，山区坡地则利于疏浚泄洪，山地即便遭遇强降水导致局部地方发生山洪泥石流，也不会形成整体性特大洪灾，其重要的原因就是森林。据统计，20世纪50年代初期，红河流域哈尼族聚居的元阳、红河、绿

---

① 水对于人类、对于农田并不总是恩惠和眷顾，也有无情和暴虐的一面。这方面的表现主要是干旱和洪涝。干旱之年，农田干裂，赤地千里，禾苗枯死，颗粒无收；洪涝年辰，洪水滔天，堤坝崩塌，田园冲毁，饿殍遍野。数千年来，人类饱受其害。据邓拓《中国救荒史》的统计，自公元前1766年至公元1937年，共发生旱灾1074次，平均约3年4个月便有一次；水灾共1058次，平均3年5个月一次。我国最近的一次大旱灾发生于1978年至1983年，全国连续6年大旱，累计受灾面积近20亿亩，成灾面积9.32亿亩。1998年的特大洪灾，包括长江、嫩江和松花江在内的几大流域全部受到严重的洪涝灾害，全国受灾面积达到3.18亿亩，受灾人口2.23亿人，死亡4250人，直接损失1660亿元。

春、金平、墨江、普洱等县的森林覆盖率均占各县总面积的60%以上；50年代末期以后，森林破坏严重，森林覆盖率大幅下降，不过近年来情况好转，元阳、绿春、红河三县的森林覆盖率分别上升到42.5%、60%、49.6%。森林覆盖率高，能够大大降低洪灾风险，这已为许多科学研究所证实。例如2009年秋冬至2010年春夏，云贵高原遭遇百年不遇的大旱灾，许多水库干涸，河水断流，盆地河谷农田干裂，农作物无法播种或干死，给大量农户带来严重困难；相比之下，哀牢山区却是另一番景象，依旧青山满目，溪水潺潺，梯田波光粼粼，稻谷照常播种收获，人们并未感受到干旱太大的影响。

三　森林权属和管理

红河南岸元阳、绿春、红河、金平四县的森林权属和管理，可分为20世纪50年代之前和之后两个不同的时期。20世纪50年代之前，该区虽然早已纳入国家的统辖体制之内，然而土司依然是直接的统治者，所以土地和森林的权属和管理具有浓厚的土司制度特色。

元阳县地处哀牢山脉南段，山高林密，《元阳县志》载，民国末年，境内有原始森林80多万亩，其中东西观音山有森林14万亩。两山林木遮天蔽日，动植物资源丰富，终年泉水涌流。元阳县在20世纪50年代之前，山林权属分为公有林、村有林、私有林三种。公有林主要由土司头人管辖，每片山箐设一个箐长，按土司指令行事，定期封山开山。公有林规划为保护区、砍伐区和轮歇种粮区等，按乡规民约进行管理。土司头人定期或不定期召集举行群众集会，处理森林保护、纠纷、纳款等事宜。村有林为神林、水源林、风景林、学山、庙地（学山、庙地森林收入作为办学经费和祠堂庙宇支出）、建材林、薪炭林等。村寨设“伙头”“会长”“箐长”，他们按村规民约管理村有林。村规民约由村寨头人或有名望的乡绅出面召集村民商讨制定。村规民约保护范围涉及神林、防护林、水源林、河堤岸边的树林以及学山、庙地等的林木。私有林大部分为土司、地主占有，农户占有少部分。农户私有林包括各家在村子周围、房前屋后、田边地角种植的棕树、茶树、果树等，由农户自己管护。

据《红河县志》记载，清代至民国年间，山林属土司、家族、私人和村寨占有。有土司山、家族山、私山、公山、柴山等，林权比较稳定。林权管理分土司管辖地区和区乡制管辖地区。在土司管辖地区，护林一般由头人、里人出面组织，各村或各地区自行决定护林奖惩条款。在区乡制地区，由乡、保长或有名望的绅老主持护林规约和执行等事宜。

金平县地处亚热带多雨地区，气候湿润，热量充足，土壤肥沃，适宜植物生长。民国二十一年（1932）编纂的《云南省金河设治区通志资料》载：金河辖地“山多林密土广人稀，森林一项逐处皆有，故有数十里之老林，古木荫浓，一望无际天然生产，不假人造”。金平境内山林在清代概归土司所有。民国年间，山林分别由地霸、头人和土司占有：勐丁地区地霸、头人占据大部山林；金河地区山林权大部袭归刀氏土司拥有；非土司地区大部分山林为地主占有。林权拥有者沿用自订律规管理各占有林地，乡民若有违规则处以重罚。金平境内的哈尼族、傣族、彝族、壮族崇拜“龙树”，村村寨寨都有“龙树林”。哈尼族认为“龙树”是神，“龙树神”是人类的保护神，每年农历二月的第一个属龙日各村寨举行隆重的祭“龙树”活动。此外，哈尼族对金竹、棕树、梨树、刺桐树、万年青树等特别重视，把种在村旁的这些树木视为可阻挡灾难、邪恶、瘟疫进入村寨的屏障。哈尼族认为，树木长得好，流水清澈，儿女才会漂亮聪明，所以他们对村寨周边的树林和溪水特别爱护。

绿春县位于哀牢山南出支脉西南端，县内植被属古热带植物区系，原始森林密布，莽莽苍苍，一望无际。绿春县海拔高差悬殊，气候多样，具有多种地带性植被类型。1955 年以前，绿春县山林权有公有林、村有林、私有林三种。公有林有两类，一类面积大，离村寨较远，如黄连山、曼洛、路俄后山等，公有林受土官或头人管辖；另一类是学山、庙地的树林、竹林，如二家、搬布、鲁妈鲁巩、三楞、江峰一带的学山、庙地，此类公有林的收入作为办学经费和祠堂庙宇支出。林地管护多由土官或头人负责，制定森林管理规约，由村民出钱集会，把一根刻有符号的木棍一劈两半，一半由村民保管，另一半由土官或民族头人保管，意为须共同遵守执行规约。也有以文字或口头方式制定乡规民约，具体划定护林区、砍伐区和轮歇种粮区，各行其是。村寨的界限按各村早期农事活动所涉及的范围划分，各村寨的村有林是村寨的重要组成部分，村有林分为神林、水源林、风景林、学山、庙地、建材林、薪炭林等，历史悠久的村寨林地面积较大，建村晚的林地面积小。村有林的管护由“伙头”“会长”“箐长”依据村规民约负责实施，村规民约由头人或有名望的乡绅出面召集村民商讨制定。私有林主要是土司、地主所占有的森林，农户占有量较少。1949 年前，农户在村子周围、房前屋后、田边地角种植棕树、茶树、果树等，用于缝制蓑衣、扭制棕绳、制茶等，种植量较少，多属自种自用自管。

四　当代林权法规

中华人民共和国成立后，土司制度终结，土地森林的权属和管理发生了重大改变。1952 年至 1955 年，元阳、红河、金平、绿春四县的土地森林所有林权依然沿袭旧制，保持不变。1956 年进行和平协商土地改革，废除了土司、头人、富裕户等的私有山林权，将原公有林划为国有林，保留大部分村有林，同时划出部分林地给森林少的村寨作为集体林，依据村寨原来的土地权属，房前屋后、田边地角的果树、经济林以及少数小片山林依然归农户私有。

人民公社化时期（1958—1963 年）和“文化大革命”时期（1966—1976 年），由于政策不稳定，林权陷于混乱，森林遭到严重破坏。例如红河县嘎他的大部分山林分别在 1958 年“大炼钢铁”和 1960 年代初毁林开荒中被毁，今嘎他马撒山一带的杉木林、棕树、松树等全是 1970 年代后期的人工种植林。不少地方的森林面积在 20 世纪 50 年代后期至 80 年代初期急剧下降，据 1950 年的统计，绿春县的森林覆盖率为 70.7%，金平县为 65%，红河县为 60%，元阳县为 24%；至 1960 年，金平县森林覆盖率下降为 21.14%；1973 年，绿春县森林覆盖率下降到 18.9%，同年红河县森林覆盖率仅为 14.1%；1970 年元阳县森林覆盖率降至 11.6%。森林被大量破坏，导致部分水源枯竭、粮食减产、烧柴困难以及旱涝灾害频发等生态恶果。20 世纪 70 年代末期实行改革，1981 年政府颁行“林业三定”政策，1983 年实行“林业两山”政策，山林按国有林、集体林、自留山、轮歇地明确划分，林权归属国家，村寨和农户拥有集体林、自留山和轮歇地的长期使用权，森林权属趋于稳定。1980 年代之后，森林管理进入一个新的历史时期，实施了一系列重要措施。

一是继承传统，制定新的村规民约。各地各村寨参照传统民间管理方式，结合传统民间法规，制定了新的村规民约，使得森林管理保护机制更加完善，保护措施更加有效。其中，元阳县、绿春县的传统民间法规与现代村规民约结合得较好。1984 年，绿春县订立护林乡规民约的村寨达到 800 个，建立村林业领导小组 864 个。①

二是封山育林。为强化森林保护，于 20 世纪 50 年代开始采取封山育林措施，实施情况如下：

金平县 1952—1954 年封山育林 250 亩；1963—1964 年封山育林 48340 亩；1982—1990 年全县累计封山育林 80. 89 万亩。红河县 1953 年开始封山育林，至 1986 年全县累计封山育林 90 万亩。绿春县 1962 年开始封山育林，至 1985 年，增加林地面积 2 万亩。1996 年，红河州各县

① 下面举例元阳县两个乡的村规民约，从中可大致了解新时期村规民约的形式和内容（参见红河州地方志办公室档案资料）。《陈安乡人民政府护林规约》（摘录），1984 年 4 月 10 日。1. 凡持刀斧进林者罚款 1 元；攀折生柴者罚款 5 元；晚上 6 点以后偷砍的，不论大小，罚款 36 元；发现报告的人奖励 10 元；开荒种地时，挖死一棵茶树罚款 5 元。2. 护林员若偏护亲友，对违反以上规定不报的，加倍处罚。3. 自留山、责任山必须在 1985 年年底以前栽满树，没有栽满树的面积，取消其山林权，由村民委会员另行安排。4. 偷砍私有林一棵树罚款 15 元，偷砍大竹一棵罚款 10 元，偷砍金竹、灰竹一棵罚款 5 元，偷砍一棵竹笋罚款 15 元，偷砍一棵竹蛆罚款 5 元，偷剥一棵棕树罚款 15 元。5. 滥砍树被护林员制止，而对护林员仇视、报复的，按其出事情况罚款或加倍处罚，严重的提请司法部门追究刑事责任。6. 每年农历八月初二改选护林员，表现好的护林员可连选连任。《乌湾乡人民政府护林规约》（摘录），1985 年 1 月 1 日。1. 不允许刀耕火种，违者视情节轻重罚款、栽树或没收所开土地及作物。2. 需要木材者，两棵以下、直径一市尺以下者，经村长同意，到指定地区砍伐；2 棵至 10 棵，直径不超过一市尺者，经全村群众讨论通过；一市尺以上者，经群众讨论通过，报经乡人民政府批准。3. 允许群众拾枯、修枝解决烧柴困难，但村前屋后的树木及幼树、风景树、果树、攀枝花树不得砍伐。4. 以上三条违反者，根据情节轻重，分别作如下处理：用镰刀砍的，每棵罚 3 元；用大刀砍的，每棵罚 6 元；用斧子砍的，每棵罚 12 元；砍风景树的，按照习惯处理；若屡教不改，明知故犯者，加倍处罚。5. 严禁放火烧山，违反者，根据不同情况分别处理。属于无意烧山，面积不大，立即报告，并立即参加扑灭者，给予批评教育；若烧山面积过大，则应栽一部分树；属于有意烧山者，要严加处分，情节严重的，报请人民法院处理。

市完成封山育林3.9万公顷。1999年5月，红河州人民政府对各县封山育林情况进行检查验收，全年全州封山育林4.56万公顷。2005年，全州实施封山育林工程225.27万亩，1991—2005年，红河州累计封山育林821.14万亩。

三是植树造林。红河州成片造林始于20世纪50年代。红河县于1957—1959年造林面积3000余亩，平均每年1000余亩。该县阿扎河区俄比东乡护林员唐规楚，长年巡山护林，年过花甲仍坚持巡山守林，风雨无阻。他在护林的同时还植树造林，8年间栽下各种树木4.8万株，成片造林400余亩，被评为省林业先进个人。元阳县1960年代每年春夏两季开展荒山造林活动，1964年，全县造林6432亩。全州大规模植树造林始于20世纪80年代。1982年3月，红河州开展稳定山林权、划定自留山、确定林业生产责任制的林业“三定”工作。林业“三定”，调动了群众植树造林的积极性，特别是私人造林得到了快速发展。私人造林有多种形式：其一是农民租地种植经济林木。[①] 其二是农民自筹资金，自己投劳，在自留山上造林，收益归己。金平县1986年被确定为云南省用材林基地县，农民每年在自留山上栽种杉木万亩以上。其三是农户在房前屋后田间地角栽种各种树木。[②] 1987—1989年，全州私人造林30.29万亩，占全州造林总面积的50.7%。进入21世纪，私人、集体和国营植树造林持续发展。以红河哈尼梯田世界遗产核心区元阳县为例，2006年私人、集体、国营造林合计7.9万亩；2009年植树造林8.1万亩；2016年植树造林6.28万亩，低效林改造1.5万亩，森林抚育2.5万亩。全县森林覆盖率45.84%。

四是设立自然保护区。红河南岸森林茂密，许多林区具备“自然保护区”的特性。1958年至2003年，金平、绿春、元阳、红河有4处林

① 1983年，金平县勐拉区翁当乡老乌寨农民何正昌率领全家到苦竹寨落户，向集体承包荒山200多亩，在3年内栽种橡胶700株，香蕉1万株，在地里套种数千株芒果等经济林木，绿化了荒山，增加了家庭经济收入。

② 绿春县大水沟区牛罗乡普石村30户农户在田地周围种植紫胶寄主树1000多株。元阳县新街区安寨乡者脑村有68户农民在房前屋后和地边栽种荔枝550多株。

地被批准设立省级、国家级自然保护区。

（1）云南金平分水岭国家级自然保护区

1958年10月，云南省人民委员会批准设立金平分水岭自然保护区，森林蓄积量196万立方米。1986年保护区面积增至10761公顷。1996年金平县西隆山和五台山林区纳入金平分水岭省级自然保护区，保护区面积扩大为42027公顷。保护区分为分水岭—五台山林区和西隆山林区两大片。其中，分水岭—五台山区面积24197.5公顷，西隆山林区17829.5公顷。2001年6月16日，国务院办公厅批准金平分水岭自然保护区晋升为国家自然保护区，其主要保护对象是热带中山山地苔藓常绿阔叶林原始自然景观和丰富的动植物种群资源以及重要的水源涵养机能。

（2）云南黄连山国家级自然保护区

1981年11月绿春黄连山列入自然保护区。1983年4月绿春黄连山省级自然保护区正式成立，保护区面积13935公顷。2003年6月6日，国务院办公厅批准云南绿春黄连山省级自然保护区升级为国家级自然保护区，保护区面积扩大至65058公顷，其主要保护对象是热带季节性雨林、山地雨林、湿性季风常绿阔叶林、山地苔藓常绿阔叶林为主的森林生态系统；绿春苏铁、长蕊木兰、东京龙脑香，多毛坡垒等国家重点保护珍稀濒危植物；以黑长臂猿、白颊长臂猿、灰叶猴、蜂猴、倭蜂猴为主的国家重点保护珍稀濒危动物。

（3）元阳观音山省级自然保护区

位于元阳县东部，总面积16410公顷。其雾雨日数每年长达180天，因此云雾成为其特有景观。保护区主要保护对象是以中山苔藓常绿阔叶林为主体的原始森林生态系统；以桫椤、长蕊木兰及蜂猴、熊等为代表的国家一级、二级珍稀濒危动植物资源；元江、藤条江水系的重要水源地。

（4）红河阿姆山省级自然保护区

位于红河县中南部，面积14756公顷。红河县境内的元江、藤条江主要支流，均起源于哀牢山阿姆原始林区，其主要保护对象是以山地雨林、季风常绿阔叶林、中山湿性常绿阔叶林、山地苔藓常绿阔叶林、山顶苔藓矮林等植物类型为主体的森林生态系统；以桫椤、水青树和蜂猴、黑长臂猿等为代表的国家一级、二级保护动植物及其他动植物物种资源。

五是强化护林防火。元阳县于1982年1月建立森林派出所，各乡区亦设立相应机构，以防范山林火灾，负责处理森林违法案件。绿春县于1965年建立县护林防火指挥部，各乡区设立护林防火领导小组。红河县于1951年年底在村寨建立村寨护林小组，1961年建立县护林防火指挥部，各区、乡设护林防火领导小组。1981年，红河县普咪、天生桥、龙普、模垤基地建立4个水源林管理站。1983年5月，县林业部门在公安、检察院、法院分别设立林业公安部、森林检察科、林区法庭，行使林业司法权。1980年代，红河县有集体护林员700多人。金平县于1953年建立区、乡护林防火委员会，村寨设护林防火小组。1959年成立县护林防火指挥部。红河州是森林火灾的多发区和重灾区。1966年，红河、元阳、绿春、石屏、建水、元江、墨江六县建立护林防火联防指挥部。据1989年7月统计，全州有151个乡成立护林防火指挥所，在农村设置专职护林员764人，兼职护林员320人，组建不脱产扑火队593支、2.5万人。上述制度和措施形成了长效护林防火管理机制。至2005年，创造了连续11年未发生特重大森林火灾的优异成绩。

结语

哀牢山自西向东横亘于云南南部，夏季来自印度洋和太平洋的西南和东南季风交汇于其南坡，暖湿气流抬升冷凝形成充沛降雨，这是大自然赋予哀牢山南坡以优良的水资源禀赋。“人的命根子是梯田，梯田的命根子是水，水的命根子是森林”，哈尼族、彝族等哀牢山住民知水之恩，不负大自然的眷顾，努力发挥人的能动性，积极与自然同构哀牢山水文化和谐美好的篇章。保护高山森林，建构高山“森林水库”或称“高山水塔”，以充分存贮和利用充沛降雨，此为哈尼族适应并利用自然环境策略的一大杰作。此适应策略既有神林、水源林、风景林、护寨林等的建构，还有与之相应的森林保护的习惯法规。传统森林文化的建构与法规是哈尼族等千百年来行之有效的森林保护的不二法宝。20 世纪 50 年代之后，社会政治制度彻底改变，土司制度终结，山林的权属和管理制度也随之发生巨大变化，其间曾经有过短暂的不当政策的消极影响和干扰破坏，然而传统神林文化并未消失，依然顽强地发挥着固有的作用和影响。20 世纪 80 年代改革开放，拨乱反正，传统文化又得以传承弘扬，并与国家主导的现代森林保护管理法规相结合，这使得哀牢山森林保护管理进入了一个崭新的历史阶段，为哈尼梯田生态文化注入了新的内涵，为绿色可持续发展打下了坚实的基础。

第二节　灌溉技术与管理

水为万物之源，农业因水而生而盛。农业有灌溉农业和旱作农业之分，灌溉农业靠人工引水浇灌以维持水生农作物的生长，旱作农业不兴灌溉而靠驯化栽培耐旱作物以生产粮食。不过，旱作农业驯化栽培的作物即使具有超高的耐旱特性，其实也离不开水——春夏的降雨，如果没有雨水，或者降雨量过小，再耐旱的作物也存活不了，所谓旱作农业便是一句空话。世界上水形态、水资源形形色色，农业灌溉方式亦多种多样。有筑造陂池、堰塘、水库蓄水的灌溉，有开凿沟渠、架设渡槽、埋设管道、开挖运河等的灌溉，有打井、开凿坎儿井等的灌溉，有利用水车、筒车、辘轳等的汲水灌溉等。红河哈尼梯田约 100 万亩，加周边地区计 140 万亩，其规模为我国乃至世界梯田之冠。哈尼谚语说“人的命根子是梯田，梯田的命根子是水”，那么，千百年来支撑和维护大规模梯田农业系统良性循环、持续发展的“命根子”是一个什么样的灌溉体系呢？说到灌溉，并非只限于引水方式，还包括水源的认知、涵养和保护（前文“梯田与森林”已备述）和水利建设（留待后章详述），本节将着重讲解哈尼梯田灌溉用水的权属、管理及分配。

一　水源权属

水是农业的命脉，然而水并非人类的创造物，而纯粹是大自然生物圈的结构元素。水来自海洋，来自大气环流形成的降雨降雪，然后形成冰川、融雪、河流，河流顺地势流向四面八方，流往一座座山地、一条条河谷、一个个平原，山地河谷平原上星罗棋布的村落因此得以享受大自然所给予的水的恩惠，农民因此得以生存繁衍。

水在自然资源当中，与土地等资源不同，虽然极其重要，然而由于它具有流动不定、源源不断、来去无踪的特性，所以除了少量可以储备雨水的陂池、堰塘可私有外，人们并不能将作为主要水源的山泉河流划定权属。如果欲把自然的山泉河流视为人类社会的资源，那么它们在绝大多数情况下只可能是公共资源或共享资源，而不可能是个体私有或某族群某地方所有的资源，即水在人类社会中总是扮演着公共资源的角色。加勒特·哈丁（Garret Hardin）的“公地悲剧”（Tragedy of the Commons）论指出，公共资源因为没有特定的权属和有效的管理，会出现因利用者毫无保护意识的争相掠夺，从而导致公共资源的破坏乃至枯竭的状况。这种因无权属约束规制所导致的公共资源的“悲剧”，在水资源的利用史上并不鲜见。正因如此，为了避免此类“悲剧”的产生，如何协调关系以建立公平分配、有效管理的用水机制便成为共同享有水资源的人类群体的头等大事。

人类与水的复杂关系，在平原盆地表现得尤为突出。在平原盆地，人类聚落大多沿江河而建，如上所述，由于水的流动性，所以流域内所有聚落都不可能对水资源实行垄断，人们对于江河之水只能共享而不能单独占有，即只有利用权，而无控制权。在这样的情况下，气候造成的干旱洪涝，河流泛滥干涸，往往成为影响流域聚落相互关系的重要因素。河流水源丰沛，能够满足流域所有聚落的用水需求，聚落之间便相安无事，和谐相处；而一旦河流水源减少，不能满足所有聚落的用水需求，便容易发生矛盾甚至纷争。在历史上，平原盆地上的农村因水而发生冲突的情况不少，有的地方甚至十分频繁。笔者少年时代就曾在家乡亲历过两个村庄为争水而发生械斗的情况，① 而且据老人讲，那并不是一个偶然的事件，类似的矛盾争斗在当地已习以为常。

比较平原盆地农村，在水资源利用方面，云南红河哀牢山哈尼族聚落具有明显的地理优势。哀牢山区的大多数哈尼族村寨不像平原盆地聚落那样多为水源共享，而是每个村寨几乎都有本寨专用的水源，水源专用独享，便能避免村寨之间用水的矛盾和冲突。哈尼族俗话说“一座山梁养一村人”，是说一座山梁通常只分布一个村寨，极少有村寨垂直叠加分布的状况，即哈尼族生境的空间建构基本上是一个独立的垂直体系：从山梁高地到河谷低地依次为森林、村寨、梯田、河谷。村寨位于上半坡，其上是森林，其下是梯田。高山之上的森林，具有收纳雨水、涵养水源、调节溪流的生态功能，犹如一座绿色天然水库。出自高地森林的溪水，自高而下流入村寨、梯田、河谷，如无人为改造，溪水不会横向而流，只可能为本山梁的村寨所专用，而不可能被其他山梁的村寨所利用，所以即使没有明确的法律规定，各个山梁的水源的权属也是明白无误的。哈尼族生境的垂直空间结构，使村寨之间互不相干，一坡一寨，一寨一水，这就是红河哀牢山独特的生态环境和哈尼族文化互动同构形成的水资源权属及其利用特点。这样的特点在客观上起到了规避因水源而发生矛盾冲突的可能。

当然，由于人口的增加，也会打破人与水、人与土地的平衡，为缓解生态压力，哈尼族通常采取部分人迁出老寨另建新寨的办法。建立新

---

① 笔者少年时经常去姑母家的村庄小住游玩。那是一个山间狭长的盆地，一条水沟从远处山坳蜿蜒流过盆地，十几个村庄沿水沟呈带状分布于盆地当中。姑妈所在村庄位于盆地尾部，穿过村子，流向田园。水沟流量虽不算大，然而有鲫鱼、沙鳅渔捞之利，更是生活用水和农田灌溉的源泉。风调雨顺之年，水沟顺畅，流水充沛，人们安居乐业，各村庄和谐相处，往来密切；灾荒之年，尤其是干旱之年，水源锐减，为保稻田灌溉，各村庄均争相拦截沟水，矛盾随之而起，严重时甚至不惜以武力相见。在笔者的记忆中，一日傍晚，忽见表哥跑回家中，一面喊叫着“和上村打起来了”，一面从屋架上抽出两米多长的粗木棍冲出门外。姑妈、表嫂告知是和上村争水打架了，于是一起赶往村外小山包上，山包上已经站满了老人、妇女小孩，远远望去，只见连接外村的一块平场上，尘土飞扬，喊声震天，本村与外村近百个青壮年挥舞棍棒互相厮打，场面极为混乱恐怖，械斗一直持续到天黑，双方互有伤者，械斗不知如何收场，只知道后来两个村庄派出代表坐下谈判，多天之后终于达成了沟水合理使用的协议。

寨按传统须选择森林茂盛的山坳凹塘，如果寻觅不到理想的凹塘，往往也不得不在所谓的“干梁子”上安营扎寨垦田为生。如果是这样，那又将如何寻求水源？通常解决办法为如下：或到较远的地方寻觅无主的水源，然后开挖沟渠架设渡槽，把水引到村寨；或与邻近水源丰富村寨协商，谋求帮助，如获应允，可签署用水契约；或者，一些人家以合伙的形式向外村购买水源，签订长期购买合同，不过合伙购买水源方式容易出现矛盾，所以事例不多。后者的典型事例如清乾隆十六年（1751），红河三村地区9个自然村的村民用400两银子向墨江县猛里地区娘浦村火头周者得买断水源及开凿打洞水沟和开垦土地的所有权（当时打洞水沟的水源右箐属墨江地，左箐属红河地，沟头始于两箐汇合处），水沟建成后多次发生水利争端，上报官府调处未果，纠纷不断。此为红河县现存最早的水沟开凿，有碑文为证：

> 红河县三村区打洞村人罗相文承头从周围村寨共筹得银子四百两，向该乡猛里村伙头周者得买下水源及水沟开凿、土地开垦权，以便灌溉三村地区的土地。恐后无凭，双方订立共同遵守。为杜后人纷争，于清嘉庆七年（1802）禀报元江直隶州署，获准颁发执照一份。买主忧于年久日深执照遗失无据可考，特于民国二年（1914）雇请石匠勒石，将此执照全文刻于石碑之上。

此执照碑原立于三村下打洞水沟边，后移至三村乡政府内，至今尚存。

二 梯田灌溉

农田灌溉系统，包括蓄水、引水、排水及其管理。

蓄水是蓄积水源以保障农田灌溉的举措，对于平原盆地的农业而言，蓄水尤为重要。当代水库、陂池等蓄水工程大量存在不用说，古代蓄水设施的修筑亦极为普遍。迄今为止，考古学者在我国陕西、四川、云南、广州等地发现了若干汉代的水田模型，模型表现的题材大多为农田与堰塘、陂池的组合，说明平原盆地农田蓄水设施的建设历史十分悠久。古代低地农田不仅广泛修筑小型的堰塘、陂池，还建造大型蓄水工程。最早的具有代表性的大型蓄水工程如芍陂，位于今安徽省寿县，相传是由楚庄王时（公元前613年至公元前591年）的孙叔敖主持新建的。这项工程利用本地的丘陵地势，在低处环湖筑堤，拦蓄数条河流，形成周长100余里的水库，其灌溉面积曾达10000多顷，2000多年来，它一直发挥着显著的效益。（中国农业博物馆农史研究室编，1989：112）

和平原盆地灌溉农业相比，山地梯田农业的蓄水方式显著不同：平原盆地农业的灌溉蓄水，主要依赖人工建设设施，而山地梯田农业则主要依赖高山森林。哈尼梯田如此，其他梯田地区也一样。湖南新化紫鹊界梯田，其灌溉水源同样仰赖高山森林。紫鹊界山顶植被茂盛，水资源涵养条件极好。其山体为花岗岩，岩体坚实、少裂隙，地表为砂壤土，吸水性能好，土壤每立方米储水量达0.2—0.3立方米。森林和土壤能够大量吸收贮存雨水，然后缓慢释放，一年四季溪流不断，发挥着天然水库的调节功能。（白艳莹等，2017：49、50）龙脊梯田的山顶被各种乔木和灌木覆盖，涵养的水源成为梯田灌溉的重要源头。森林中汩汩流出的较大的溪流计有33条，沿山坡往下流淌，满足了大面积梯田的灌溉。据测算，龙脊梯田的森林和梯田比例是2：1，即两亩森林的蓄水可供一亩梯田灌溉。（卢勇等，2017：31）贵州东南部的加榜梯田和月亮山梯田的灌溉，亦多仰赖高山森林对于雨水的截留和调节。黔东南地区为中山山地地貌，山峦延绵，沟壑纵横，每年春末至秋初，海洋季风频频长驱直入，带去十分丰沛的雨水。生存于该地区的苗族、侗族等，积千百年垦殖之功，使该地区成为我国又一规模宏大、十分壮观的梯田世界。比较上述几大梯田区，黔东南山地不仅森林覆盖率高，而且常年云雾缭绕，湿度更大。身历其境，可深切感受其梯田与季风和森林的密切关系。

因降雨丰富和森林茂盛，哈尼族生活用水和梯田灌溉不必修筑大型储水设施，通常仅在村寨周边和村寨中开凿一些小型的堰塘和水井即可满足需要。例如元阳县全福庄大寨，根据家谱记载推算，全福庄建寨已有800—1000年的历史。

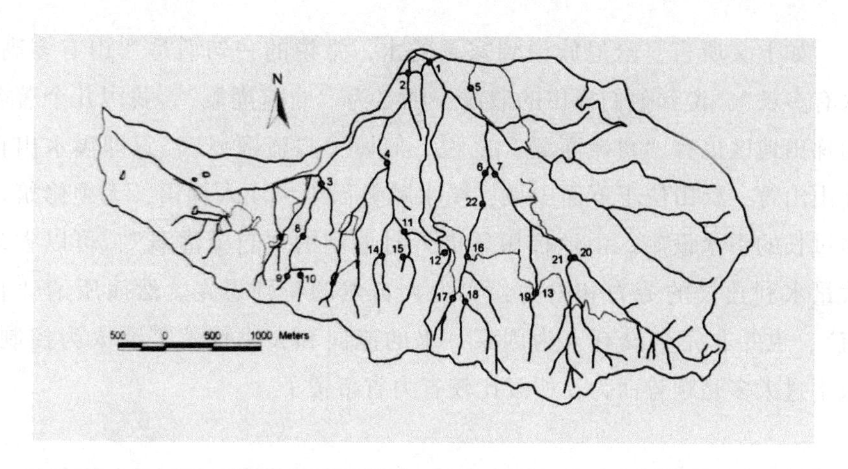

图 3-1　全福庄小流域水系及观测点分布（角媛梅，2009）

全福庄大寨有水源地四处，2010 年水源林面积总计约 3700 亩，分布于村后高山不同方向，距离村庄大约 10 千米。该寨建有四条主干沟渠，将高山溪水引导流向村庄和梯田，沿沟渠修筑储水池六个，寨内水井 18 个。森林、溪水、沟渠、堰塘、水井形成一个完整的水利系统，村寨生活和梯田灌溉用水得以充分保障。（须藤护，2013：89-94）

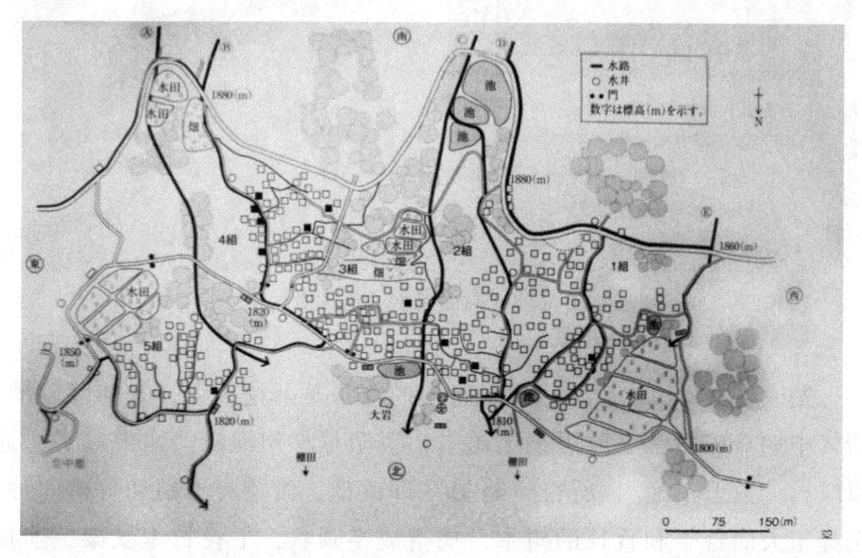

图 3-2　全福庄村寨、农田、水源、沟渠、堰塘、水井配置（须藤护，2013）

如上文所言，哈尼族说到家乡的水，常说的一句话是“山有多高，水有多长”，说到他们梯田的灌溉，则名为“自流灌溉”。我国几个著名的梯田地区也有“自流灌溉”之说。何谓“自流灌溉”？意即溪水出自高山山箐，梯田位于下面山坡，溪水顺势而下，注入梯田，无须修筑过多过长的引水设施。山地梯田凭借天时地利的“自流灌溉”，可以省却大量水利建设的劳力和财力，实为大自然的特别恩宠。然而所谓“自流”，也并非完全没有人为因素，水的流向和大小依然需要人为控制，只不过大多是顺势而为，所以比较省力省事罢了。

图 3－3　高山溪水（笔者摄）

先说引水入田。引水入田最常用的方法是开挖沟渠，并辅以渡槽。清代中期嘉庆《临安府志·土司志》说哈尼梯田灌溉“水源高者，通以略杓，数里不绝”，所言“略杓”即渡槽。渡槽有木槽和竹槽两种，选择粗大的竹子和直长的树木，掏空成半圆状，下设竹木支架，连接成渠。木槽输水量大，但制作成本较高，多用于短距离输水；竹槽制作、架设容易，可长距离输水，长者可达数里，凌空飞渡，蜿蜒穿梭，是传统梯田灌溉的一道景观。数十年前，渡槽引水在红河梯田随处可见，近年来沟渠大增，渡槽随之减少。沟渠比较竹木渡槽，持久稳固，输水量大，管理便利，所以修筑沟渠是百年大计。沟渠之于梯田，犹如人体的血管，它和田埂一样，一条条、一道道遍布于梯田，堪称梯田的“生命线”。

图3－4　筒车汲水灌溉（笔者摄）

图3－5　渡槽引水（笔者摄）

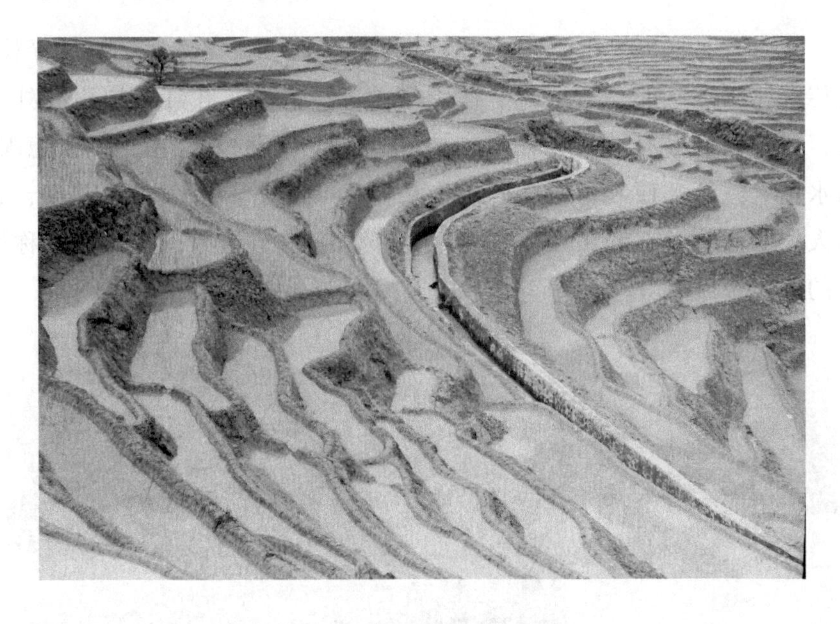

图3-6　沟渠灌溉（笔者摄）

再说水量分配和控制。方法是在干渠的渠口设置横木，然后按沟渠分流数量和水量在横木之上开凿大小缺口，达到分流并控制水量的目的。也有以石条代替横木者。这种方法被称为刻木分水。刻木分水曾见于西双版纳傣族地区的传统灌溉管理方法之中，由于傣族社会和稻作农业的变化极大，现今这种方法已不复存在。

然而红河哈尼族的梯田灌溉依然传承着这个古老的方法。有趣的是，在黔西南加榜和月亮山苗族侗族的梯田中，和哈尼族完全一样的木刻、石刻分水竟然随处可见，不仅如此，其木刻、石刻分水还有新颖的发明，值得各梯田地区学习推广。其法如下：原来的办法，欲将木刻或石刻分出的水流引入自家梯田，必须开挖水沟；现在的办法，不再开挖水沟，只需利用一根橡皮管连接分水口和梯田，就可以直接把木刻、石刻分配的水流引入自家梯田。橡皮管引水好处多多，一是橡皮管可埋入地下，取代水沟，节约土地；二是可直线引水，解决了水沟长距离绕行带来的各种弊端，非常便捷；三是简单安全，免去了水沟引水造成的维修疏浚管理等麻烦；四是水量均匀，可避免溢洪等现象发生。

图 3－7　梯田分水石栏（笔者摄）

农业灌溉，不仅要“灌”，而且要“排”。许多灌溉的考察，只注意“灌”而不注意“排”。哈尼梯田也是如此，关注灌溉的文章非常多，然而大都只津津乐道于“灌”，而忽视“排”的措施和功能。水是维系农作物生长的基本条件，农谚说“无水就无粮”，所以农田须精心施灌，根据耕作、种植和养殖的需要，定时定量向农田供水。缺水不行，水量过多也不行。灌溉水量过多不仅不利于作物生长，而且会淹死作物，所以灌溉须时时观察，根据作物生长时节，控制适度水量，水量过多须及时排

图 3－8　黔东南梯田灌溉改传统石栏分水为水管分水（笔者摄）

图 3－9　以橡皮管取代沟渠引水灌溉（笔者摄）

除。山地梯田在排水泄洪方面有其优势，不像平原盆地地势低凹，稍有洪水则涌堵浸漫。哈尼族垦山为田，梯田层层叠叠，上下排列，溪水靠重力自上而下迅速自流，来也快去也快，灌也容易排也容易，所以哈尼族称其

图 3－10　田埂排水（“跑马水”）（笔者摄）

灌溉为“自流灌溉”，还有把哈尼梯田灌溉叫作“跑马水”的。大凡去过哈尼梯田的人都会注意到一个别致的景象：远远望去，梯田如镜，波光粼粼，虽然看不见沟渠，却能看到挂满梯田田埂的无数小瀑布，那就是“自流灌溉”或称“跑马水”的景象。梯田灌溉自高而低，渠水首先引入高处梯田，蓄水量达到适当深度，便从田埂上预留的缺口流向下一丘梯田，一层接一层，直到低地梯田，形成美妙的高山梯田流水图。

以木刻分水的“自流灌溉”和以田埂缺口排水的“跑马水”，除了灌溉功能，还兼具施肥功能。如前所述，哈尼族梯田施肥主要用农家肥，牛粪、猪粪为主要肥源，农户在村寨附近挖掘粪池，将畜粪和绿肥堆积于内，使之充分发酵沤熟。梯田灌溉时节，引溪水入塘，使水肥充分混合，然后将肥水顺沟排放入田。此方法借水运肥，方便省力，效果极佳，这就是颇受外界赞赏的哈尼梯田的“流水冲肥灌溉法”。

三　灌溉管理

农业与水的复杂关系存在于所有农业之中，然而地域和族群不同，水资源和人水的互动形式亦有所不同。值得注意的是，梯田是哈尼族的粮食生产之源，其规模之大、田畴之密集、灌溉水源需求之巨，皆非同一般，然而从古至今，却少有水源的争夺以及由此引发的激烈冲突，原因何在？通过考察可知，哈尼族等之所以能够保持灌溉用水的和谐，除了具备独特的自然条件如上述水源可以专享之外，有效保护、管理和利用水源的传统法规习俗，也发挥着极其重要的作用。哈尼族的灌溉管理，包括水源管理和沟渠管理维护以及水量的分配等。

水源管理。水源出于山林，水源管理实为山林管理。如前所述，1949 年以前山林分属土司、村寨和个人占有。土司所辖山林通常以山箐为单位划分成若干片区，设专人看管，管理者为箐长。箐长的职责如下：传达土司指令，定期开山、封山，制定护林规约，上报违规毁林情况并呈请土司处置。村寨和私人所有山林按民间村规民约自行管理，哈尼族把负责山林守护和管理的人称为“咪东阿波”，其意为“守山林的老倌、守山林的师傅”。1950 年后，箐长废除，国有林由国家所设护林员进行管理，村寨集体林依然按传统方式由村寨自行管理。

沟渠管理维护。土司统辖时期，沟渠有几种管理形式。土司辖区内公用沟渠的管理由土司任命的沟长负责，用水户须向土司交纳“沟谷”。地主、富农把持大沟，出租的沟渠由租用佃户管理。个体所有沟渠，只要不堵截他人沟水，由开沟者自行管理。民间几个村寨共同修筑的水沟或以某个村寨农户为主开挖的沟渠的管理，由用水户组成的“沟会”管理，“沟会”负责人称“沟头”，沟渠巡查管理者称“赶沟人”，哈尼语称“沟头”和“赶沟人”为“赶腊阿波”（有的村寨又叫“洛泔来然”），意为“看管维护沟渠的人”。每年新米节（9月）期间，“沟头”召集用水户召开会议（也有一年举行两次会议的情况，时间在春耕和秋收时节），商讨沟渠管理事宜，计收水费粮（俗称“赶沟谷”），安排分配各户水量，处理水利纠纷，处罚违规用水者，修订用水计划和管理制度，改选“沟头”，评定“赶沟人”的工作，确定“赶沟人”的增减或更换。“赶沟人”任期一年，可以连任。选举“赶沟人”通常至少需要三个条件：公正、勤快、命硬。（苑利，2020：57）民间有“命软”“命硬”之说，“命软”之人做事往往会招来不祥；“命硬”者做事不会带来灾难。“沟头”和“赶沟人”的报酬，按各家田亩面积征收“水利谷”，也有划定一分公田给“沟头”和“赶沟人”耕种作为报酬的做法。

沟渠一般每年维修两次，按各户梯田面积分摊劳力进行维修，时间在栽秧之前和秋收之后，届时举行祭沟仪式并聚餐，然后巡查沟渠清理水口，并按规定分配各户用水量。沟渠的日常维护由“赶沟人”负责，如果突发沟渠严重堵塞或坍塌的情况，则召集用户共同疏浚修筑。

哈尼族传统沟渠管理方式，一直传承沿袭至今。表3－1为元阳县麻栗寨传统水资源管理制度。

水量分配。水量分配是水资源管理的重要内容，红河哈尼梯田传统的灌溉水量的分配，是采取水口调控分水方式，一条沟渠如何进行水口调控分水，首先需要掌握以下数据：1. 灌溉季节沟渠的水流量；2. 灌区梯田面积；3. 灌区每户人家在开挖沟渠时所投入的劳动量。以此为依据，大家充分协商，确定分水方案，然后在各家梯田灌溉水口设置用木头或石条制作的槽口，设定槽口的深浅宽窄以控制进水量，此分水方式哈尼语称为“欧头头”，意即“木刻分水”。如上所述，最常见和最简单的传统做法是以横木做槽口，要放多少水，就在横木上开凿多大的口子。此法与黔东南苗侗族的梯田灌溉分水和湖南新化紫鹊界苗、瑶、侗、汉等民族的梯田分水法完全相同；与西双版纳傣族的传统木刻度量分水法类似，只不过哈尼族是以横木刻槽分水，傣族则使用垂直木刻量水器分水（傣族木刻量水器为长约40厘米的圆形台锥状木棒，分水方法系用量水器直插水口，测量水口深度控制分水量）。

表3－1　　元阳县麻栗寨传统水资源管理制度

	赶沟人	沟头	村民
职责	1. 全年负责巡视水沟，保水源畅通。有阻塞和轻微崩塌的地方，若只需1—2个工的由“赶沟人”自己修复；若需3个以上工的便通知“沟头”。干季时带着午饭全天巡视水沟，甚至晚上也要值班。雨季时只要一天早晚两次巡视水沟。 2. 监督是否有人偷水，若发现后及时通知“沟头”	1. “沟头”是“赶沟人”的协调人，是联系“赶沟人”和村民的纽带。由“赶沟人”通知“沟头”何处的水沟何时需要村民出工修复，再由“沟头”专门负责通知和召集村民一起修复水沟。通知不到是“沟头”的责任，两次通知不出工的农户要受罚款。 2. 对“赶沟人”通知的偷水的农户和其他水利纠纷要进行处理和调解。 3. 每年11、12月和次年1月要召集和组织村民集体清理和加固所有的水沟	1. 接到“沟头”的通知要按时出工修复水沟。 2. 每年11、12月和次年1月要参加集体清理和加固所有的水沟。 3. 年底全体村民聚餐，评议“赶沟人”和沟头的工作情况，改选“赶沟人”和沟头，讨论下一年的水规制度
任职资格	1. 家中劳力充足的人，可以全心全意负责水沟的管护工作。 2. 责任心强的人。 3. 村民所信任的人。 4. 推荐或自荐，并由全体村民认可通过	1. 村社中威望高的人。 2. 处理问题公正无私，有协调和调解纠纷能力的人。 3. 由所有灌溉农户开会选举	
报酬	一年为5担谷子（约375千克）	每人每年为1.5石（约112.5千克）	

资料来源：钱洁（2001：241）。

木刻分水由赶沟人巡查监督，若水口因枯枝落叶堵塞，则不予追究；若违反法规，人为堵塞或移动横木改变分水量，那就要予以处罚。个体农户违规，由村寨议处；如村寨违约，则由片区头人召集会议讨论具体处罚办法。

哈尼族的这一不成文的传统分水制度，是哈尼族村与村、户与户之间为了确保合理用水，避免纷争，达到保耕保种目的的世代相传的规则，为公平管控水资源、保障水田种养殖业稳产和维护社会和谐和可持续发展的有效保障，是值得传承利用的优良传统文化。（黄绍文、尹绍亭，2011）

中华人民共和国成立之后70年，在水利管护方面有所创建发展，但传统习俗制度依然发挥着重要作用。1956年至1980年期间，国家先后实行集体化的生产合作社和人民公社制度，土地集中经营，水利管护亦统一由集体负责。1978年之后，改行农村家庭联产承包责任制，制定了“谁建、谁有、谁管、谁使用”的方针，水利工程实行分级管理，传统的水利管护法规又得以恢复。各地农民根据当地情况，成立传统的“沟会”，选定“沟头”（沟会负责人）和“赶沟人”（沟渠巡查管理者）。每年吃新米时节（9月）“沟头”召集召开灌区群众大会，总结一年来的管水工作，计收水费粮（俗称“赶沟谷”），处理水利遗留纠纷，修订用水计划和管理制度，评定管理人员的工作，确定增减人员或更换人员，根据水沟整修用工量按用水口分摊劳力。沟渠定期维修，每年2次，时间分别为9月份秋收和来年春耕时节。沟渠平时由“赶沟人”进行维护，雨季沟渠垮塌，则按用水口分摊安排劳力抢修。水量分配，按梯田分布情况和各家梯田数量进行划分。每年秋收举行大会，总结本年用水情况，修订下年用水计划，若需增加灌溉面积，必须在会上提出，经大会讨论同意方可增加灌溉用水。对违反法规事件（包括改动水口或乱挖水口等），一经发现，初次从轻发落，二次重犯加倍处罚，罚款须按时交纳，拖欠者停止供水。对违法者及时举报，给予奖励。水费计收，以交纳谷物为主，根据用水量、灌溉面积和修建沟渠应开支的费用数量而定。所收稻谷，主要用作集体水沟修理报酬以及“赶沟人”等的报酬。

哈尼族梯田灌溉的独特的知识体系、组织功能、调适机制和法规制度，充分体现于水源权属、灌溉方式和水源管理方面，然而在权属、方式、管理的背后发挥着根本性、稳定性、持久性作用的因素，则是哈尼人一以贯之奉行的水崇拜的信仰和观念。所以讲述哈尼族梯田灌溉的水源权属还应该提到哈尼族的水崇拜。

哈尼族的水崇拜包括水族创世信仰、水神崇拜和祭祀。红河流域的哈尼族至今仍广泛流传着水族创世的神话，认为所有动植物都是由水中的大鱼和青蛙创造的，即水是天地万物的本源和始基。（李子贤，1996）在哈尼族史诗《哈尼阿培聪坡坡》里，有人类起源于水的故事：在远古时代，天边有个叫虎尼虎那的地方。天神地神杀牛造下万物，用补天地时剩下的一节牛骨头造成了一座高山。高山两侧各淌着一股大水，日夜流向东方。水里生出了七十七种飞禽走兽，诞生了人类祖先。他们像浮萍一样随波漂荡，后来爬上了岸进了森林。最早的人种是父子俩，他们像螺蛳一样，背上背着硬壳，嘴里吐着稠浆。第二对人种是母女俩，她们像蜂群挤在一起。第三对人种是兄弟俩，他们像蚂蚁一样爬行，后来才学会走路。最后，出现了祖先塔婆。在塔婆头发里、鼻根上、牙巴骨上、胳肢窝里、腰杆上、脚底板上都生出了人，这些人就是今天分别生活在高山、半山、平坝的各民族祖先。在塔婆生出的孩子里，最令人心疼的是哈尼，哈尼生在塔婆的肚脐眼里，故哈尼族居住在半山的山凹。（朱小和，2016：7－10）水神崇拜是哈尼族水崇拜的主要表现，水神有河神、泉神、潭神、井神、沟神等。红河流域的哈尼族在每年农历十月间举行的“扎特特”十月年、农历二月间举行“昂玛突”节、阳春三月举行的开秧门节、六月举行的“矻扎扎”六月节或称六月年。重大节日期间，都要以村寨为单位，由祭师咪谷或莫批主持，在神林中、泉水边、水井旁祭祀水神。祭祀的祭品通常为公母鸡一对、米、酒、茶等。李克忠所著《寨神》记录了多个地区祭祀水神的祭词，兹举一例如下：

呃——

今天是“昂玛吐”的好日子，

现在是献泉水神的好时辰，

居于箐沟泉水处的水之主，

住于泉水出口的螃蟹，

干净的公母鸡杀给您，

村里的米酒茶献给您，

求水神螃蟹一年四季水源不断，

泉水潺潺流淌莫停止，

放出干净的泉水，

放出洁净的泉水，

人畜饮用不生病，

灌溉庄稼禾苗壮，

求水神保佑村寨人丁兴旺、五谷丰登。（李克忠，1998：143、144）

哈尼族至今仍然广泛流传的水族创世神话和村寨每年数次隆重虔诚祭祀水神的习俗，体现了哈尼人对水的敬畏、期盼和爱护，它所发挥的警示、教育作用深入人心，意义重要而深远。

结语

灌溉历来是水田稻作研究之重点，哈尼梯田亦不例外。哈尼梯田灌溉体系，包括“一坡一寨，一寨一水”的水源权属，依山顺势、巧夺天工的蓄水、引水、排水方式，基于传统“沟会”“沟头”“赶沟人”习惯法规的灌溉管理机制，以及水崇拜的观念和行为等，自成体系，功能完善，具有丰富的生态文化内涵，为传统农业灌溉典范之一。目前，在很多稻作地区，受现代化影响，传统农业灌溉文化大都改变了，典型者如西双版纳等地的稻作农业，人们津津乐道的傣族等的传统稻作灌溉文化已无昔日景象，只有采访高龄老者或查阅书本，才可大体了解其状况。相对而言，包括水利灌溉在内的哈尼梯田农耕文化，至今依然较完整地传承于民间、贯穿于生产活动之中。哈尼族对于优良传统文化的珍视和爱护，难能可贵，这恰恰是哈尼梯田能够登上中国、全球重要农业文化遗产和世界文化遗产殿堂的重要原因。

第三节　水利建设

哈尼族利用高山森林流出的溪水山泉进行灌溉，自古至今，其引水、排水的主要水利设施是沟渠。清代中期嘉庆《临安府志·土司志》说哈尼梯田灌溉："水源高者，通以略杓，数里不绝。"所谓"略杓"，一指渡槽，渡槽有木槽和竹槽两种，渡槽用于水源与梯田距离较近、引水便利的地方，架设长度可达数百米；而如果水源距离梯田较远，需要长距离地引水，那就必须开挖修筑沟渠。沟渠长者可达数十里甚至百里。历经千百年的开发，红河哈尼梯田规模日益扩大，堪称世界奇观，置身其间，无不为其壮阔的景象所震撼惊叹。然而观者所见，只是一山山、一坡坡从山脚直上云霄的数百数千层波光粼粼或稻浪翻腾的梯田景象，须知在此壮丽景象之中，尚有同样惊人的奇迹，那就是纵横交错密如蛛网的数万条灌溉沟渠。

一　1949 年以前的水利建设

哈尼梯田的灌溉水利设施主要是沟渠。沟渠犹如人体的血管，浸润维护着百万亩梯田的生命。哈尼梯田沟渠的开发筑造，贯穿于梯田起源发展的整个历史过程当中，然而历史文献中的记载却比较晚。民间有北宋修筑沟渠的传说，确切的文献记载始见于明代，而以清代和民国时期的记载较多。依据有限的资料，本节拟分别考察红河四县自明代至民国晚期沟渠开发的状况。

元阳县。明清时期，元阳境内以建筑引水沟渠为主，水资源开发有了长足发展。沟渠筑造有村民开挖、村寨集体开挖和土司组织开挖 3 种形式，以土司组织百姓开挖沟渠为主。土司组织开挖的沟渠权属归土司所有，百姓集资投劳开挖的沟渠权属归村民所有，个体村民开挖的田间小沟渠权属归私人所有。民间沟渠开挖方法被称为"流水开挖法"，即先以目测确定沟渠走向，按走向施工，边开挖边放水，视水流情况一步一步开掘，直至达到灌溉目的地。

清代哈尼梯田垦殖规模扩大，灌溉沟渠在昔日的自然流灌、小规模开挖的基础上，跨村、跨乡甚至跨县的引水工程逐渐增多。清康熙二十九年（1690 年），元阳小新街者台村 10 来户村民协商合作，共同开挖者台大沟。大沟源头引自海拔 1900 米处的棱山河上游，沟坎全为土石结构，是年建成。者台大沟长 7000 余米，流量每秒 0.25 立方米，灌溉梯田 600 多亩，为清代元阳境内村民协作开挖的代表性沟渠之一。

清乾隆五十二年（1787 年），龙克、糯咱、绞缅三寨头人合议，决定在壁甫河源头（今纸厂村）开挖水沟，灌溉良田。三寨村民积极响应，出银 160 两，米 48 石（每石约 150 斤），盐 160 斤，投工近千个，但因种种原因，沟渠未修通。嘉庆十一年（1806 年），三寨头人再次商议，决定按每水“口”（“口”是当地以木刻凹口的大小为放水的计量单位）出稻谷、银两、米、盐，重修沟渠。村民积极投劳投工，经两年努力，水沟修成。此为清代元阳境内跨村合作，村民集资投劳投工开挖的第一条水沟。清嘉庆二十二年（1817 年），由于社会动乱，水沟年久失修。清道光九年（1829 年），三寨又筹资 52 两纹银，重修水沟，并定下规约，立下石碑，凡不按规定参与修整，违约放水者一律处以重罚。沟渠恢复良好状态，三寨村民得以长期受益。清光绪二十四年（1898 年），芦子山村的方公明在猛弄土司的支持下，带领村民在寨边开挖了一条长 4 公里的水沟，耗银 3000 元（半开），消耗大米 200 石，历时一年，建成通水。灌溉农田 500 亩，改变了芦子山历来无水田的状况。

至 1949 年，元阳境内先后建成大小水沟 2600 条，灌溉梯田 9 万余亩。

绿春县。绿春县水利设施建设最早始于何时已无具体资料可查，但本地民间传说早在北宋年间（967 年前后），今大兴镇大寨村民修建了“大寨窝拖”水沟（哈尼语地名“德表洛干”）。水沟从“中波倮德”山箐引水，至“西哈腊衣”大田，全长 5 千米，灌溉面积 50 亩。

明洪武十八年（1385 年），今大兴镇牛洪、阿倮那、阿倮坡头、洛瓦和城关上寨村民联合修建“查期倮干”水沟 7 千米，从“当牛欧们”山箐沟引水至“阿倮那村”旁，解决生活和农田用水，灌溉面积 200 亩。明弘治十八年（1505 年），今三猛乡桐株村委会的桐株村民修建“洛咀吓洞”水沟 1.5 千米，灌溉农田面积 70 亩。同年，欧黑村民修建“欧黑”水沟 3 千米，灌溉农田面积 90 亩。明万历三十一年（1603 年），今戈奎乡俄普村委会的俄普村民修建“朋东”水沟 2 千米，灌溉农田面积 30 亩。

清康熙十三年（1674 年），今戈奎乡托牛村委会巴东村民修建“把马”水沟 2 千米，灌溉农田面积 60 亩。清乾隆四十四年（1779 年），今大兴镇牛洪、阿倮那、阿倮坡头、洛瓦和城关上寨村民联合修建“查期倮干”水沟 7 千米，从“当牛欧们”山箐沟引水至“阿倮那村”旁，解决生活和农田用水，灌溉农田面积 200 亩。清嘉庆五年（1800 年），今戈奎乡托牛村委会巴东村民修建“达培”水沟 6 千米，灌溉农田面积 30 亩。清道光十四年（1834 年），今骑马乡骑马坝村范廷锡等 16 户傣族村民修建“骑马坝”水沟，引龙浦河水（傣语称“回奈”）灌溉农田，全长 1.5 千米，灌溉农田面积 100 亩。该水沟水质清澈、甘甜，除农灌外兼顾人饮。清同治四年（1865 年），今骑马坝乡东龙村委会哈巩村民修建“哈巩”水沟 1 千米，灌溉农田面积 50 亩。

民国二十二年（1933 年），永乐土司普国泰倡议修建“略卡”水沟，由今平河镇真龙里长龙约戛向每户摊派银圆（半开）2—5 元或以工顶钱（10 个工顶 1 元），略卡农户共出修渠银元 600 元，民工 200 余个，3 年修渠 4 千米，后因岩石坚硬、缺少工具和炸药等原因停修。

至 1949 年，绿春县共建筑水渠 2721 条，总灌溉农田面积 4.38 万亩。

红河县。红河县水源丰富，农田水利以自流灌溉为主，但在一些水源缺乏的干梁子地区，必须兴修沟渠等水利设施。明清两代和民国时期，该县境内先后修建了许多水渠、坝塘，然而文献记载很少。其最早的沟渠开挖信息见于“三村打洞水沟碑文”：

执照

署元江直隶州正堂加三级记录六次欧阳　恳恩详请赏照便民开垦事：

嘉庆七年三月二十九日，据因远巡检详据惠元里十甲打洞村罗仲德、舒史厄、段鲁厄、杨聚云、王二保、司全、杨德亮、李阿得、李安登等禀称，窃小的罗仲德父罗相文，前备价银四百两，买得他郎属之猛里村周者得等娘铺元属交界有水源一处，开沟引水至打洞村山坡，以资垦田。因前父开沟一道历年已久。旧沟多有崩塌，沟水一路渗漏潵（散）流。小的等现于旧沟之下另开新沟一道接上沟渗漏之水，穿山过岩，约长三十余里。水到打洞荒山，可能开垦田亩。将来水到之处，田亩果能开成。小的请愿报垦升科。伏乞仁恩，据情转详恳请赏发执照承领，以便遵照开垦，顶沐高厚无既等情。据此，当今本州批饬因远巡检再行确勘具报，去后兹据该巡检申称，复勘得罗仲德等报开新沟一道，系接旧沟渗漏之水，沟头至沟尾约长三十余里，皆系山坡，附近打洞村。东至落谢村与他郎厅属之落谢村河止，西至扎磨村河止，南至爹都凹与坝郎村河止，北至与蚌海村接界顺大路至窝克昂止。查明四至界址，实无干碍庐墓，并取具地邻甘结，另绘图说，申请给照。为此，照给罗仲德、段鲁厄、舒史厄、杨聚云、王二保、司全、李阿得、杨德亮、李安登，遵照新开沟道四至界址，踊跃以资垦田。一俟开垦成熟，即报垦升科，毋得越界侵占，致滋讼端。如有混开四至，侵占领近小的等弊，一经查出，重究不贷。各宜禀遵毋违，须至执照者。咨询给杨聚云、舒史厄、罗仲德、段鲁厄、王二保、司全、杨德亮、李阿得、李安登。

此挂

嘉庆七年六月　日给　直隶州　限　日征

卖契

立卖水源地界立约人周者得、宗枝甫、李三隆，系猛里娘铺二村居住，为因打洞村人跟尾得娘铺水源二箐，打洞荒山无能开成田亩，二寨共同商议，情愿立约卖到打洞村。罗相文、杨运初、罗仲德名下实买，得价纹银肆佰两整，入手应用，自卖之后，任随打洞村众人开放随挖，并无威逼等情。日后别寨不得异言，倘有异言，二寨一力承当。此系二比情愿，恐后无凭，立此卖契文约为据。

代字人　张亮功

过付人　陈牙常

凭中人　陈阿受

乾隆十六年八月十二日　立卖水源契约人　周者得　宗枝甫　李三隆

民国三年五月二十九日　大吉

公立

迄止1950年，红河县修建较长的沟渠有甲寅咯垤水沟、乐育水沟、宝华咯垤水沟，有的地区还修建了蓄水工程。

金平县。有据可查的清廷地方行政机构颁发“沟照”表明，金平县境内梯田耕作已有数百年历史。据查，清康熙四十年（1701年）县境内建有引流量0.3立方米/秒、灌溉面积达20公顷以上的引水沟渠，且执有营运执照。至宣统三年（1911年）这210年间，共建成27条的灌渠，引水流量0.1—0.4立方米/秒，其中清乾隆十一年（1746年）开挖的勐桥乡大新寨水沟总长10千米为最长；宣统二年（1910年）开挖的阿得博乡骑马坡水沟，总长2千米为最短。清道光元年（1821年）农历冬月，动工兴修的马鞍底乡普玛行政村水碾房大沟，灌溉农田面积74公顷。这在当时乃至于现今金平县境内也是鲜有的水利工程项目。

民国年间，全县共建成引流量0.2—0.3立方米/秒的水沟15条，其中最长的为1932年、1947年兴修的沙依坡乡阿哈迷上沟和阿得博乡奎河水沟，各全长12千米，两条水沟灌溉面积分别达57公顷、60公顷。这也是此间在农田水利建设方面所取得的成效最显著的水利工程。清代至中华人民共和国成立前，全县共修建水沟7029条，总长4243千米，控制水量0.5亿立方米，其中灌溉面积20公顷以下沟渠的有6987条，总灌溉面积2919公顷；灌溉面积在20公顷以上的沟渠有42条，灌溉面积达1663公顷。

二 1949年后的水利建设

中华人民共和国成立后，红河哈尼梯田灌溉水利工程的建设进入新阶段。此前的土司、村寨、个人三类建设管理模式转变为由人民政府主导建设管理模式，建设规模随之扩大，除了沟渠建筑迅速发展之外，水库等蓄水工程的建筑也有显著增加。下面是各县水利建设的几组数据。

元阳县。中华人民共和国成立后，元阳县在对原引水沟渠管护的基础上贯彻“小型为主”“群众自办为主”和“民办公助”的方针，新修沟渠、水库、水塘，改善了农田灌溉和人畜饮水。1952年9月6日，元阳县一区区政府组织1628名劳力开挖东观音山大沟（今哨普沟），沟长13公里，为建县后元阳县首次水利建设项目。1967年10月，元阳县组织水卜龙、麻栗寨、石头寨、五帮、全福庄5乡修建五帮沟，投入民工2000余人，政府投资22.18万元，1969年2月竣工通水，灌溉梯田303亩，浇地1406亩。1972年10月，小新寨公社发动群众开挖大拉卡沟，投入民工1800余人，政府投资97400元，1977年建成通水，沟长14.5公里，使下半山1300亩雷响田变成了泡水梯田。1952年至1985年，国家先后对元阳县投入水利建设资金662.15万元，全县新修、修复旧水沟6246条，比1949年前新增3646条，新增灌耕地面积8.12万亩，灌溉农田总计17.12万亩。2010年，元阳县共投入农田水利基础设施建设资金4154万元，其中各级人民政府投资4133.2万元，人民群众投资20.8万元，治理水土流失面积21.7平方公里，建设渠道工程735件、小水窖205个，新增灌溉面积0.42万亩，改善灌溉面积4.15万亩。“十二五”期间，元阳县人民政府先后实施了坝达、乌湾河、杨系河、哨普小流域水土保持综合治理工作，投入资金417039万元（包括群众投劳折资），新建或修复水毁工程8211处，清淤渠道1288公里，新增有效灌溉面积16.25万亩，改善灌溉面积32.26万亩。2016年，元阳县人民政府投入农田水利基础设施建设资金 14126 万元。新修防渗渠道 9 公里，清理淤道 256 公里，修复水毁工程 168 处，疏浚河道 12 公里，治理水土流失面积 9.5 公顷，新增蓄水面积 108 万立方米，新增灌溉面积 0.77 万亩，新增旱涝保收面积 0.05 万亩，恢复或改善灌溉面积 1.35 万亩，改善除涝面积 0.05 万亩，改造中低产田 0.84 万亩。

绿春县。中华人民共和国成立后，绿春县政府不断加大农田水利建设，大力扶持兴修水利，先后修建和修复了平掌街水沟、黄连山水沟、渣吗水沟、略卡水沟、大头水沟、干东水沟、龙丁水沟等。1958 年至 1976 年新修的主要水利工程有：7 个倒虹吸及隧道工程，以及 1964 年新修平掌街水渠和渣吗水渠，1966 年重修的略卡水渠，1970 年修筑大头水渠，1971 年修筑干东水渠，1976 年修筑龙丁水渠。至 1985 年，全县新建、修建水渠 6368 条，比 1949 年新增水渠 3647 条，新增农田灌溉面积 3.19 万亩，除因洪涝等自然灾害减少的 1.58 万亩外，比 1949 年实际新增农田灌溉面积 1.61 万亩。

2000 年 5 月，开工修建黄连山水沟高干渠灌区渠系配套工程，共解决腊姑、爬别、哈德 3 个村委会农田灌溉面积 2.2 万亩。

2004 年，投资 40.61 万元，实施完成全长 7.5 千米的阿波河大沟修复工程，新增灌溉面积 300 亩，受益 213 户 1786 人。2009 年 1 月至 4 月，政府投资 600 万元，实施完成桐株大沟改造工程 24.5 千米，受益桐株村委会 10 个村民小组、共 449 户 2470 人，改善灌溉农田面积 4554 亩。2010 年 1 月，政府投资 3711.74 万元，开工建设绿春县山区“五小水利”工程，2012 年 6 月底完工，共实施完成 92 件工程（其中小水池 2 个，容量 200 立方米；小沟渠 88 件，共计 296.56 千米；坝塘 2 个，容量 3.06 万立方米）。改善农田面积 1.34 万亩，受益人口 2.16 万人。2012 年 12 月，开工建设云南省泗南江绿春县牛孔段防洪治理工程，2014 年 5 月完工，治理河段长 5.28 千米，左右河岸防洪堤长 7.77 千米，堤高分别为 5.5 米、5.9 米、6.2 米，堤顶高程 908.59—878.47 米，保护农田面积 4200 余亩。2015 年 1 月，政府投资 300 万元，开工大兴镇福来灯安小型灌区渠系改造工程，新增灌溉面积500亩，改善灌溉面积3750亩。2016年，政府投资2000万元，改造及新建29条管渠道，总计61.3千米，灌溉面积1.51万亩。2014—2016年，全县共投资1.77亿元，实施农田水利项目234件。至2016年年底，全县共建成灌溉渠道7876件，其中改造三面光沟渠或管道210件，受益农田面积9.9万亩，其中水田面积6.47万亩、干田面积3.43万亩，总灌溉面积59926亩。

红河县。自1951年始，贯彻云南省人民政府“大力发展群众性小型农田水利，加强现有工程的管理养护，合理用水，扩大灌溉面积，重点举办中型工程”的水利建设方针。重点扩修了甲寅、宝华两条咯垤水沟，修整了石头寨旧水沟，修复了乐育大沟，对其他原有水沟进行养护管理，保证通水。1958年至1960年，先后修建了红星、甲寅后山、小石坝等9座水库，扩建了64个小坝塘，修建水沟10条。1961年至1985年，新建和扩建底勐坝等水沟640条，建成水库6座，新建人畜饮水工程16个。1951年至1985年，红河县水利建设（含水电建设）共投资1200多万元，民办公助修建各种水利、水电工程1630件，其中新修、维修水渠987条，新建水库14座，扩建小坝塘127个，灌溉面积87032亩。从1950—2010年，共新修扩修水渠3022条，其中流量在0.3立方米/秒以上的水沟有22条，有效灌溉面积20.76万亩。红河县除了修建沟渠之外，还建设了一批水库、坝塘。2005年，全县有中小型水库17座，小坝塘145个，总蓄水量4117万立方米，控制灌溉面积3.2万亩。

金平县。1951—1952年，水利建设仅为群众自建小沟渠及流渡旧沟。1953年后，全县开始建设较大规模的农田水利工程。全县农田水利建设经历了1957—1959年、1970—1980年、1989—1994年3个重要发展阶段。

1951年至今，金平县投资建成较大水沟56条，群众自建小水沟2887条，加上1949年前积累的灌溉面积，全县总灌溉面积现为153613亩。

结语

综观红河哈尼梯田灌溉，该区水利设施是以沟渠筑造为主，水利管护主要沿袭传统民间法规。其灌溉历史可以1949年中华人民共和国成立为标志划分为前后两个阶段。据1949年统计，其时红河、元阳、绿春、金平4县境内共修建梯田灌溉沟渠12350条，灌溉梯田面积30余万亩。至1985年，上述4县共修建扩建水沟24745条，灌溉梯田面积约100万亩，其中，流量在0.3立方米/秒以上的骨干沟渠125条。后在1985年至2020年间，红河州的沟渠等水利灌溉设施建设又有了长足发展，远远超过了1985年的统计。哀牢山100万亩梯田密布着30000条沟渠，世所罕见，连接起来大约可绕地球两周！哈尼梯田被誉为世界奇观，其纵横交错、密如蛛网的沟渠灌溉水利体系，实为奇观中的奇迹！

第四章

哈尼梯田农耕技艺

第一节　火耕与水耕

哈尼族传统农耕，有南部热带山地的刀耕火种轮歇农业和哀牢山区梯田灌溉农业两大类。关于两类农耕的分布和形成的原因，本书第二章已有论述，大致情况如下：哈尼族先民大约于公元前3世纪从传说中的“努玛阿美”，即川藏南部进入云南西北部，遭遇了各种各样的生态环境，历经艰难曲折，依靠农耕、畜牧、狩猎、采集顽强地生存下来。后来迁徙到的地方，一是滇中滇池地区，继而南下石屏、建水、蒙自、开远，再渡过红河，大部分留在了今哀牢山区的红河、元阳、绿春、金平等地，也有继续南迁者，最后到达普洱、西双版纳、越南、老挝、泰国北部山地。二是滇西洱海地区，继而南下，沿澜沧江和红河流域向滇南转移，辗转跋涉，寻觅复寻觅，最后把栖息地散布于今哀牢山、无量山区的景东、景谷、镇远、新平、元江、墨江、江城、景洪、勐海、勐腊、澜沧、孟连以及越南、老挝、泰国、缅甸北部山区这一广阔的地域。唐代之后，哈尼族先民的分布格局日渐清晰，并形成了南北两种差异很大的社会形态——定居梯田农耕社会和刀耕火种农耕社会。两种社会形态大致以北纬22°为分界线，分布于北纬22°以北的哈尼族为定居梯田农耕社会，分布于北纬22°以南的哈尼族为刀耕火种农耕社会。两种农耕形态，一是梯田灌溉农业，二是刀耕火种轮歇农业，虽然差异很大，然而均为人类适应生境的创举。

一 热带山地的刀耕火种

刀耕火种，是我国古代文献对烧荒耕种农业的形象的叫法，所谓“刀耕”，即用刀和斧砍伐森林；所谓“火种”，就是把砍伐晒干的树木焚烧之后栽种农作物。刀耕火种在古代也称为“刀耕火耨”或“畲田”，“耨”是清理杂草的意思，“畲”即为烧的同义词。(尹绍亭，2009：1)

刀耕火种农业于古代曾遍及世界上存在人类活动的所有的森林地区。当代的刀耕火种农业虽然已经大量减少，不可与古代同日而语，然而作为热带、亚热带众多生存于森林中的人们的重要的食物生产方式，局部地区的规模依然很大，其分布依然十分广阔。南美洲的亚马孙河流域、非洲沙漠以外的森林地区、亚洲的东南亚山地，便是其主要的分布地。刀耕火种农业，古代曾分布于中国南方的广大地区，而当代则仅仅残存于中国西南边境地带。与缅甸、老挝、越南相邻的云南省，是中国刀耕火种残存最多的省份。当代云南的刀耕火种，绝大部分分布在与缅甸、老挝、越南接壤的云南西南部。这个地区属于亚热带季风气候，94%的面积为山地和丘陵，其余6%是河谷盆地。这样的地貌条件对于该地区特殊人文景观的形成具有重要的意义，海拔约600米以下的河谷和盆地，是傣族等民族经营的历史悠久的水田灌溉农业系统；海拔约600米至1800米的山地和丘陵，则是众多的山地民族所经营的刀耕火种农业系统。该区地处热带北沿和南亚热带，终年温暖，而且盛行东南和西南季风，雨水充沛，森林等生物资源十分丰富，这样的生态环境为哈尼族等山地民族从事以刀耕火种为主兼行狩猎采集的生业提供了良好的条件。数千年来，该地区一直是刀耕火种盛行之地，20世纪80年代之后，我国改革开放，发展市场经济，刀耕火种衰落，迅速被新的生计形态取代，然而分布于毗邻云南的泰国、老挝、缅甸北部山区的哈尼族等，依然如故，刀耕火种农业依然是他们赖以生存的主要的生计形态。

刀耕火种依赖烧垦森林种植粮，从事刀耕火种的山民视森林为命根子，所以他们的俗话说：“靠山吃山，烧林开荒。”“种旱谷打野味，山林就是我的家。”森林对于山民是如此重要，要生存就得寻求森林茂密之所，要种粮、要打猎、要采集就得有足够的森林地。不过，任何自然资源，包括森林资源在内，如果不珍视爱惜、不采取适度的保护性的利用措施，而是随心所欲、盲目开采、过度消耗、大量浪费，那么即使自然资源再多再丰富，也经不起折腾，时间长了，必然会导致资源破坏枯竭，人类生存就将陷于困境。山民们十分清楚这个道理，为了维持森林资源的良好状态，从而达到森林资源持久利用的目的，他们通过不断探索、不断总结经验，终于找到了一种用养结合的森林耕作方式——森林轮歇刀耕火种耕作法。轮歇耕种，既可以根据需要年年砍烧森林，又能够保持森林更新、青山常绿，这就很好地解决了千百年来许多山民生存发展的问题。轮歇耕作具有这样的功能，所以山地民族将其视为“传世之宝”，一直沿袭，代代相传，直至当代。

刀耕火种森林轮歇耕作究竟是一种什么样的耕作方式？时至今日，太多的人，包括许多相关领域的专家学者对此并不了解，或者说是因为成见太深而不愿意正视和了解。在他们看来，刀耕火种就是“原始社会生产力”，就是“愚昧落后”的毁林开荒。这样的看法显然是错误的，错误一是概念不清，错误二是没有调查研究，人云亦云。我们知道，按照生产力与生产关系互动理论，衡量生产力的标尺是生产工具，即有什么样的生产工具就有什么样的生产关系。原始社会是石器时代，原始人使用石头制作石斧、石刀等砍砸器砍砸树木，开辟耕地，焚烧树木，栽种作物，那是人类早期的刀耕火种，是地道的原始刀耕火种。而当代热带亚热带山地民族从事的刀耕火种，是铁器时代的刀耕火种，与石器时代相距了上万年，人们不仅使用铁刀铁斧进行“刀耕”，还使用铁锄铁犁从事锄耕犁耕，所以虽然都叫作“刀耕火种”，但是本质上是截然不同的。除了铁器与石器的生产工具的不同之外，从耕作技术和作物栽培技术的角度看，两个时代的刀耕火种更是存在天壤之别，关于此，留待下文详述。所以当代世界各地所存在的形形色色的农耕形态，并不一定都是社会形态差异的表现和社会发展的标识，不能简单地以“原始”“先进”去定义，而应该从人们对生态环境适应的角度去理解，即生态环境不同，就会有不同的获取食物的生产方式。

刀耕火种作为一种人类曾经长期赖以生存的森林轮歇农业、一种历史悠久的农业文化遗产，直至消亡之际尚不能被社会和人们正确认识和理解，那是极其遗憾的！近年在联合国粮农组织遴选的世界重要农业遗产名录中，有国外刀耕火种社区名列其中，它提醒我们，目前世界上很多地区，由于人地关系的变化使得刀耕火种逐渐式微和消亡，然而作为一种历史悠久的农耕文化，它与灌溉农耕文化等一样，同为人类文明的重要组成部分，其诸多优秀、独特的创造和发明，应该积极抢救、发掘、传承与弘扬。

在全球重要农业遗产当中，刀耕火种轮歇农业能够占有一席之地，就说明它在世界农业"大家族"中具有独特的价值。笔者通过对云南西南山地十几个民族的调查研究，并与世界其他地区进行比较获知，热带、亚热带长期从事刀耕火种的人们，包括哈尼族在内，所行技艺基本上是相同的，其核心技术就是轮歇耕作。所谓轮歇耕作，具体方法如下：

首先，需对村寨所属林地进行规划。村寨林地按神林、水源林、风景林、用材林、薪炭林、坟山、农用地进行规划。农用地的规划，根据森林更新所需年限，将其划分为若干片区，少者七八个片区，多者十几个片区，然后行轮流烧垦之法：每年或每两年砍烧耕种一个片区，其余片区抛荒休闲，修生养息，恢复植被。每片林地间隔七八年或十几年烧垦一次，用养结合，如此，便可达到保持生态平衡、持续利用林地的目的。云南西南部山区乃至毗邻缅甸、泰国、老挝、越南北部山区，之所以能够维持较高的森林覆盖率，得以持续从事刀耕火种，靠的就是这样的森林轮歇农耕方法。

其次，根据土地类型等实行不同的轮歇方式。刀耕火种森林轮歇耕作大致有三种形式：一是一年耕种短期休闲轮歇，即一块地耕种一年便抛荒休闲七年以上的轮歇方式；二是短期耕种长时期休闲轮歇，即耕种两三年然后抛荒休闲十余年的轮歇方式；三是长期耕种长期休闲轮歇，即耕种四五年抛荒休闲十五年以上的轮歇方式。三种轮歇方式耕作技术如图 4－1、图 4－2 所示。

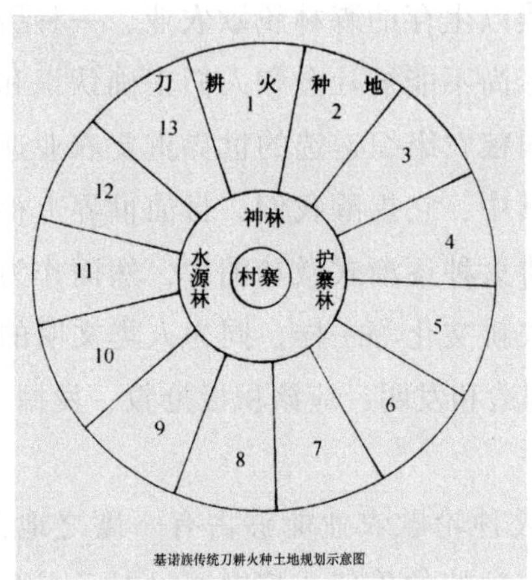

图 4－1　刀耕火种林地轮歇系统示意（尹绍亭，1987）

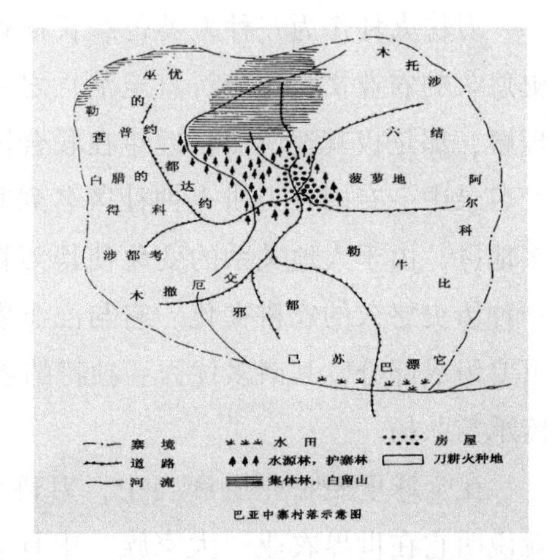

图 4－2　西双版纳基诺山巴亚中寨林地轮歇示意（尹绍亭，1987）

1. 一年耕种短期休闲轮歇耕作方式。此种方式只种一季作物便抛荒休闲，经约十余年休闲，植被恢复如初，森林茂盛，再次砍烧，树多火猛，土壤烧得透，土壤疏松，灰分多，土地肥沃，且草籽虫卵被烧死，可大大减少草害虫害，所以不需要进行锄耕犁耕，不需要施肥，是最为省力的免耕耕种之法。其生产流程：一、二月备耕，以铁刀铁斧砍伐林地，只砍树木，保留树根，以利其快速发芽抽枝；为防范烧地山火蔓延，事先要在林地周边砍去树木、芟除杂草，形成防火通道。三、四月焚烧地中干燥了的树木，一次烧不透，要反复焚烧，然后整地，雨季到来之前开始播种陆稻早熟品种，并栽种棉花、玉米等作物和豆、瓜等蔬菜。五、六月继续播种陆稻晚熟品种等作物，在地中建盖窝棚，供守护庄稼时期居住，在农地周边挖壕沟建围栏，防范牲畜、野兽侵食庄稼。六、七月守护庄稼，中耕除草。八、九月继续守地，收获早陆稻、早玉米。十、十一月继续收获陆稻等作物，堆谷堆，晒谷打谷脱粒，背运粮食回村寨。十二月为来年备耕，开始砍伐林地。

2. 短期耕种长时期休闲轮歇耕作方式。此种方式一般连续耕种两三年，然后抛荒休闲十余年。第二、第三年连续耕种会导致土壤板结，肥力衰减，杂草明显增多，所以必须施以锄耕和犁耕。其耕作流程，第一年与一年耕种短期休闲轮歇耕作方式相同，第二、第三年有所改变，刀耕变为锄、犁耕作，播种为撒播播种，中耕薅草次数增加。

3. 长期耕种长期休闲轮歇耕作方式。此种方式一般连续耕种四五年甚至六七年，然后抛荒休闲约二十年。其耕作流程，第一年与一年耕种短期休闲轮歇耕作方式相同，此后必须锄耕犁耕。土地耕作年限越长，地力衰退越显著，草害、虫害滋生越快，劳力投入随之加大。为避免长期连续耕种导致作物严重减产，山民们开发了多种轮作技术，从而大大丰富了刀耕火种的耕作技艺和作物栽培的多样性。

轮作，是从粗放型农业迈向集约型农业的重要的一步。所谓轮作，是通过耕作技术的改进、肥料的投入和多样化农作物的利用，在同一块林地连续耕作数年，从而达到节省土地、缓解人地关系紧张的目的。轮作首先要进行耕作技术的革新，须从典型刀耕火种的“免耕”即“砍倒烧光”——不锄、不犁、不中耕、除草改变为锄犁耕作。其次要学会掌握各种农作物的生态特性而加以巧妙利用，以延长轮作年限。云南西南部哈尼族等的刀耕火种的轮作，大致有如下几种形式：(1) 禾本科作物的组合轮作——利用陆稻不同的品种、玉米、薏苡、荞、粟等作物进行轮作，每年轮换栽种不同的作物，以调适逐年衰退的地力；(2) 禾本科作物与锦葵科作物的轮作——利用陆稻、棉花、玉米三种作物进行轮作；(3) 禾本科作物与豆科作物的轮作——利用可以增肥地力的黄豆与陆稻、玉米进行轮作；(4) 禾本科作物与唇形科作物的轮作——利用具有绿肥功效的苏子、芝麻与陆稻进行轮作；(5) 禾本科、锦葵科、豆科、唇形科作物的混合轮作。上述各种轮作，耕种年限短者两三年，长者可达六七年甚至更长。(尹绍亭，1991：121—125)

除了上述利用多样化的农作物进行轮作耕种之外，景颇族、独龙族、勒墨人等还创造了以水冬瓜树 (Alnus nepalensis)、漆树和陆稻、玉米、薏苡等农作物进行混作和轮作的农法。这种农法也称“粮林轮作”，被认为是有机农业的典范。(尹绍亭，1991：121—125) 实行轮作可以改善刀耕火种的人地比例关系，降低人们对林地面积的需求，缓解人多地少的矛盾。在云南热带和南亚热带山地，如果实行有序轮歇刀耕火种，那么一人需要林地30亩以上；而如果实行5年的轮作，那么一人只需15亩林地即可维持生存，可以减少一半的林地砍伐面积。

上述三种轮歇方式，无论是从森林生态维护的角度看，还是从投入产出的效益看，第一种优于第二种，更优于第三种；而从节约土地、集约耕种的角度看，三种方式的优劣则恰恰相反。由于人口增加趋势不可阻止，结果必然导致人地关系的紧张，所以粗放型农耕方式必然要向集约型农耕方式转化，这就是三种方式虽然共存于一个时空，却明显呈现出三种轮歇方式依次更替演变的原因。据调查所知，以森林轮歇方式进行刀耕火种是有条件的，最重要的一个条件就是刀耕火种民的人口数量和林地必须保持一定的比例关系。根据在云南西南部的调查，要保证刀耕火种系统的正常运行，前提是每平方公里林地面积的人口容量不能超过50人，或者说每个农民必须拥有30亩以上的林地，如果人地比例达不到这个水平甚或存在较大差距，那么就不具备森林轮歇的条件，刀耕火种就无法正常进行。

纵观世界各地的刀耕火种，人口总是处于不断增长的状态，而土地资源基本上是一个常量，所以其人地比例总是处在不断变化的过程之中。一旦人口增长打破了人地关系的平衡，即每个人所具有的林地面积下降到25亩甚至20亩以下，那么森林轮歇便难以正常运行，刀耕火种轮歇循环利用系统便将紊乱，失去平衡，林地生态便会遭受破坏，作物产出便会大幅度降低，人们的生存便会遭遇困难甚至危机。作为应对人多地少、平衡人地关系的策略，山民们一是实行整个村寨远距离搬迁或分寨式搬迁，寻求森林资源丰富之地，以摆脱原住地林地资源退化和短缺的困境。二是进行耕作技术改革，把最为省力的刀耕改变为锄耕甚至犁耕，把粗放型只种一季作物便抛荒休闲的轮歇制改变为集约型的多年耕种轮作轮歇耕作方式。在漫长的历史时期，众多山地民族之所以能够长期仰赖刀耕火种为生，在很大程度上便是得益于迁徙和技术改革这两种应对策略的调适。不过，随着山民人口的不断增加和外来人口的大量进入，随着社会改革、土地公有和私有制的产生，随着地方和国家政权统治管理体系的完备和强化，山地民族随意迁徙烧垦和分寨搬迁开荒的调适方式逐渐失去了存在的空间，成为社会普遍反对和禁止的对象。面对如此严峻的态势，山地民族不得不改弦更张，不得不放弃刀耕火种而谋求生计转型。

从刀耕火种的整个演变过程来看，后期的转型大多走向了灌溉农业。开垦水田，从事灌溉农业，赖其缓解改善人地关系和生存的困难，具有历史的必然性。从纾解人多地少困境、维护生态平衡，以尽可能持续利用林地资源的角度看，有序轮歇、轮作、分寨搬迁虽然都不失为适应的有效策略，具有一定的良好效果，然而如果和灌溉农业比较，在节约耕地这一点上，它们都会显得大为逊色。上文说过，在云南热带亚热带山地进行有序轮歇刀耕火种，1 人需要 30 亩以上林地；进行 5 年轮作轮歇刀耕火种，1 人需要林地下降到 15 亩；而如果耕种水田，每人只需要 2—3 亩即可满足食粮的需求。对此国外也有类似结果的统计，例如在墨西哥维拉克努斯地区，100 个家庭利用刀耕火种方法种植玉米，需地 1200 公顷（2965 英亩、18000 亩）才能养活自己；但是如果采用灌溉、轮作等方法，则只需要 85. 5 公顷（212 英亩、1282. 5 亩）。（童恩正，1998：58）两相比较，人均所需土地面积悬殊极大。从劳动投入看，根据笔者在几个地区的统计，耕种 1 亩水田需要十几个工作日，而从事有序轮歇刀耕火种 1 亩地需要约 40 个工作日，从事轮作刀耕火种 1 亩地需要 90 余个工作日，劳动力投入悬殊也极大。（尹绍亭，2000：128）据上可知，山地传统刀耕火种农业向灌溉梯田农业的转型，有其政治、社会、生态、技术的动因，应是历史发展的必然。在云南山地民族中，较早实现水田农业转型的族群为部分彝族和哈尼族。彝族远在魏晋时代便有“渐去山林，徙居平地，建城邑，务农桑”的部落，史书称他们为“海罗罗”“坝罗罗”“水田罗罗”。据文献记载，部分哈尼族先民早在一千多年前的唐朝时期便开始在山地开垦耕种灌溉梯田。而云南许多山地民族耕种水田的历史却很短，例如云南德宏州的景颇族、怒江州贡山县独龙江的独龙族、西双版纳州景洪市基诺山的基诺族和勐海县布朗山的布朗族等，直到 20 世纪 50 年代才从事水田灌溉农业的开发。

热带、亚热带山地民族的刀耕火种，是一部从粗放到集约、从刀耕到锄犁耕、从轮歇到轮作、从迁徙到定居、从刀耕火种到灌溉农业的生态环境史。它让我们看到了一个历史演变的动因，那就是人类人口不断增殖所带来的影响，它既影响自然环境资源，同时也反过来影响人类本身——人类持续生存发展的历史，是一部不断调适、变革的历史，变革包括对自然环境和社会环境的新的认知，包括对旧有技术、资源利用方式和生活方式等的改造，包括对人与自然关系平衡的维护和促进。

云南西南部山区的刀耕火种的彻底变化发生在最近30年。原因一方面是各原住民以及外来人口的大量增长；另一方面则是改革开放经济转型的巨大冲击。在这两大因素的强大影响下，市场经济作物橡胶、水果、茶叶等新兴种植业迅速崛起，刀耕火种农业随之衰落，濒临消亡。目前除了中缅、中老跨境地区尚保存刀耕火种之外，其他地区已经很难看到昔日刀耕火种烧山的壮观景象了。滇西南千百年来盛行的刀耕火种，终于退出了历史舞台。

二　哀牢山区的梯田灌溉农业

红河流域的哈尼族以耕种梯田而闻名，然而最初到达哀牢山之时也曾经烧山垦殖，经历过以刀耕火种为生的时期。根据哈尼族的口头传说、民间故事等可知，古代哈尼族先民经过漫长曲折的迁徙，辗转到达哀牢山，面对林海茫茫、野兽出没、荒无人烟的崇山峻岭，所选择的生计方式并不是灌溉梯田农业，而是刀耕火种和狩猎采集，这无疑是符合生态逻辑的最佳选择。即使在今天，哈尼族、彝族、苗族等欲在哀牢山的荒山野岭中开垦新的梯田，最初也必须实行刀耕火种之法，如此耕种数年，待土地平整、土壤熟化之后，方可构筑田埂施以灌溉转为梯田。那么，历史上是什么原因促使哈尼族先民放弃刀耕火种而转向梯田灌溉农业的呢？上述包括哈尼族在内的滇西南刀耕火种的演变过程和原因已经做了解答，而如何将刀耕火种旱地改变为灌溉梯田，还需要经历一个开发过程。

在对刀耕火种的考察过程中，有时会看到这样的景象：在一些尺度较大的坡地上，人们会使用一些粗大的树木横拦于坡地中，以阻拦水土下滑流失，看上去就像是一道道“田埂”，这可以视为梯田的雏形。至于有意识地坡改梯，通常要分三步走：第一步，停止抛荒休闲，开始固定耕地；第二步，改坡地为台地，继续进行旱作；第三步，修筑沟渠，垒筑田埂，引水灌溉，栽种水稻。上述三个步骤便是实现从坡地到梯田、从陆稻栽培到水稻栽培的过程。

比较刀耕火种耕作，哈尼梯田的农事过程和耕作技术明显不同。以一年为周期，从当年秋收过后至次年秋收结束，红河哈尼族梯田稻作有铲埂、搭（打）埂、挖（犁）头道稻田、修水沟、犁田、耙田、修埂、施肥、选种、泡种、放水、撒种、育秧、拔秧、栽秧、薅秧、护秋、割谷、打谷、背谷、晒谷、碾谷等20多道工序。

铲埂：年末秋收过后，开始铲锄田埂上的杂草。铲埂方法，先是人站在田埂上，沿田埂外侧铲出一锄宽的一条埂面，称为劈埂头。然后人下到丘田里，沿着铲过的埂头连土带草一起往下铲挖，一直铲挖到距离田水面约20厘米处，再将铲除的杂草捂到土里，使之自然腐烂，成为肥料。

图4-3　铲埂（笔者摄）

搭（打）埂：经过一年劳作，田埂经人畜踩踏，有所破损，因此在铲埂过后，接着要修补田埂，称为搭埂。搭埂时，先把埂子内侧泥土踩踏至水面以下，夯实垫底，接着人站在埂子上一锄一锄地将田里的泥土连带收割过后的谷桩一起提到埂子上（谷桩掺和田泥，黏性较强），然后拍打抹平，加高加厚田埂，称为打埂子。

图 4－4　搭（打）埂（笔者摄）

犁田与耙田：红河哈尼族梯田的耕作方式，按犁、耙次数分为三犁二耙（犁三次，耙两次）和三犁三耙（犁三次，耙三次）两种。农历九月下旬至十月节日前，收割稻谷后犁头道田（哈尼语称“相汗补”），把谷桩犁翻到水里浸泡，俗称“翻板田”。之后休耕一段时间，让谷桩在水里腐烂，增加土壤肥力。农历二月“昂玛突”节后，犁第二道田，随后耙头道田，同时修补漏水和被人畜踩坏的田埂，保持梯田适度的蓄水量。农历三月下旬至四月栽秧之前犁第三道田，接着耙第二道田，这就是三犁二耙。

图4－5　哈尼族犁田（笔者摄）

修埂：在犁第三道田前，将铲埂时留在内埂脚的土挖开，薄铲田埂，以增大栽秧面积。

“雷响田”耕作：哈尼梯田中有少量干田，靠下雨浇灌，也叫“雷响田”。干田栽秧较晚，要等到农历四月末哀牢山区进入雨季方可进行。“雷响田”在雨水到来之前无水灌溉，田埂容易开裂，只有靠多犁多耙避免田埂漏水。

施肥：元阳境内山高谷深，运送梯田肥料较为困难，哈尼人因地

图4-6　施肥（笔者摄）

制宜，除了施用绿肥等肥料之外，主要采用的施肥方式被叫作“自然冲肥法”。哈尼人平时把农家肥积存于村边宅旁的肥塘中，经过一段时间，沤黑发酵，成为高效肥料。到栽秧前10天左右，各家引沟水注入肥塘，然后把肥水排向自家田中，名之曰“冲肥”。每家“冲肥”之日，事先通知全村，让其他人家关闭各自梯田水口，以保证“肥水不流外人田”。

栽秧：栽秧之前，有犁耙秧田、选种、泡种等多道工序。秧田需选择水源充足、日照长的田块。秧田的管理要求特别精细。为了增肥秧田，

图4-7　拔秧（笔者摄）

犁田后要割取蒿子等绿肥埋入田里。沤肥期间，要减少田水流动，以免肥水外流。撒谷种前再次犁、耙秧田，放干田水，施以一层薄薄的底肥，以耙子刮平田面，然后播撒谷种。在海拔较高，气候温凉的地带，秧苗移栽后，秧田不再栽种水稻，休耕施肥，恢复地力。在休耕期间，秧田可养鱼养鸭。有的秧田秧苗移栽后可接着栽种早熟水稻品种，以充分利用农田。

图4-8 栽秧（笔者摄）

哈尼族传统选种有“穗选法”和“块选法”，即在秋收时在不同的梯田中挑选肥硕的谷穗，或在最好的稻田中挑选谷穗留作稻种。哈尼族民间有交换稻种的习俗，每家的稻种种植2年至4年后，就与本村和其他村寨，包括河谷傣族村寨的人家交换稻种，以避免稻种种质退化。

每年农历三月，布谷鸟叫时，哈尼族人开始浸泡谷种。谷种浸泡一昼夜后捞出放入箩筐中，用蒿草叶覆盖置于阳光下加温，促其发芽，每天翻弄喷洒一次水，五六天后，便可撒入秧田。撒种力求均匀，古歌《哈尼族四季生产调》唱道：“阿妹撒种不要粗心，撒种入土稀密匀……”秧田须悉心管理，要注意保温、防霜冻。在秧苗长出双叶前，每天清晨排水晒苗、施肥，夜晚灌水保苗。秧苗长到20厘米左右，即可移栽。

农历三月下旬至四月中旬，是栽秧大忙季节。栽秧之前举行“开秧门”祭祀活动。栽秧采取“高田密植，低田稀植”的方法。高海拔地区气候温凉，水稻分蘖少，适合密植；低海拔地区气候较热，水稻分蘖多，应稀植。插秧劳作分工，如哈尼族谚语所说“女不犁田，男不栽秧”，男人拔秧送秧，女人负责栽插。哈尼族有互相协作的传统，不论哪家栽秧，亲友和邻居都主动帮忙。秧苗栽好，便在田埂上栽种豆类，以充分利用土地。

薅秧：一般进行两次。在正常情况下，秧苗移栽10日左右就开始返青，25日之后秧苗返青回绿时进行第一次薅秧除草，农历五月“莫昂纳”或“仰昂纳”节之后，秧棵发蓬，中耕管理，进行第二次除草。

砍埂草：农历六月盛夏，“矻扎扎”节到来之际，稻谷开始抽穗扬花，田埂杂草滋生，老鼠打洞，以锄头或长刀铲除杂草，护牢田埂。

绑谷子：哈尼族居住的传统“蘑菇房”，每年更换屋顶需要大量稻草，为此田里多栽种高棵水稻品种。高棵稻种不耐风吹雨打，容易倒伏，使稻穗浸水发霉。事先将稻子捆成小把，可有效防止倒伏。如果来不及捆绑便遭遇倒伏，可用竹竿把稻穗慢慢挑起靠在田埂上，以减少损失。

图4－9　秋天的梯田（笔者摄）

护秋：农历七月，稻谷抽穗灌浆，进入护秋时节。护秋有两件事，一是梯田维护；二是保护庄稼。七月份雨水多，要加强巡查梯田是否存在塌方隐患，为防山洪，一些陡坡梯田需用竹子编制防护网加固田埂。庄稼保护主要是防止野生动物入侵。人们在田边地角盖窝棚，昼夜守护，以敲击竹板、吹牛角号、高挂稻草人等方式惊吓动物；还可在山泉溪流上设置竹木制作的“水扒”，靠流水冲动发出响声，驱赶野生动物。

收割：农历八月，梯田一片金黄，千里飘香，人们迎来“尝新节”，然后进入繁忙的收割季节。收割稻谷需全家出动，妇女在前开镰割谷，男子随后以打谷船或掼斗脱粒，收工时搬运谷子回家。脱粒后的稻草铺放在田间，晒干后收运回村里储藏，部分作为冬季枯草时节喂牛的饲料，部分用于“蘑菇房”屋顶翻新建材。秋收结束，稻谷入仓，一年农事完结。统计数据显示，耕作一亩梯田从犁头道稻田到收割，需投入 35 个人工和 12 个牛工。

据上可知，哈尼族梯田一年的农事过程和耕作技术与其他地区的水田耕作是大致相同的，其独特之处主要表现在灌溉和施肥。此外还有一个耕作方法是比较罕见的，那就是踏耕。哈尼族梯田的分布大部分在 800 米以上温凉地带，不过也有少数梯田分布在海拔 800 米以下的炎热河谷。气候炎热，适于种植双季稻。双季稻谷栽种，为赶节令，在第一季稻谷收割后紧接着种第二季水稻，如按通常方法犁田翻埋谷桩使之腐烂，然后耙田，这样耗时过长会耽误节令，于是别出心裁，采用踏耕。踏耕之法，将三五头牛

图 4-10　背运稻草（笔者摄）

赶入田中，使之在田中往复踩踏，将谷桩悉数踩散踩烂混入泥中，使田泥稀烂，以便耙平插秧。踏耕又名蹄耕，是分布于南亚、东南亚和我国西南地区的一种古老的耕作方式。有的学者认为，犁耕是从踏耕演变而来，从哈尼族等的踏耕来看，有可能是一种较为原始的耕作方法，不过此一假设还需要有更为深入详细的研究。就我国范围而言，踏耕存在于华南和西南的一些地方，如今踏耕在云南虽然已经罕见，但一些地方的老农还记得这种耕作方法，说明其消失的时间还不太长。笔者在田野中曾特别留意调查此种农耕，很长时间并无发现，30 多年前笔者参观广西历史博物馆，看到过十几头牛蹄耕的照片，直到 20 世纪 90 年代一次红河的调查中，才偶然发现元江河谷傣族驱牛踏耕的实景，获得了文献和传说的证据。从历史资料和田野资料来看，傣族最有可能是牛和象踏耕的发明者。在红河流域，高地哈尼族与河谷傣族进行包括踏耕在内的诸多农耕技术的交流，乃是极其自然的事。

水牛是哈尼族梯田农耕的得力助手，所有梯田或台地全靠牛耕，被誉为“喂食的拖拉机”。哈尼族对水牛感情深厚，在春节、莫昂纳（仰昂纳）等节日要祭献水牛，表达敬意和感恩。元阳县五月上旬属牛日为牛的节日，当天给牛喂茶水，以撒盐的青草喂牛，用青草包上肉和饭喂牛，以感谢牛一年到头为人付出的辛劳。还要把犁耙、锄头洗得干干净净，晚上燃起一堆堆篝火，全寨子的人到草坪上跳舞、唱歌直到深夜。牛在哈尼族的生产生活中占有重要地位，是不可或缺的畜力和重要财产。但是牛的饲养成本很高，人们每年要为牛的饲养付出很多的人力和物力。如何降低养牛成本，是一个困扰农户的问题。有的地方难以承受负担，会采取干脆放弃养牛的措施。例如云南洱海之滨的一些农村，昔日曾经盛行牛耕，但是为节省各种投入而放弃了养牛，没有了耕牛自然不能再使用牛耕，于是那里的农家种田便全都改为锄耕了。贵州有的山村梯田耕作不用牛耕，而是靠“人耕”，即靠人拉犁，关中地区也有类似的情况，这一现象被某些学者认作“犁耕发展的前阶段”，其实应该是养牛成本太高而不得已的做法。哈尼族牛的饲养有几种方式。一是野牧：栽秧之后，把牛群赶到山里放牧，不用看管，四五天去巡查一次，到次年春耕前把牛赶回村寨，称为“放野牛”。二是圈养：元阳县者台村一带哈尼族，栽秧后把牛关入牛圈，到山里和田埂上割青草喂养。冬季寒冷时也行厩养，每天可加喂三四个盐水浸泡过的草果，以增加牛体热量。秋天庄稼收割完毕，可赶牛到梯田中放牧。三是结“牛亲家”：生活生产中哈尼族与傣族的关系非常密切，比如缔结“牛亲家”就是这方面饶有兴味的佳话。红河县哈尼族与当地的傣族有以耕牛结成亲戚关系的习俗，叫“牛亲家”。生活在山区的哈尼族与生活在河谷坝子的傣族自古交往密切，两个民族好朋友之间常常一起凑钱购买耕牛，共同饲养，利益共享。这种合作既是民族友好的表现，又有生态方面的重要意义。早春时节，山地寒凉，梯田休耕，而坝子河谷早已春意盎然，气候转暖，傣族开始耕田耙田，准备栽种早稻，这段时间耕牛便由低地傣家饲养利用。夏秋两季，坝子河谷气候炎热，且已过了耕作时期，无须使用耕牛，而山区正值耕作季节，需要大量使用耕牛，而且春秋山区凉爽，适宜耕牛放牧，这段时间耕牛便被赶往山区由哈尼人家饲养利用。“牛亲家”的合作方式是哈尼族与傣族交往互助关系的生动体现，是两个民族生存智慧之举。青藏高原及其周边，自古有“冬入深谷夏处高山”的游牧方式，那是巧妙适应和利用气候和自然资源的智慧。哈尼族和傣族的“牛亲家”，不仅具有“冬入深谷夏处高山”的“游牧”生态意义，而且体现了民族和谐亲密的关系，值得继承发扬。

哈尼族整个农事过程中使用的生产工具，如锄、犁、耙、斧、砍刀、弯刀、镰刀、括板、谷船、背箩等，与其他水稻种植地区大致相同，但是也有差异和特色，如下面三例。

一是犁。据笔者调查，元江流域哈尼族、彝族等的犁型计有三种：其一是小三角框架曲辕犁。此型犁主要分布在红河州建水、弥勒、蒙自三地，属彝族犁。此型犁框架小，然而接近犁铧的犁身却特别宽大，做成犁壁，与犁铧浑然一体。这种以犁身宽木制作犁壁的犁型，在全国仅见于元江流域，甚为独特。其二是四角框架曲辕犁，有大小两类，见于红河、弥勒山区，为彝族旱地犁。此型为四角框架，但是与其他地区的框架结构不同，其他地区的犁底是独立木构件，而该区彝族犁的犁底却

图4-11 哈尼族的耙和犁（笔者摄）

是犁身延伸弯曲而成，即犁身与犁底是整根木材。其三是大三角框架曲辕犁。此型犁分布于元阳、绿春、红河、元江等地，为哈尼水田犁。此型犁又分两种：一种安装大三角犁铧和大方形犁壁，犁壁有铁壁和木壁两种；另一种犁壁较小，而犁铧硕大，兼具犁壁功能。哈尼梯田犁的大犁壁（包括大木犁壁）、大犁铧形制，是适应梯田深耕的产物，具有鲜明的地域和民族特色。（尹绍亭，1996：260—281）

二是打谷方式和工具。国内所见打谷方式，其一是在地上铺以竹席等，将谷物置于席上，使用连枷、打谷棍等工具打谷脱粒；其二是使用打谷架、打谷板、打谷箩、打谷斗等工具，以手抓稻束摔打脱粒。红河哈尼族行第二种方式，以手抓谷束摔打脱粒，不过其用于摔打的工具却与众不同，叫作“打谷船”。打谷船用木材制作，形如小船，大者长约250厘米，宽约60厘米，高约30厘米；小者长约180厘米，宽约40厘米，高约25厘米。打谷船大多由整体粗大木材雕凿而成，材质选择黄心树等乔木。打谷船为何做成船形？是因为便于在水田中滑行移动。打谷时要在打谷船两侧插上宽约120厘米的竹篱笆，形如飞翅，防止谷粒脱出打谷船之外。打谷船两头稍微突起的部分名掼枕。打谷者立于两头，各执稻束摔打掼枕，使谷粒脱落于打谷船之中。打谷船是红河哈尼梯田农耕的特色打谷工具，除红河哈尼梯田地区之外，与之相邻的滇东南壮族村落也有分布。（尹绍亭，1996：544）

图 4－12　哈尼族的打谷船（笔者摄）

三是水碾。水碾是红河哈尼族村寨盛行的稻谷脱壳加工的主要工具。哈尼族的水碾并非自身发明，而是从内地引入的技术。相传把水碾技术带入哀牢山的人名为李学，李学是元阳县逢春岭乡猛多村人，出生于1881 年。1903 年李学被稿吾土司征兵入伍，随军去往广西、广东，其间学会了当地建造水碾的技术。1922 年返乡后，在元阳县小新街安装了第一座水碾，并结合山区特征，将两广一带的平列式水车改为直列式水车，以充分利用水力资源，开创了红河哈尼族地区采用水力碾米的历史。用水碾碾谷，在水力充足时，以每槽谷子 100 公斤计，加工 1 槽传统品种稻谷约需时间 1.5 小时，加工新品种杂交稻约需 2 小时。水碾由碾坊、水槽、水车、水车平梁、立车、平车、将军柱、柏登枋、赖铆、大滚杆、碾石、碾槽等部件组成。水碾传入哈尼族地区成为山寨一道亮丽景观，蘑菇形状的碾坊掩映在村头村尾林木之中，流水潺潺，水车吱吱作响，平添了许多诗情画意。

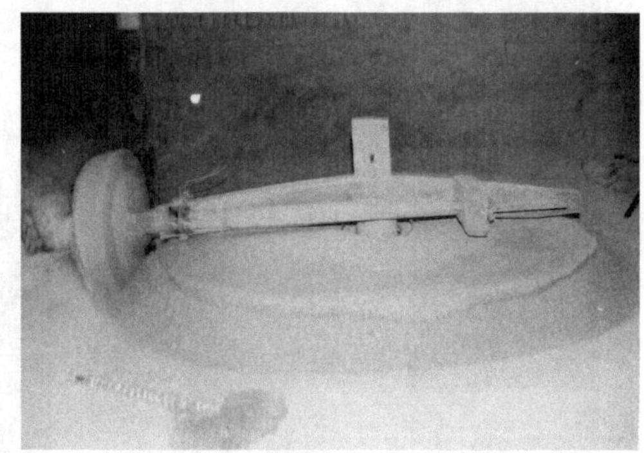

图 4－13　水碾房和水碾（笔者摄）

结语

哈尼族的两种传统农耕形态——刀耕火种轮歇农业和梯田灌溉农业，是适应不同生态环境的产物，两种农业都具有丰富的生态文化内涵，均为人类宝贵农业文化遗产。然而随着历史的发展、人口的爆炸，两种农业却发生了戏剧化的变化，形成了截然不同的命运：刀耕火种轮歇农业逐渐走向衰落，甚至消亡；梯田灌溉农业却依然欣欣向荣，而且成为世界文化遗产而备受保护弘扬。事实雄辩地说明了一个道理，历史文化、生态文化，包括农耕文化在内，固然深刻地内嵌着生态环境的烙印，彰显着生态环境巨大的塑造力，遵循着人类与环境密切互动的同构原理，然而在流动的历史长河中，生态、环境、人类及其生计形态均非恒定物态，均处于兴衰不定的不断变化的过程之中。变化是万物生命的本质。事物的兴衰变化除了受制于各自生命的运行规律之外，还受控于一只“无形的大手”，那就是“时代”。生态学说“适者生存”，生态学的适应是指对生态环境的适应，这只是一个方面，任何事物要生存要发展，还必须适应社会环境，尤其是必须适应时代的发展。当时代进入人与自然和谐共生成为人类共识、低碳和绿色发展成为社会努力追求的目标、生态文明建设成为时代的主旋律之后，以森林为代价换取食物生产的刀耕火种农业显然不合时宜了，结果难免淘汰的命运；而高度集约并具有高度生态文化审美价值的梯田灌溉农业，则与时代追求集约、绿色、低碳等目标相吻合，与当代社会的价值观和审美观相吻合，因而受到赞赏和保护。所以，对于传统文化以及传统农耕而言，除了蕴含深厚的生态文化内涵之外，是否具备时代性或称现代性，乃是影响其命运兴衰的关键因素。

第二节　梯田垦殖环境尺度

梯田的起源、发展、壮大，国内外均无例外，都是人口增长繁衍形成食物生产压力甚至生存压力的结果。梯田农业的发展反过来又会促进山地人口的进一步繁衍增长，进而转化为更大的生存压力和生态环境压力，接下来又是新一轮梯田的垦殖。人地关系如此相互作用，相互刺激，往复循环，把人口与梯田双双带向繁盛。双向繁盛，从消极的方面看，除了生出种种社会问题之外，还会不断加大生态环境压力甚至导致生态环境破坏；从积极的方面看，则是“美美与共”的“双赢”，只有较大规模的人口基数，才能够创建和支撑较为完善的政治社会经济形态，而其对于生态环境的改造和塑造也往往会有出其不意的惊人创造。例如红河哀牢山地，人口不断增长是哈尼族等从原始部落向部落联盟，继而向现代民族演化的重要内在动力，而体现于环境的改造更是别开生面——其雕塑的梯田景观可谓举世无双，其创造的梯田生态文化可谓梯田文明的极致。

一 梯田垦殖的极限

红河哀牢山的人地关系千百年来一直处于相互作用、相互刺激、相互增长的状态。然而无论是人口还是梯田，虽然增长是必然，但是从长远看，增长却是有极限的。从理论上说，人口可以无限增长，但是由于支撑人口增长的物质基础是自然资源，自然资源并非无穷，而是有限的，所以人口增长必然受到自然资源的限制。人类可利用的自然资源存于生态环境之中，是生态环境的组成部分。一个特定的生态环境能够养活多少人，抑或能够提供所居人类多少生存资源，称之为该特定生境的环境容量。我们知道，红河哀牢山区具有十分丰富的生态环境多样性，生态环境不同，环境容量亦有差别。而欲考察红河哀牢山地的环境容量，就必须充分考虑生态环境的多样性，从较小尺度的生态环境入手。关于此，自然科学学者已有不少红河案例的研究。本节的考察，拟以县域为单位，作为考察对象，则聚焦于梯田开发，指标有三：一是水资源；二是海拔高度；三是坡度。关于水资源，另有专文详述，本节探究的是在假定水资源充足情况下衡量环境容量的两个要素——海拔高度和坡度。

在红河哀牢山区，依据哈尼族的环境认知，适宜生存和生产的最佳海拔高度为800—1800米地带，哈尼族通常选择此地带较为平缓的向阳坡地建立村寨，垦种梯田。该地带气候温和，冬暖夏凉，年平均温度为15℃—18℃，全年日照时数在1500—1800小时之间，全年几乎无霜，而且雨量充沛，年均降雨量通常为1500—1700毫米，利于人们的生产生活。海拔800米以下的河谷地带，由于气候炎热，病菌滋生，瘴疠盛行，在缺医少药的时代，从健康角度考虑，哈尼族等山地民族一般不到低地耕种庄稼，更不会去安家居住。在海拔2000米以上的高山区，气候寒冷，潮湿多雾，日照少，多霜冻，不利于农作物生长，亦不适宜人居和放牧。所以哈尼族谚语说：“要吃肉上高山（狩猎），要种田在山下，要生娃娃在山腰。”生动形象地道出了哈尼族对于生境的认知。我们知道，梯田之所以成为梯田，就是因为有坡度。从哈尼族的经验看，开垦梯田以不超过20°的坡地为好，坡度平缓，便于开垦和耕作，利于保水保土保肥，可大大节约劳力和耕种成本。海拔高度在800—1800米、坡度在20°以内，此为哈尼族梯田垦殖的理智选择。然而实际情况又如何呢？下文将根据元阳、红河、绿春、金平四县梯田的部分统计数据进行分析，以了解该区哈尼梯田环境垦殖尺度的实际情况。

1. *元阳梯田垦殖环境尺度*

元阳县位于哀牢山南部，哀牢山脉南段，红河中游南岸。地处东经102°27′—103°13′、北纬22°49′—23°19′，东西横距74公里，南北纵距55公里。东接金平县，南邻绿春县，西与红河县接壤，北隔红河与建水县、个旧市相望。国土面积2212.32平方公里。据2019年统计，元阳县常住人口41.98万人，人口密度为179/（179/平方千米）平方千米。2016年统计，元阳县耕地面积为372208亩，其中，旱地（田）197248亩，哈尼梯田168563亩（县梯田管委会提供的数字是19万亩），临时性耕地（田）6397亩。2012年统计，农业人口40.3261万人，耕地35万亩，人均耕地0.88亩。表4－1是元阳县18个梯田片区的统计数字。

表4－1　**元阳县主要梯田片区统计**

片区名称	分布乡镇	种植户（户）	人口（人）	梯田面积（亩）	田丘最大面积（亩）	梯田坡度	梯田海拔（米）	现种植品种
龙树坝	新街镇	809	3655	2598	1—3	15°—20°	1350—1580	月亮谷、红脚老粳
陈安	新街镇	653	3172	1903	1—2	14°—23°	1300—1570	同上
箐口	新街镇	1381	6193	3105	2—3	10°—20°	1300—1820	同上
百胜寨	新街镇	665	3051	2729	1—3	14°—22°	1300—1570	杂交稻
胜村高城	胜村乡	1478	7541	2543	5.3	14°—20°	1430—1830	杂交稻
多依树	胜村乡	1283	7384	3544	4.8	10°—20°	1580—1840	合系41号
坝达	胜村乡	545	2954	2056	5.2	16°—21°	1640—1820	合系41号
麻栗寨	胜村乡	565	2945	1233	6.3	10°—20°	1400—1640	滇超2号

续表

片区名称	分布乡镇	种植户（户）	人口（人）	梯田面积（亩）	田丘最大面积（亩）	梯田坡度	梯田海拔（米）	现种植品种
主鲁保铺	胜村乡	704	3469	2400	4	15°—22°	1500—1750	合系 41 号
中巧新寨	胜村乡	1429	7110	2868	4.6	16°—23°	1380—1520	杂交稻
牛角寨	牛角寨乡	1012	4734	2906	2.5	25°以上	1140—1450	杂交稻
新安所	牛角寨乡	1099	5797	3129	3.2	25°以上	1170—1920	杂交稻
果统	牛角寨乡	654	3073	1923	2.8	25°以上	1200—1500	杂交稻
果期	牛角寨乡	955	4902	3633	3	25°以上	1050—1780	杂交稻
良心寨	牛角寨乡	926	4379	2728	3	25°以上	1400—1700	杂交稻
勐品	攀枝花乡	3645	3184	1426	3	25°以上	700—1800	杂交稻
阿勐控	攀枝花乡	683	2961	1991	1—2	30°—50°	700—1800	杂交稻、传统品种
保山寨	攀枝花乡	1533	5624	3700	1—3	40°—60°	500—1600	杂交稻

注：引自黄绍文等（2013：12）。

表 4－1 统计的梯田信息，有三组数据值得注意。

（1）人均梯田面积

根据表中所列元阳县 18 个重点梯田片区的统计数据，可以换算出人均梯田面积。新街镇龙树坝梯田面积 2598 亩，人口 3655 人，人均梯田 0.71 亩，为最高值。胜村乡胜村高城梯田面积 2543 亩，人口 7541 人，人均梯田面积 0.34 亩，为最低值。著名梯田片区箐口人均梯田面积 0.5 亩。2012 年统计，全县人均耕地 0.88 亩（包括旱地和梯田）。上述几组统计人均梯田面积均未达到 1 亩，该县土地资源紧缺、人地关系紧张的状况于此可见。

（2）梯田垂直分布

据表 4－1 统计，元阳县 18 个重点梯田片区的垂直分布范围在海拔 500—1920 米之间。据元阳县全域的统计，该县梯田垂直分布范围是在海拔 280—1800 米之间。又有数据说新胜村乡坝达梯田从海拔 800 米的麻栗寨河边向上延伸至海拔1980米的高山之巅，海拔落差1180米；攀枝花乡老虎嘴梯田片区连片梯田1480.94公顷，该片区山高谷深，地势陡峭，梯田沿箐谷由东向西排列，梯田最低海拔603米，最高海拔1996米，海拔落差1393米。综合上述统计，元阳梯田垂直分布范围似应为280—1996米。

（3）梯田垦殖坡度

据表4-1统计，元阳县18个重点梯田片区坡度在10°—23°的有10个，25°以上的有6个，30°—60°的有两个。

2. 红河梯田垦殖环境尺度

红河县地处横断山系哀牢山中山峡谷地带，山势巍峨，峰峦起伏，沟壑纵横交错，地形复杂。总面积2028.5平方千米，除北部红河沿岸有几个面积狭小的河谷冲积盆地外，96%的面积为山地，最高海拔2746米，最低海拔259米，地势高低悬殊。“一山分四季，十里不同天”，立体气候、立体生态、立体农业特征明显。据2017年的统计，红河县全县梯田数量为10.76万亩，主要梯田片区统计数据见表4-2。

表4-2　　　　红河县主要梯田片区统计

片区名称	分布乡镇	种植户（户）	人口（人）	梯田面积（亩）	田丘最大面积（亩）	梯田坡度	梯田海拔（米）	种植品种
撒玛坝	宝华乡	1274	6023	12000	4.5	10°—30°	600—1400	杂交稻
嘎他	宝华乡	492	2252	650	3.2	20°	1250—1700	轨铁谷、蚂蚱谷、红脚谷、糯谷
他撒明珠	甲寅乡	360	1800	1150	0.8	35°	1500—1750	蚂蚱谷、红脚谷、糯谷
阿撒作夫	甲寅乡	313	1565	800	2.1	30°	1500—1750	得尼、红脚谷
阿撒红碧	甲寅乡	300	1500	1100	1.1	35°	1600—1700	蚂蚱谷、红脚谷、糯谷
西拉东	阿扎河乡	598	2990	865	1.0	25°—35°	880—2100	杂交稻、红脚谷

续表

片区名称	分布乡镇	种植户（户）	人口（人）	梯田面积（亩）	田丘最大面积（亩）	梯田坡度	梯田海拔（米）	种植品种
切初	阿扎河乡	590	2950	1045	1.2	25°—35°	1000—2242	杂交稻、红脚谷
过者洛巴河	阿扎河乡		1344	2257	2.5	20°—35°	1100—2502	红脚谷、糯谷
规东	乐育乡	465	2790	2500	1.8	45°—60°	1300—1500	杂交稻、红阳一号
尼美	乐育乡	680	3400	3000	1.1	30°—60°	1500—1700	杂交稻、红阳一号

注：引自黄绍文等（2013：12）。

表4－2统计数据显示信息如下：

（1）人均梯田面积

该县10个重点梯田片区人均梯田面积最多的是宝华乡撒玛坝，为1.99亩；最少的是宝华乡嘎他和阿扎河乡西拉东，仅为0.289亩。从全县看，2017年红河县全县梯田数量为10.76万亩，农业人口约19万人，人均梯田面积约0.56亩。

（2）梯田垂直分布

表4－2中10个梯田片区梯田海拔高度最低600米；高度超过1800米的有三个片区，最高为2502米。

另据《红河县志》所记1984年土壤普查资料，全县梯田依山垦殖，曲折连绵，布满山岳河川，以海拔800—1800米分布最为集中，不过几片重点梯田的分布范围要大得多。例如石头寨乡梯田分布海拔400—2745.8米；乐育镇梯田分布海拔800—2437米；浪堤镇梯田分布海拔800—2329米；大羊街乡分布海拔340—2125米；车古乡梯田分布海拔1080—2489米；架车乡梯田分布海拔1030—2466米；垤玛乡梯田分布海拔1146—2580米，此七片著名梯田分布海拔最低340米，海拔高度均在2100米以上，最高海拔2580米。

（3）梯田垦殖坡度

表4－2中10个梯田片区垦殖坡度在25°以下的仅有1个，坡度上限为

30°的片区有1个，坡度为35°的有4个，坡度高达30°—60°的片区有2个。

另有统计甲寅镇梯田最大坡度为50°，阿扎河乡梯田最大坡度为75°。

3. 绿春梯田垦殖环境尺度

绿春县国土面积3096.86平方公里，境内山高林密，沟谷纵横，河流密布，最高海拔2637米，最低海拔320米，年均气温17.5℃，年均降雨量1980毫米，辖5乡4镇，77个村委会，14个社区，807个村（居民小组）。2015年，全县梯田面积9.9万亩，其中水田6.47万亩，旱田3.43万亩。2019年年末有常住人口24.2万人，人口密度78人/平方公里。表4－3为四个乡镇的梯田统计表。

表4－3　**绿春县部分梯田片区统计**

片区名称	分布乡镇	种植户（户）	人口（人）	梯田面积（亩）	田丘最大面积（亩）	梯田坡度	梯田海拔（米）	种植品种
规洞河	大兴镇	1527	7635	1800	2	40°	1500	杂交稻
桐株	三猛乡	268	1608	1842	2.5	35°	1300	杂交稻
德马	三猛乡	352	1760	1120	3	30°	1400	杂交稻
洪角	平河乡	101	505	679	4—8	30°	1080	籼稻

注：引自红河州地方志办公室档案资料。

表4－3统计数据显示信息如下。

（1）人口与梯田面积

绿春县统计重点梯田片区四个，人均梯田面积最多的是平河乡洪角，为1.34亩；人均梯田面积最少的是大兴镇规洞河，人均0.236亩。又据统计，以位于绿春县中心腹地的三猛乡梯田为例，该乡总面积263平方千米，2016年全乡有5151户2.66万人，其中农业总人口2.59万人，人口密度每平方千米101人。耕地面积2.29万亩，其中梯田1.19万亩，农民人均耕地面积0.86亩。从全县看，2018年绿春县人口为23.62万人，其中哈尼族216212人。如果按哈尼族人口计算，那么人均有梯田0.419亩，加上旱地不过1亩多。

（2）梯田垂直分布

绿春县三乡一镇梯田分布在海拔1080—1500米范围。全县梯田垂直分布在海拔300—1800米之间，大部分集中在600—1700米。

（3）梯田垦殖坡度

绿春县三乡一镇梯田的坡度，两个片区为30°，一个片区为35°，一个片区为40°。又据统计，绿春县梯田垂直分布高低差最大的地点是大果马梯田，梯田分布于村寨下方，总面积700亩，坡度在15°—75°之间。

4. 金平梯田垦殖环境尺度

金平苗族瑶族傣族自治县，位于云南省红河哈尼族彝族自治州南部。东隔红河与个旧市、蒙自市、河口瑶族自治县相望，西接绿春县，北连元阳县，南与越南社会主义民主共和国老街省坝洒、莱州封土、清河县、奠边府省孟德县接壤。中越边境线长502千米。县城距昆明市（公路里程）477千米，距红河州府蒙自市135千米。金水河口岸距越南封土县城18千米，距奠边省奠边府市195千米，距河内580千米；距老挝人民民主共和国丰沙里省勐买县城231千米。地域面积3685.69平方千米，山区面积占98.4%；河床阶地（坝子8个）占总面积的1.6%。

县境内最高海拔3074米，最低海拔105米。云岭山脉呈西南走向，分支为哀牢山和无量山，以藤条江为界，东有分水岭，西有西隆山，形成“两山两谷三面坡”的地貌特征。多年平均降水量2330毫米，年均气温18℃，森林覆盖率57.33%。

全县辖13个乡（镇）92个村委会，2016年总人口37.28万人，人口密度每平方千米101人。常用耕地面积26190.4公顷，其中水田面积11147.2公顷（含“雷响田”面积1547.3公顷），占总耕地面积的42.56%；旱地面积15043.2公顷，占总耕地面积57.44%。如按全部人口计算，则2016年人均有耕地1.054亩，其中水田（梯田）0.5亩，旱地约0.6亩；如将总人口的三分之二作为农业人口计算，那么2016年农业人口人均有耕地1.58亩，其中水田0.67亩，旱地约0.91亩。

金平县稻田分布在海拔101—1900米之间。海拔600米以下稻田4134公顷（62010亩）；海拔600—1000米的稻田面积6585公顷（98777亩）；海拔1000—1300米的稻田面积5642.8公顷（84642亩）；海拔1300—1600米的稻田面积4629.2公顷（69438亩）；海拔1600—1900米的稻田面积682.5公顷（10238亩）；海拔1900米以上地带无稻田分布（金平县志编纂委员会，1994：78）。

水田坡度：0°—15°的稻田3741.4公顷（56121亩），15°—20°的稻田3160.5公顷（47407.5亩），20°—25°的稻田2308公顷（34620亩），坡度25°以上的稻田12463.6公顷（186954亩）。

二　哈尼梯田垦殖极限

在考察哈尼梯田的垂直环境尺度（梯田梯级）和坡度之前，让我们先看一看国内外几个著名梯田的数据。

菲律宾伊富高梯田历史悠久，为2000多年前当地土著伊富高族群开垦的裸露陡坡梯田，梯田分布于海拔1000—2000米地带，垂直高差1000米。印度高止山脉西部山丘梯田，有3000多年悠久历史，分布于海拔623—1458米地带，梯田垂直高差为835米。在中南美洲，秘鲁的艾马拉人和盖丘亚族人在陡峭山坡上开垦梯田，2500—3500米地带梯田主要种植玉米，3500—3900米地带梯田主要种植马铃薯，梯田垂直高差约1400米。（闵庆文、田密，2015：6、7）

广西龙脊梯田开垦于海拔300—1850米地带，梯田垂直高差860多米，梯田层数最多达1100多级；梯田开垦坡度大多在26°—35°，最大坡度达50°。（卢勇等，2017：43）湖南新化紫鹊界梯田是典型的中低山丘陵地貌区，区内最高海拔1584米，最低海拔353米，相对高差1000多米；梯田最高海拔1200米，最低海拔450米，大部分梯田分布在500—1000米地带，梯田层数最多500余级；梯田坡度大多在25°—40°之间，高者达50°以上。（白艳莹等，2017：30）江西崇义客家梯田坐落在海拔2061.3米的赣南第一高峰齐云山山脉范围内，梯田最高海拔1260米，最低280米，垂直落差近1000米；梯田坡度多在40°—70°之间，属陡坡梯田，梯田层数最多62层。（杨波等，2017：30、31）贵州黔东南加榜梯田分布于380—1467米地带，梯田垂直高差1087米，多为陡坡梯田，层数最多400余级。

下面看红河哈尼梯田的情况。根据红河哀牢山区的自然条件，从适宜梯田开发的环境条件考虑，当地农业科研部门将哀牢山梯田按海拔高度分为三大类：一是海拔800米以下的地带开发的梯田，属于热带河谷梯田；二是海拔800—1500米地带开发的梯田，属于半山亚热带梯田；三是海拔1500—2500米地带开发的梯田属于高山暖温带梯田。在三类梯田环境当中，半山亚热带梯田拥有最佳垦殖环境。

就哈尼族的认知而言，理想的梯田分布范围是在海拔800—1800米地带，比农科部门划分的最适地带高出300米。然而理性认知与实际开发出入很大，全州哈尼梯田的实际垂直分布范围在海拔101—2745.8米之间。海拔101米已降至炎热的山谷底部，那是历史上哈尼族等山地民族视为畏途的地方；海拔2745.8米属于高寒气候区，严格说来已不适宜稻谷等作物的栽培。梯田分布高低差幅度达到2644.8米，较之理想的800—1800米，向上扩展了945.8米，向下延伸了699米，分布尺度总计拉大了1644.8米。梯田垂直分布尺度的大小，表现于梯田层数上，红河梯田层数少者十几层，多者数百数千层，而以数百数千层居多。以绿春县梯田为例，该县有梯田10万亩，分布于海拔300—1800米，虽然并未达到该州梯田垂直分布的上下限，而其梯田的层数已经相当可观：

（1）依期村委会片区梯田面积352亩，梯田层数900余层；

（2）牛孔村委会片区梯田面积1544亩，梯田层数1000余层；

（3）的马河坝梯田面积2090亩，梯田层数1930层；

（4）马宗河坝梯田面积1400亩，梯田层数2200层；

（5）阿东村委会片区梯田面积652亩，梯田层数2200余层；

（6）倮德河坝梯田面积1600亩，梯田层数2420层；

（7）破瓦村委会片区梯田面积638亩，梯田层数2500余层；

（9）曼洛村委会片区梯田面积690亩，梯田层数3000余层；

（10）平掌街村委会片区梯田面积768亩，梯田层数3000余层；

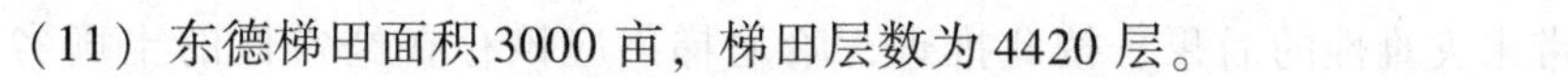

（11）东德梯田面积3000亩，梯田层数为4420层。

比较上述国内外梯田可知，哈尼梯田是世界上层数最多的梯田，是开发垂直环境尺度最大的梯田。宋维峰、吴锦奎等根据国家林业局《森林资源规划设计调查技术规定》，结合地形分析的结果，将元阳山地划分为6个坡度等级：1级为平坡：<5°；2级为缓坡：5°—14°；3级为斜坡：15°—24°；4级为陡坡：25°—34°；5级为急坡：35°—44°；6级为险坡：≥45°，并指出："一般而言，坡度大于18°就不利于发展种植业，我国的《退耕还林技术规范》规定，>25°林地不适合耕种，而元阳县哈尼梯田坡度在0.7°—60°，坡度为5°—15°的有6862.16hm^2；15°—25°的有12112.67hm^2；坡度为25°—35°的有6220.08hm^2；35°—45°的有844.43hm^2。"（宋维峰、吴锦奎等，2016：18、21）

上文说过，关于梯田的垦殖坡度，哈尼族认为以不超过20°的坡地为好，坡度平缓，便于开垦和耕作，利于保水保土保肥，可大大节约劳力和耕种成本。但是从四个县的统计来看，哈尼梯田的实际垦殖坡度为0°—75°。坡度达到75°已经大大超过坡地开垦极限，为山地坡度开垦的极致。那样的陡坡，人站立都困难，更遑论从事劳作，所以人们把这样的陡坡梯田耕作形象地称作"壁耕"，意为"在墙壁上的耕作"。

三　垦殖风险规避策略

数据说明，无论是按照国家山地垦殖坡度的限定，还是按照哈尼族等的梯田开发垂直环境尺度和坡度的认知，哈尼梯田垦殖均已大大超出了生态红线。德国环境史家约阿希姆·拉德卡曾言："在环境史上，梯田带有明显的两面性。它比其他任何经济形式都更鲜明地向人们展示了人与环境关系的深刻的历史矛盾：一方面是深刻的环境改造，以对土地高度的关怀将整个山坡变成了台阶；但另一方面，正是这种建立在高度的环保意识基础上的耕种，一旦缺人或被疏忽，将迅速带来土壤破坏。"（约阿希姆·拉德卡，2004：118）世界上诸多事例确如约阿希姆·拉德卡所言，环境改造会带来土壤等破坏的风险，而超极限的环境改造将会带来灾难性的后果。按此推理，哈尼梯田应该存在经常性的土壤劣化、田畴崩溃等生态环境破坏风险。然而在田野调查中，红河当地专家、农民均十分肯定地告知笔者："哈尼梯田在漫长的耕作过程中，从未出现过环境恶化、地力下降、水土流失、生物多样性降低、稻种退化等生产难以维持的现象，反而表现出持久而又旺盛的生命力。"查阅历史资料，确实少有梯田生态严重恶化的记录。既然梯田极限垦殖应该带来生态风险不容置疑，而在梯田耕作的历史过程中又无显著生态风险的暴露，那么原因只有一个，那就是哈尼梯田可能具备某些有效规避生态环境破坏风险的策略。通过调查，这一推测得到了验证，哈尼梯田在开发耕种的过程中，确有若干独特的规避生态风险的技术和管理措施，具体表现如下。

1. 垦田技术

按山地坡度的缓陡和地貌状况决定梯田开垦面积的宽窄与大小，这是哈尼族等筑牢梯田、防止垮塌、避免环境破坏的经验智慧之一。红河梯田坡度在0°—75°之间，梯田开垦面积的大小宽窄，与坡度的陡缓和地貌状况密切相关：坡度缓则梯田宽，坡度增大则梯田随之收窄，坡度到了60°以上，宽度1米左右的窄田增多，最窄者仅为数十厘米；地貌平整则梯田面积大，最大可达数亩，地貌破碎则梯田面积小，最小梯田面积仅1平方米左右，即"簸箕"大小。总而言之，梯田开垦必须充分考虑地势和地貌，须顺势而行。

而由于梯田具有越窄越小越不容易垮塌的特征，所以在陡坡和破碎地貌开垦梯田，适当收缩宽度和大小，乃是保障梯田牢固、避免垮塌的一个重要的技术措施。关于此，在上一节"哈尼梯田形态"中已有充分论述。

2. 田埂筑造维护技术

梯田开垦，田埂的砌筑是一道关键的工程。哈尼梯田田埂通常就地采用黏性田土砌筑，以土堡层层垒筑，每垒一层，以锄夯实，务必使之紧密牢固。田埂的宽度和高度一般在20—30厘米，田间埂壁高度随山势和坡度而异，矮者1米左右，高者可达10余米。田埂随山势田形延伸，有直线型、外拱型、内拱型以及形形色色的扭曲型。从力学的角度看，直线型和外拱型田埂承受灌溉水压的强度较低，内拱型和扭曲型抗压强度较高；长线田埂抗压强度较低，短线田埂抗压强度较高。有鉴于此，为提高田埂强度、防范梯田塌方，在可能的情况下要尽量避免筑造直线型、外拱型和长线田埂，而要尽量筑造内拱型、扭曲型和短线田埂。另外，田埂筑造并非一劳永逸，日常管理维护工作不可或缺。田埂一年须维修数次，秋收后犁过头道田之后，春末夏初插秧之前，必有铲、修田埂的工序。六七月大雨来临之前，以竹子编制防护网加固田埂，以防可能发生的山洪之害。此外，哈尼族还有在田埂种植黄豆等农作物的习惯，这样既可提高土地利用率，增加作物产出，而且黄豆等作物的根系还具有抓土固埂的作用，一举两得。

3. 泡田技术

哈尼梯田为精耕细作农业。哈尼梯田稻谷收获季节不尽相同，早者在农历八月上旬至九月下旬，晚的在农历九月下旬至十月下旬。而无论早晚，一俟收割完毕，即引水入田，接着犁头道田，将谷桩犁入水中浸泡，使其自然腐烂（俗称翻板田）。农历二月，犁二道田，随之耙田，同时修补田埂，以保持梯田蓄水。农历三月下旬至四月，犁三道田，再耙田，俗称二犁三耙，然后插秧。比较哈尼族与低地汉族、傣族、壮族等的水田耕作，不同之处在于冬季农田的处置：汉族、傣族、壮族等的传统农法，冬季农田大多控干田水，放养家畜，休耕恢复地力。如行双季栽种，或种植旱作小春等作物；哈尼梯田不同，冬季虽然也休耕，但依然保持蓄水，梯田冬季蓄水哈尼语叫作“相汗补”。梯田冬季蓄水，可养殖鱼鸭，增加梯田产出的多样性，不过蓄水还有更为重要的目的，那就是涵养保护梯田。冬季干燥，如果梯田裸露暴晒，容易干裂，形成裂隙，来年雨水入侵，必垮塌崩溃。所以冬季泡田乃是保护梯田稳固的一项重要措施，是维持生态环境和梯田良好状态的一项重要技术。

4. 森林保护

山洪为梯田的“灾星”，能否规避和减少山洪的危害，是梯田农业稳定的重要保障。哈尼族谚语说："人的命根子是梯田，梯田的命根子是水，水的命根子是森林。"哈尼族传统生境空间布局，高山地带为大面积森林分布区，其中有神林、水源林、风景林、护寨林、建材林、薪炭林等区划。建材林、薪炭林按权属由家庭或村寨管理，注重保护性、持续性利用。水源林、风景林、护寨林有严格的保护措施，砍伐破坏会受到严厉处罚。神林是寨神等栖居之所，是人们信仰崇拜的圣境，寄托美好祈愿的精神家园。每年年终和新年来临之际，每个村寨都要进行盛大而隆重的神林祭祀活动，名为"昂玛突"。这长达七天的祭祀活动，由祭师咪谷主持，全体村民虔诚供奉祭拜寨神、山神、水神、地神等，祈愿安康吉祥，五谷丰登、六畜兴旺。由于高山森林为神灵栖居圣境和生态屏障，具备完善的保护法规，所以哀牢山森林覆盖率一直保持高位，一些地方达到70%，成为名副其实的"自然保护区"和"绿色水库"。高山森林覆盖率高，对收纳暴雨、涵养水源、稳定溪水、保障梯田灌溉、避免暴雨冲刷和山洪泛滥具有巨大作用。

5. 梯田保护管理

千百年来，红河哀牢山哈尼族等仰赖得天独厚的自然资源和与之相适应的一整套传统耕作技术体系和管理保护法规。把梯田垦殖推向了难以想象的极致，创造了举世瞩目的农耕文化奇迹，且保持了长期良性循环、持续不衰的状态。然而随着时代和社会环境的变迁，红河哈尼梯田也和其他农耕文化一样，面临各种挑战。20 世纪 50 年代之后，实施社会改革改造，连续遭遇了"大跃进""大炼钢铁""以粮为纲""农业学大寨"等运动以及六七十年代的"文化大革命"的冲击，哀牢山生态环境和哈尼梯田农业被严重破坏。80 年代之后，外来稻种和生物的引入推广和化肥农药的广泛应用，又给哈尼梯田农业带来了严重的生态安全问题。80 年代改革开放，经济转型，发展市场经济，很多年轻人离乡进城打工，农村空心化，梯田耕种劳力不足，管理维护不力，结果频频出现灌溉水沟垮塌、田埂崩溃、梯田荒芜等情况。另外，由于种植经济作物效益高于稻作，一些地方相继把梯田改为旱地，改种石斛、姬松茸、玉米、荞子、大豆、木薯等，放弃了水稻种植，梯田面积大量减少。至 20

世纪末期，哈尼梯田实际上已陷于深刻危机。历史总是在曲折中前行，在反思中求新。新时期社会各界及广大民众对梯田生态文化有了全新的认识。哈尼梯田的保护由此进入一个新阶段，一个由政府组织领导、社会各界参与的现代科学管理模式应运而生。十余年来，新的保护管理机构逐渐完善，并在培训监理和管理等方面取得显著成效。哈尼梯田的保护管理从民间行为转化为社会行动，从乡村自治进入国家行政管理体系，从传统习惯法规上升到与现代科学保护管理的有效结合，给哈尼梯田生态文化注入了新的内容，为哈尼梯田规避生态灾害风险提供了强有力的保障。

结语

通过对红河州四个县梯田垦殖环境尺度的两个重要指标——梯田的垂直分布和坡度——的统计和分析可知，理论上红河哀牢山哈尼梯田的垦殖已经达到甚至超出了环境容量极限，从生态学和环境科学方面看，这样的开发状况，深刻地改变了自然环境，严重干扰了自然生态系统，无疑存在生态环境破坏风险，影响深远。然而出乎意料的是，哈尼梯田在生态安全方面所呈现的状态却与理论推断不符，梯田的环境极限开发并没有造成较为严重的生态环境破坏和退化的灾难，而始终保持着系统的稳定和良性循环，并由此形成了大美的农业景观。梯田开发能够做到趋利避害的极致，能够达到长期规避生态风险、实现与自然和谐共生和可持续利用的目的，原因如上所述，那是因为哈尼族等在积极追求生存发展、大胆利用改造自然的同时，努力顺应自然，不断探索总结，严格传承行之有效的适应性策略以及相应的保护管理法规的结果。红河哈尼梯田极限垦殖及可持续利用策略，是哈尼梯田独特生态文化内涵之一，它与中华农耕文明一脉相承，其蕴含的意义远远超出了哈尼梯田本身，广泛而深远。

第三节　梯田稻作

哈尼族的梯田被学界冠以多种名称：哈尼梯田农业、哈尼梯田农耕、哈尼生态农业、哈尼梯田稻作、哈尼稻作梯田系统、哈尼梯田文化、哈尼梯田农耕生态文化、哈尼梯田文化景观、哈尼梯田文化生态系统等。上述名称可分为五类：第一类是统称，如“哈尼梯田农业”“哈尼梯田农耕”；第二类泛指文化，如“哈尼梯田文化”“哈尼梯田农耕生态文化”；第三类意指生态，如“哈尼生态农业”“哈尼梯田文化生态系统”；第四类重在景观，如“哈尼梯田文化景观”；第五类突出稻作，如“哈尼梯田稻作”“哈尼稻作梯田系统”。

上述哈尼梯田命名的多样化，源自哈尼梯田研究学科背景的多样化，即对于哈尼梯田研究而言，不同领域、不同学科有其不同的研究视角和学术取向。

不过，任何农业文化或农耕文化，均有特定指称和内涵。之所以这样说，是因为任何农业和农耕都是人类的生计形态，都是人类的食物获取方式。民以食为天，农业或农耕通过栽培农作物，以获取人类赖以生存的食粮，为人类最为古老、最为重要的谋食手段。所以，无论是旱作农耕还是灌溉农耕，无论是山地农耕还是平地农耕，栽培作物均为其核心要素。例如黄河农业或农耕文化，其准确的名称应是“黄河粟作农耕文化”“江南农耕文化”应是“江南稻作农耕文化”，“两河流域农耕文化”应该是“两河流域麦作农耕文化”，“玛雅农耕文化”其实是“玛雅玉米农耕文化”。同样，哈尼梯田农耕文化，恰当的命名应该是“哈尼梯田水稻农耕文化”。即无论何种角度的命名，均不能忽视“稻作”这一关键词。而欲说稻作农业或稻作农耕，首先须说稻种。那么，哈尼梯田种植的是一些什么样的稻种，梯田传统稻种是否存在多样性，传统稻种和梯田生态环境之间是一种什么样的关系，传统稻种具有哪些特殊种质，在当代杂交稻等新品种一统天下的形势下其传统稻种命运如何，在现代化背景下传统稻种及其栽培技术有无保护传承推广的文化科学价值，值得研究。

一　梯田稻种多样性

稻作，有平原盆地灌溉稻作、平原陆稻旱作、山地梯田灌溉稻作、山地刀耕火种陆稻稻作、山地旱地陆稻稻作之分，然而无论哪种稻作，其核心的要素都是稻种，稻种被喻为农业的"芯片"，没有稻种，一切均无从谈起。[①]

红河哈尼梯田历时一千多年，和其他稻作农业一样，为适应梯田地理环境的多样性，稻谷品种多样性的驯化必不可少。据《元阳县志》（1990：199）所载："1956—1982 年，元阳县曾先后进行 4 次籽种普查，其县域内 196 个品种，其中籼稻有 171 种，粳稻 25 种，另有陆稻 47 种。"[②]

最近 60 年，和所有稻作地区一样，红河哈尼梯田种植的传统稻谷品种大量减少，杂交稻等外来新品种大量引入，栽培面积日益扩大，成为主流栽培稻种，这是所有稻作地区的普遍现象。

下面是红河三个县方志关于哈尼梯田稻种的记载，从中可以看到哈尼梯田传统稻种和外来品种更替消长的演变势态。

---

① 苑利《云上梯田》（北京美术摄影出版社 2020 年版，第 78 页）对种子的重要性有如下论述："在农业文化遗产中，种子是非常重要的。它既是人类农耕文明的重要佐证，也是人类农耕文明的重要载体。是否保存有老的传统品种，特别是非常优秀的传统品种，是我们评价一个农耕项目是否具备了农业文化遗产资质的重要标准。云南红河哈尼梯田系统、江西万年稻作文化系统、内蒙古敖汉旗旱作农业系统，之所以能被评为中国重要农业文化遗产乃至全球重要农业文化遗产，显然与它们均保留有优秀的传统农作物品种有关。"

② 关于红河哈尼梯田的稻种，多位学者曾有记录。李期博（2010：215、216）2010 年 6 月记录的哈尼梯族梯田普遍种植的传统稻谷品种仅为 13 种：糯稻有灰色糯稻、香糯、冷水糯、扁糯、花糯、紫糯等 8 种；籼稻有冷水谷、红脚谷、小谷、大谷、早熟谷 5 种。王清华（2010：25）："在哀牢山区，哈尼族培育使用的传统稻谷品种多达数百种，仅元阳哈尼族就拥有本地品种 180 个。这些品种分别在不同的海拔高度及气候带中使用。在海拔 1600—1900 米的气候温凉上半山，使用小花谷、小白谷、月亮谷、旱谷、冷水谷、抛竹谷、冷水糯、皮挑谷、雾露谷、皮挑香等耐寒稻谷品种；在海拔 1200—1650 米的气候温和的中半山，使用大老梗谷、细老梗谷、红脚老梗、老梗白谷、大白谷、麻车、蚂蚱谷等温性高棵稻谷品种；在海拔 800—1200 米的气候温热的下半山，使用老皮谷、老糙谷、大蚂蚱谷、木勒谷、猛拉糯、七月谷等耐热稻谷品种；在海拔 150—800 米的炎热河谷，使用麻糯等耐高热稻谷品种。"闵庆文（2010：68）："哈尼族在长期梯田农耕生产中，培育了上千种本地稻谷品种，仅在红河哈尼族彝族自治州内哈尼族居住区，就有适合于不同地域和气候带种植的早、中、晚三季水稻品种 1059 种，其中种植面积达 1000 亩以上的有 25 种。"

元阳县在1978年以前，种植的水稻品种主要有大红谷、红小谷、红早谷、老粳谷、蚂蚱谷等。种植面积17.26万亩，稻谷产量6.71万吨，折合红米产量4.70万吨。20世纪80年代初，元阳县引进杂交水稻试植成功，1983年开始推广水稻薄膜育秧，由于杂交水稻具有抗倒伏、产量高等特点，全县大力推广杂交水稻种植，传统的红米种植面积不断缩小，产量骤减。2005年以来，随着梯田旅游业的持续升温，哈尼梯田红米受到省内外旅游消费者的青睐，传统红米水稻的种植复又扩大，产量不断增加。2016年统计，全县计有包括传统梯田红米、杂交水稻白米、糯米、陆稻等栽培作物共392种。

红河县传统稻谷品种主要有中高山梯田种植的大红脚谷、小红脚谷、大蚂蚱谷、小蚂蚱谷、冷水谷、冷水糯、白脚红谷、金赤糯、九月糯、白谷、紫糯、长芒糯、车能谷等，以及河谷地区种植的摆衣大谷、大号大谷、大号小谷、躲叶糯、踩糯、香糯、小号小谷等。1985年，低海拔（800—900米）地区改单季稻为双季稻，变一年一熟为一年两熟。在先后引进和推广的早稻、中稻、晚稻品种中，杂交稻主要为汕优2号、威优6号等，县内选育推广的水稻品种主要有红河1号、红河2号、红玉1号等，计33种。1986—1990年，在海拔1500米以上以种植老品种为主；海拔1500米以下以推广杂交稻为主，一年两熟或一年三熟，低海拔地区留养再生稻，河谷区为稻—稻—菜轮作。1986年，全县推广杂交水稻种植3792.7亩，至1990年全县推广杂交水稻面积达50000亩以上，主要推广品种为“汕优63号”“D优63号”。

金平县传统栽培水稻品种主要有十月谷、杂花谷、红脚谷、小白谷、小红谷、小红蚂蚱谷、沙人谷、大白谷、大红谷、牛尾巴谷、弯脚白谷、矮脚小白谷、早白谷、香糯谷、小黄糯、九月糯、大黄糯、长尾巴糯、蚂蚱糯谷、半边糯等。20世纪60年代前，水稻种植主要以本地品种为主。60年代中期，农业科技部门开始引入省内外常规水稻优良品种，在一些地方示范性栽培。70年代起，在继续从外地引入常规水稻良种种植基础上，开始引入杂交水稻良种栽培。80年代后，杂交良种栽培面积逐年扩大。截至2016年，绝大多数稻田都种植杂交水稻，境内栽培悠久的常规稻种因生长期长、产量低，如今只在高海拔地带栽培，面积、产量所占比重已经很小。

二 稻种多样性存续原因

云南是稻作农业十分发达的地区，被认为是亚洲稻作的起源地之一，历来有“稻作王国”之称。据20世纪五六十年代农科部门的调查统计，其时云南的稻谷品种多达5000余种。60年间，情况发生了很大的变化，云南传统稻谷品种的多样性已不复存在于民间，只有在农科部门的种质资源库里才能看到其历史的辉煌。西双版纳、德宏等滇西南地区乃是传统稻作农业最具代表性的地区，如此稻作历史极为悠久、极为兴盛之地，目前民间所遗传统稻谷品种竟然也不足10种了。相比盆地水稻种植，滇西南山地陆稻种植业的衰落更为明显，笔者20世纪80年代调查山地种植陆稻尚存百余种，短短30年，现在刀耕火种陆稻种植几乎绝迹不用说，就连固定旱地也看不到陆稻种植了。如上所述，从大的趋势看，红河哀牢山区也和其他地区一样，近60年来，哈尼梯田稻作农业也发生了很大变化，传统稻种多样性减少，外来常规品种尤其是杂交稻大量引种，数量和种植面积超过了传统品种。不过，如果和其他稻作地区比较，哈尼梯田在保存地方稻种以及在稻种多样性利用方面，依然比较突出。2005年7月，联合国绿色和平组织在红河梯田核心区元阳县召开以“稻米之路”为主题的国际会议，会上提供了87个传统稻谷品种。2015年出版的闵庆文、田密主编《云南红河哈尼稻作梯田系统》载，红河有水稻品种195个，现存的地方水稻品种有48种。（闵庆文、田密，2015：28）无论是87种还是48种，和当地历史时期相比，显然大为减少了，然而如果和其他稻作地区做横向比较的话，那么哈尼梯田的传统稻种的多样性依然十分突出，尚可称为“传统稻种富聚区”。在数十年强势推广杂交稻的背景下，红河哈尼梯田还能保留种植如此之多的传统稻种，实属不易，究其原因，主要有以下几点。

1. 红河哀牢山大尺度坡地环境的作用。哈尼梯田为立体分布农田，从高山到河谷，梯田少者数十层，多者数千层，垂直跨度大，气候随海拔高度而变化，存在多个气候带，有“隔里不同天，一山分四季”之说。如上文所述，在海拔1600米至1900米的气候温凉的上半山，须选择小花谷、小白谷、月亮谷等耐寒稻谷品种；在海拔1200米至1650米的气候温和的中半山，须栽培大老梗谷、细老梗谷、红脚老梗谷等温性高棵稻谷品种；在海拔800米至1200米的气候温热的下半山，须选种老皮谷、老糙谷、大蚂蚱谷等耐热稻谷品种；在海拔150米至800米的炎热河谷，须种植麻糯等耐高热稻谷品种。虽然如此，但是绝大多数稻谷品种适应面积往往不超过一万亩，不少品种只适合在几百亩甚至几十亩中种植。千百年来，哈尼族在十分复杂的环境中驯化了大量能够适应不同地形和气候的稻种，这是外来品种不可替代的，此为传统稻种保留较多的原因之一。

2. 红河哀牢山地势陡峻和立体气候的作用。哀牢山地势陡峻、气候复杂，不适合开发经营规模性经济作物种植园，只能沿袭梯田稻作农业。相反的情况见于气候同一、农地广阔的地带。例如云南西南部盆地河谷，历史上曾经是传统稻作农业十分发达、稻作历史十分悠久的地区，由于水热条件好，地势广阔平坦，近60年来，先后受国家计划经济的整合和市场经济的驱动，种植业发生了巨大变化，被认为社会效益和经济效益远高于稻作农业的甘蔗、橡胶、香蕉及多种水果等种植业迅速发展，导致低地的传统水稻种植业和低山山地的传统陆稻种植业急剧萎缩，昔日的稻作王国已不复存在，农业景观被彻底改变了。相比之下，由于红河哀牢山环境条件的限制，不适合从事大规模经济作物的种植，因此传统梯田农业得以一直延续，梯田稻作农业形态保持不变，传统稻种种植便有了保障。

3. 哈尼族传统生活生产方式的需要。杂交稻产量高，但是稻棵矮；传统品种产量较低，但是稻棵长。稻棵长，对于哈尼族传统生活、生产十分重要。哈尼族传统住屋为土木结构草屋顶的土掌房，俗称“蘑菇房”。“蘑菇房”建设就地取材，成本低，功能齐全，冬暖夏凉。屋顶覆盖草材全为梯田稻草，哀牢山雨多潮湿，加之风吹日晒，“蘑菇房”草顶通常3—5年便需更新，翻新一座“蘑菇房”草顶需大量稻草，杂交稻短棵稻草不适用，必须是长棵稻草。哈尼梯田耕作至今依然使用牛耕，耕牛的主要饲料是稻草；稻草还用于铺垫牛圈、猪圈，草粪混合发酵，是梯田主要的肥料。从住屋建设、耕牛饲料和积肥等角度考虑，只有保留部分传统高秆稻种的种植，才能获取必要的稻草。①

4. 传统红米营养价值高。哈尼人喜爱和习惯食用梯田红米，认为红米耐饿、对身体好，所以每家每户必种植红米，作为主要食粮。近年来梯田红米、紫米广受欢迎，则是因为人们认识到它具有优于一般稻米的特殊的品质。关于此，相关科研部门有如下鉴定：

> 红河哈尼梯田红米是境内村民耕种了1300多年的老品种水稻，由于基因稳定不退化，采用原始的耕种方式，施农家肥，引用山泉水灌溉，属原生态农作物。梯田红米口感软糯，具有极高的营养价值，富含人体所需的18种氨基酸，人体所不能合成的7种氨基酸中，梯田红米就含有7种。梯田红米所含的泛酸、维生素E、谷胱甘滕氨酸等物质，具有抑制致癌物质的作用，尤其对预防结肠癌的作用更是明显。②

---

① 传统生产生活方式与栽培作物多样性的关系值得重视。在现实生活中，栽培作物会因传统生产生活方式的改变而淘汰，也会因为传统生产生活方式的传承而得到保护。此类事例不少，佤族的龙爪稷种植即为典型事例之一。龙爪稷历史上曾经是许多民族栽培的重要作物，但是随着玉米等高产耐瘠作物的引入，龙爪稷逐渐被淘汰，现在很多山地民族已经放弃了龙爪稷的种植，然而佤族是一个例外，迄今为止，佤族依然沿袭着大量种植龙爪稷的传统。龙爪稷不是主粮，产量又低，而且食用加工麻烦，那么佤族为什么还要继续栽种呢？究其原因，它之所以受到佤族特别的青睐，并非出于经济价值，而在于它的社会文化价值。大凡去过佤族村寨的人都知道，米酒是佤族生活中不可须臾缺少的饮料，大人孩子要喝，每日三餐要喝，亲戚朋友来了首先要敬米酒，交往交际场所米酒是不可缺少的情感联络媒介，节日庆典需要米酒助兴狂欢，而米酒最重要的功能，却体现于祭祀。在佤族大量的祭祀仪式中，习惯法规定，祖先神灵的祭献只能用龙爪稷酿制的米酒，而不能以其他酒类替代。正因如此，佤族才会一直坚守着种植龙爪稷的传统。

② 引自红河哈尼族彝族自治州地方志办公室收集整理的资料。闵庆文、田密对此亦有说明：“红米含有丰富的淀粉与植物蛋白质，可补充消耗的体力及维持身体的正常体温。它富含众多的营养素，其中以铁质最为丰富，故有补血及预防贫血的功效。而其内含丰富的磷，维生素A、B群，则既能改善营养不良、夜盲症和脚气病等疾病，又能有效舒缓疲劳、精神不振和失眠等症状。其所含的泛酸、维生素E、谷胱甘滕氨酸等物质，则有抑制致癌物质的作用，尤其对预防结肠癌的作用更是明显。”（闵庆文、田密，2015：30）

红米、紫米无污染，品质纯净，营养丰富，有健身防癌的功效，特别适合当今人们注重食品安全、追求健康的需求。哈尼梯田近年成为旅游观光胜地，红米、紫米食品作为梯田旅游的一个重要文化特征，被广为宣传，知名度大为提高，市场销售逐渐扩大，曾经一度萎缩的红米种植出现了复兴的势态。

5. 传统育种技术的保障。哈尼梯田传统稻种传承种植百年以上而不衰，且抗病虫害品质极强，实属罕见，在云南乃至全国几无同例。传统稻种得以保存，除了生态环境影响、能够很好地满足生活生产需要及其本身具备优良特质之外，相应的选种、保种以及栽培技术等传统技术体系也发挥重要的保障作用。

哈尼族选种一般在稻穗九成熟时，过熟或过生都会发生出苗率低的情况。选种通常采用两种方法：一是各民族通行的“穗选法”，在秋收时节认真挑选穗头硕大、谷粒饱满的谷穗取回保存；二是“优选法”，集中在长势最好的稻田中采集饱满健硕的谷穗作为种稻。

为避免稻种连续种植导致种质退化的情况发生，红河哈尼族历来有交换稻种的惯习，每个品种种植2年至4年，就必须与本村或其他村寨的人家进行交换。频繁交换稻种，可以促进不同品系种子之间的基因优化组合，丰富品种的基因多样性，避免稻谷种质退化，同时有利于保持地力。

6. 对稻谷怀有深厚情感。哈尼族神话传说，很久以前人们生活艰难没有粮食，天上却有七十七种粮食，天上的仙女偷稻谷给了哈尼人，从此哈尼人过上了丰衣足食的生活。天神知道后将仙女变成一条狗，让她无法回到天上。为了纪念和报答仙女给予人类的恩惠，哈尼族在每年尝新节时，煮熟的新米饭要先给狗吃。这个传说生动地表现了哈尼族对于稻谷的依赖、感恩和崇拜。与现实生活中人们把稻谷看作纯粹的“食粮”不同，稻谷在哈尼族的眼里乃是有生命、有亲情的“自家人”，这种情感体现在稻谷栽培的整个过程之中。例如栽秧，人们把秧苗当作自家出嫁的“秧姑娘”：“秧姑娘出嫁的时节到，……上丘下丘秧苗要出嫁，嫁到田坝七百丘水田里。……嫁秧苗姑娘要先扎头发（指插秧前要捆秧苗），屋后好看的棕树叶，是秧苗姑娘扎发绳，秧苗姑娘嫁前要洗脚（插秧前要洗去秧根泥)，不洗好脚不愿出嫁，要让秧姑娘把脚洗得白生生。”稻谷收获运到家，要让它住好休息好：“八月到，田坝谷子黄，谷秆也黄了，谷粒要到毛竹篾芭上住。……谷子收回家，睡在毛竹篾楼上，庄稼躺在席达楼楞上，在毛竹篾楼上睡得香，在席达楼楞上躺着舒服。”（白祖额、杨倮嘎，2015：191、226）传统稻谷品种，尤其是糯米，不仅被哈尼人当作“亲人”“恩人”而不可割舍，而且还是他们贡献祖先神灵不可缺少的贡品。在哈尼人的各种祭祀仪式中，如果没有黄糯米饭、糯米粑粑和米酒，那就违反了仪式的基本规制，就是对祖先和神灵的不敬。所以，只要哈尼族的传统观念和信仰礼仪不改变，一些重要的传统稻谷品种就会被持续栽培下去。

三　传统稻种及其多样性的现代性意义

相对于杂交稻等当代新品种种植必须大量使用化肥和农药、导致食粮污染和生态环境破坏等严重不良状况，哈尼梯田传统稻种种植无须使用农药化肥，从而保证了粮食安全和绿色发展，此为传统稻种十分突出和宝贵的品质，具有重大现代性意义和价值。哈尼梯田传统稻种种植不使用化肥农药，得益于传统稻种的特殊种质和栽培技术。

1. 哈尼梯田传统稻种具有超高的种质稳定性。当代杂交稻的风靡主要在于产量优势，杂交稻产量可以达到传统品种产量的二倍至三倍，这对于解决人地关系紧张、粮食不足危机具有重大意义。然而杂交稻的种植，也带来了诸多问题。杂交稻的种质退化速度相当快，一般连续栽培两三年后产量便大幅下降，要维持高产，就得不断改换品种。杂交稻品种农民不能自己培育而必须购买，杂交稻密植栽插籽种用量大（传统品种稀植栽插每亩只要 3 千克籽种，杂交稻密植栽插每亩要 4 千克籽种），杂交稻育种需覆盖薄膜（薄膜被称为“白色污染”），杂交稻改换品种必须使用新的化肥和相应的农药（化肥破坏土壤结构，造成土壤板结，使用农药毒化环境）。从上可知，杂交稻种植虽然有其优势，然而其种植综合成本过高且存在较大的负面生态影响。相比之下，传统稻种适应当地风土，种质十分稳定，连续种植可达百年以上，[①] 具有极高的生态、经济、科学价值。

2. 传统稻种具有突出的抗病特性。哈尼梯田传统稻种种植，没有病虫害大规模发生的记述。原因一是传统稻种的基因多样性指数是现代改良品种的三倍，具有很强的抗病性、耐瘠性，此为哈尼族传统梯田耕作不使用化肥和农药的重要原因，是传统稻种植的一大优势。哈尼梯田首次出现水稻百叶枯病是在1957年，病菌是由广东引进的“南特号”和浙江引进的“浙场九号”带入的。稻叶蝉、稻纵卷叶螟等害虫原先较为少见，但是在20世纪80年代之后，由于大力推广杂交稻，病虫害日益严重，20世纪70年代曾大面积暴发，几乎遍及全州。(《哈尼族辞典》：2006：241）事实充分说明，当代哈尼梯田频繁发生的病虫害，是大力推广杂交稻等外来品种种植的不良结果。究其原因，一是杂交稻种本身存在抗病性弱等种质缺陷；二是杂交稻种植实行单一品种种植之法，不利于抑制病虫害发生。病虫害对农业生产危害极大，作为应对措施，现代农业除了大量喷洒化学农药之外别无他法，其结果不言而喻，必将导致环境和食品污染以及生物多样性丧失等更为严重的灾难。面对杂交稻种植的弊端和危害，种植传统品种安全、绿色，意义重大而深远。

3. 传统多种稻种间作农法能有效控制病虫害。西南山地民族从事刀耕火种农业，在作物栽培技术方面有一个突出的特点，那就是实行

---

① 在哈尼梯田种植的稻谷品种中，传统品种具有极强的抗衰变品性，其特点及其意义颇受科学家的重视。然而作为传统稻种抗衰变的能力的一个重要评价指标——其在当地究竟连续栽培了多少年？这是需要探索的问题。对此虽然民间有多种说法，然而均无确切凭据能够证实，较为确切的答案来自农学家朱有勇院士的田野调查。一次到村子考察，看到一栋老宅堂屋门框上挂有一束陈年谷穗，询问其意义，主人说哈尼建房习俗，每当新房落成，必挂谷穗于堂屋正门之上，寓意“五谷丰登”“岁岁平安”；又问老宅建于何时？答曰：此老宅建设至今已经历家族五代人，初始所挂谷穗一直未动。如此算来，此谷穗年代已在百年以上。朱院士于是提出请求，能否取部分谷穗带回研究，主人应允。经化验分析，证实与现实栽培传统品种是同品种，此品种能够延续百年不衰，其遗传基因无疑具有极高的科学研究和利用价值。朱院士据此做了进一步研究，获得了若干有价值的成果，既丰富了科学研究内容，又为当地保持和发展传统良种种植提供了科学依据。(朱有勇2011年在中国科学院环境资源研究所的学术报告记录)

多样性作物的间作和混作。数种或十数种作物的间和混作，对于防止病虫害等自然灾害、谋求多样性物产等效果显著。多种稻种间作混作，亦为红河哈尼族传统梯田稻作的重要农法。经农学家朱有勇研究证实，稻田多样性稻种的间作、混作，可实现对稻瘟病等的良好控制："追溯历史，人类依赖化学农药时间不足百年。在几千年的农业生产中，中国农民到底是利用什么来控制病虫害的？……我用了18年时间，1000多组实验，成百上千的实验数据，终于回答了当年那个考题——水稻品种多样性是控制病害的基本要素。""作物多样化种植的作用，远远超出了增加农田的遗传多样性和提高土地利用效率。不同特性的稻作品种混合间作对作物增产效果明显，水稻品种间作与单一种植相比产量提高89%、发病率减少94%。这样一来，农田生态系统的稳定性提高了，形成了不利于病害发生的田间微生态环境，有效地减轻了植物病害的危害，降低了化学农药的施用和环境污染，提高了农产品的品质和质量。"①

图4－14　梯田中的鱼塘（笔者摄）

4. 传统稻作"稻鱼鸭复合系统"具有多重生态经济效益。"稻鱼鸭复合系统"概念的提出，始于贵州省从江县侗乡传统水田

① 参见朱有勇2011年在中国科学院环境资源研究所的学术报告记录。

图4－15　梯田养鸭（笔者摄）

图4－16　梯田种植茨菰、水芹等多种作物（笔者摄）

农业的研究。2011年6月，从江县侗乡传统水田稻作因存在典型的“稻鱼鸭复合系统”这一古老的农耕传统，而被联合国粮农组织遴选为“全球重要农业文化遗产保护地”。侗乡“稻鱼鸭复合系统”之所以能够成为我国首批“全球重要农业文化遗产”，是因为该系统具有突出的产出多样化、可有效控制病虫草害、增加土壤肥力、减少甲烷排放以及储蓄水资源等功效。在中国，诸多水田稻作地区包括几乎所有著名梯田稻作地区，均一直存在并延续着“稻鱼鸭复合”经营的农作方式，红河哈尼梯田也不例外。

传统哈尼梯田农业，不仅有人工养殖的鱼和鸭，而且还有自然生产的螺蛳、泥鳅、黄鳝、虾巴虫、蚂蚱以及车前草、慈姑、蕨菜、鱼腥草、水芹、薄荷等数十种水生动植物，其产出的综合效益是单一稻作种植所远远不可相比的。在“稻鱼鸭复合系统”中，鱼、鸭游动利于疏松田泥，抑制杂草生长；鱼粪和鸭粪是水稻必需的有机肥料；鱼、鸭以稻花、虫卵和病菌孢子以及害虫为食，可大大减少水稻病虫害。

诸多研究认为，哈尼族梯田传统“稻鱼鸭复合系统”和混作复合系统，是哈尼族梯田混作农业的一大特征，是土地资源节约型生产方式的典型代表，具有多重食物链的能量循环及其抗御病虫害的生态功能，它极大地丰富了山地农耕生态文化的内涵，显示了梯田系统良好的生态平衡功能和可持续发展的生命力，以及人工湿地系统的生态价值和生物多样性。

图 4－17　田边栽种的蓝靛和染布（笔者摄）

结语

哈尼梯田传统种植稻种具有杂交稻等外来稻种所不具备的诸多优良特性和品质，具有丰富的稻种多样性以及栽培技术，那是一份十分珍贵的农业文化遗产，是千百年来哈尼族赖以生存的“瑰宝”。在当代，这份农业遗产依然凸显着其独特的不可取代的文化生态价值和现代性意义。

哈尼梯田传统稻种及其多样性，是哈尼族的需求适应与选择、山地生态环境的影响塑造与限制、传统稻种基因特性及其可驯化度这三大因素相互作用、相互影响的结晶。

20世纪60年代之后，哈尼梯田种植稻种发生了很大的变化，那就是以杂交稻为主的外来稻谷品种的大力推广。比较传统种植稻种，杂交稻优势十分明显，其单位面积产量可以达到传统稻种栽培的数倍，这对于粮食短缺的地区来说意义巨大。不过杂交稻的大量种植必然造成传统稻种和生物多样性的减少甚至消失，而且其对化肥农药等的高度依赖所造成的梯田生态环境的污染亦不可忽视。通过传统稻种和杂交稻种及其栽培技术的比较说明，欲谋求哈尼梯田生态系统的持久良性循环，欲减少现代化学农业带来的种种弊端，一方面对引进外来稻谷品种须持谨慎态度，即使是产量很高的杂交稻也应有所节制，以避免栽培稻种的单一化；另一方面，必须重新认识、发掘、传承、提升传统稻种及其多样性的现代性价值，以保障哈尼梯田的绿色经营和可持续发展。

第四节　梯田节庆

节日起源于岁时节气，节日内容却是文化的创造和传承，每一个节日都有特定的文化意蕴。节日是历史文化的“万花筒”。节日的重要特征是具有高度的文化复合性，复合性首先表现为自然与文化的复合；其次是神圣与世俗的复合；再次是怡情与爱情的复合；最后是各种民俗活动的复合。节日有岁时节日和宗教节日之分，然而无论何种节日，皆有祭祀神灵祖先的仪式和祈求平安吉祥丰饶的祷告与大众娱乐活动。节日的祭祀、祈愿、亲人团聚、辞旧迎新、宴饮歌舞等，给人以慰藉和欢乐，而对歌、狂欢等活动，则能满足人们寻求配偶、情人相聚、释放情感的需求。

一　年中节日

哈尼族年中主要节日有“扎特特”（十月年）、“昂玛突”（祭寨神）、“卡窝棚”（开秧门）、“仰昂纳”（祭秧节）、“矻扎扎”（六月节）、“合食扎”（新米节）等。

1.“扎特特”（十月年）

此节日哈尼语有“扎特特”“扎勒特”“车腊干通”等称呼，汉语译为“十月年”。哈尼族传统历法把农历十月作为新旧替换的年末岁首，农历十月举行“扎特特”，犹如汉族过大年，为哈尼族三大传统节日之一。

哈尼族“十月年”一般以农历十月第一个属龙日为新年的开始，至属猪日结束，时间5—7天。这时正值秋收结束，五谷入仓，季节转换，人们劳累了一年，迎来了新的时光。节日之前的兔日，家家户户开始舂糯米粑粑，准备新年的食物、供品等。外出者赶回村寨，与家人团聚。

属龙日，村里杀一头年猪，全村共享，作为“生轰”（贡品）以之祭祖。傍晚，家家户户杀鸡，举行“哈常丕”（或称“尼当扎”），祭祀祖先，祈求平安。属蛇日凌晨，妇女到水井、水沟边汲取新年“圣水”，以糯米粉做樱花汤圆，敬献神灵。清晨天蒙蒙发亮，各家杀猪。早餐祭献祖宗，祭品有茶、酒、肉、粑粑和米饭。祭品端放于堂屋内搭设的“阿培抱勾”（祖宗神龛）上，全家按从小到大顺序叩头祭拜，祈求祖先保佑，来年五谷丰登，六畜兴旺，然后按从大到小顺序分食祭肉。“十月年”常做的菜食除猪肉、鸡肉、魔芋、豆制品等外，白旺（俗称“头刀菜”）是杀猪当日必备的主菜。“白旺”以未凝固的猪血加苤菜根、炒熟的花生米等拌匀，然后夹一块通红的火炭丢到碗里去毒。“白旺”色泽鲜艳，甘甜爽口，是“十月年”人们喜爱的一道美味佳肴。属马日，出嫁了的妇女们身着节日盛装，携儿带女用篾箩背着芭蕉叶包裹的粑粑、彩蛋、精肉等“扎喝”（贡品）回娘家拜年。返回婆家时，娘家及其亲戚回送彩蛋、小鸡（送小鸡是对女儿和外孙的最高

图 4－18　哈尼族的长街宴（王清华摄）

礼遇)。哈尼族出嫁的女儿一般不能随便回娘家，只有在节日或者有事时才能回娘家探访亲人。

节日里，老人们围坐在酒桌边，吟唱“哈巴”酒歌。“哈巴”或称“拉巴”是哈尼族口碑文化的传承方式，唱词讲述哈尼祖先的艰辛迁徙过程、传统生产技艺以及社会礼教等，具有显著教化作用。

“十月年”最热闹的要数“长街宴”。“长街宴”名称因地而异，有“知交巴”“知交都”“多交都”“知乌都”“知总总”等称谓，有“轮流喝酒”“集体喝酒”之意。节日期间，以村寨为单位，家家户户抬出摆满饭菜的篾桌，菜做得越多越好，越多越体面，少则几十桌，多则上百桌，在街心汇成宴席长龙。街宴摆好，先请德高望重的老人入席，然后入座，向老人敬酒，老年人唱起歌谣，人们举杯欢庆，尽情吃喝，互相祝愿，场面壮观，一派喜庆景象。有些地方村寨较大，“长街宴”分片区进行，每片区轮流做东，顺序联欢。

节日期间举行多种活动，如摔跤、斗牛等，奕车支系地区还有惊险刺激的打石头仗。夜幕降临，男女青年身着节日盛装，成群结队，结新情叙旧情。大家围着熊熊的篝火，男子敲铓鼓，跳乐作舞，女子跳棕扇舞，通宵达旦，浸沉在歌舞的海洋中。

2. “昂玛突”与“昂玛奥”(祭寨神)

(1)“昂玛突”

“昂玛突”(祭寨神或称寨神节)为红河县、绿春县、元阳县大部分哈尼族的叫法，红河县部分哈尼族叫作“普玛突”，建水、金平以及元阳部分哈尼族称为“昂玛奥”。金平县“昂玛突”是在农历的二月间举行，所以也叫作“二月节”。“昂玛突”有时被翻译成汉语“祭龙”，其实与“祭龙”无任何关系。由于地域的区别，“昂玛突”举行的时间并不统一，一般是在农历的十一月至次年的二月之间进行。此外，各地举行“昂玛突”的天数也不一致，一般是3天至7天，也有更长的。

哈尼族社会没有明显的一神崇拜，盛行万物有灵，崇拜对象除祖先、天地之外，还有诸多动物、植物等。哈尼族寨子上方有“昂玛玛丛”(意为寨神林)，“昂玛玛丛”中有称作“昂玛阿波”的一棵粗大高直的大树，那是寨神树，祭祀就在“昂玛阿波”下进行。“昂玛玛突”为神圣之地，平时人们不得随意进入，村民具有的很强的保护意识。哈尼人认为“昂玛”是哈尼村寨的最高保护神，村寨每年开春时节举行隆重的“昂玛”祭祀，祈愿五谷丰登，人畜兴旺。主持“昂玛突”祭祀的祭师被称为“咪谷”“普司”“普最”“昂玛阿委”等。

图4－19　神树（笔者摄）

“昂玛突”祭祀活动一般选在属龙日或属牛日进行。节日清晨，家家户户舂粑粑，做黄糯米饭，煮红鸡蛋，迎接天神，祭祀祖先。中午，“大咪谷”带领“小咪谷”、莫批等一帮男性寨民，敲锣打鼓，赶着猪，提着鸡，带着黄糯米饭、红蛋、酒等物品到神林中举行祭祀仪式。祭师“咪谷”是寨神意志的代表者，“咪谷”的选举必须具备以下条件：其一，身体五官端正；其二，为人清白，正直、公平；其三，没有娶过两个妻子；其四，儿女齐全（至少要有儿子），家庭和睦。“莫批”是巫师，为哈尼族的民间知识分子，精通天文地理、占卜算卦、草药医术。参与祭祀的人选，从距“昂玛突”三个月前起，必须严格遵守一系列禁忌，如忌口出狂言伤人，忌食一切非屠宰死亡的禽兽肉，忌食狗肉，忌与妻子同房等。建水哈尼族对“昂玛奥”祭献牺牲有特别的要求，猪的毛色必须为纯黑色，混有其他杂色或猪蹄呈白色的猪，一律不能使用。

图 4－20　西双版纳哈尼族新年建立的寨门和门边竖立的木雕（笔者摄）

图 4－21　红河流域哈尼族的寨门（黄绍文摄）

祭祀仪式首先由“咪谷”向寨神祈祷，祈祷词大意如下：“尊敬的寨神啊，请你好生保佑寨子人丁平安，粮食丰收，六畜兴旺，连年有余。一天的劳动成果够九天吃，一年的劳动成果够九年用。”“咪谷”祷告完毕，杀猪宰鸡，供奉寨神，大部分猪肉带回寨中，按户平均分配，各家祭献祖先。随着社会发展，如今“昂玛突”被赋予了许多新的内容，原始文化意义逐渐淡化了。

在元阳县等地，“昂玛突”第二天要举行盛大隆重的街心酒宴（现今俗称“长街宴”），亲友欢聚，预祝来年谷物丰收。举行长街宴的日子，村寨和街道被打扫得干干净净，街心摆满桌子，多者上百桌，犹如长龙。第一张桌子由“咪谷”和他的助手们入座，进食之前，大家首先向“咪谷”敬酒献菜。“咪谷”的助手从各家的菜肴中挟一丁点放于桌上，并把各家敬献的酒集中盛入一个大酒罐中，以示代替寨神接受了大家的敬献。村民中有去年“昂玛突”之后出生的孩子，要背来向“咪谷”磕头，以求平安。敬酒结束，“咪谷”宣布长街宴开始，并向全体村民祝福。各家餐桌上的菜肴大多是平时俭省特意留下来招待客人的，其中有一碗祭献寨神的猪肉，外村前来参加过节的客人都得品尝，以表示对寨神的尊敬。酒足饭饱，人们围坐在桌边，聆听歌手吟唱“哈巴”，“哈巴”唱述的是哈尼族古老的历史和今天的幸福生活。身穿节日盛装的年轻媳妇和姑娘们敲起铜锣和牛皮鼓，翩翩起舞，山寨一片欢腾，气氛热烈而祥和。

节日期间要举行隆重的五谷神祭祀。选定日子，在“咪谷”家门口设置祭坛，供奉酒、米、茶各一碗，周围放谷子、玉米、荞麦、小米、瓜、豆等，“咪谷”念诵祭词，向五谷神祈祷，祈求诸神保佑哈尼人来年风调雨顺，五谷丰登。

节日一般持续三天，第三天再次摆设“长街宴”欢聚，下午“咪谷”宣布“昂玛突”结束。“咪谷”一行端着“神凳”退席，人们垂手站立目送。“咪谷”等走到宴席末尾处的空地，面向村口，送寨神上路。

（2）“昂玛奥”

在建水、金平、元阳县的大部分哈尼族糯美、糯比支系中，“昂玛突”被称为“昂玛奥”。建水县哈尼族共有八个村落，属于哈尼族糯美、糯比支系，分布于该县南部红河北岸崇山峻岭的坡头、普雄两个乡，与红河南岸哈尼族聚居区域连成一片。这八个村落因地处高寒山区，山高坡陡，环境闭塞，历史上与外界交往较少，长期以来自成一体，传统文化诸要素保留较为完整。其“昂玛奥”于每年农历正月间统一举行，为期四天，“昂玛奥”汉语译作“铓鼓节”。

正月第一个辰龙日，村民停止一切生产活动，不耕田种地，不梳头，不洗晒衣服。若违禁忌，来年庄稼将遭受虫鸟兽害、雨害、水害、冷风、春寒、滑坡倒埂等灾害，违禁者将受到罚款等惩治。

其祭祀活动，与其他几个县哈尼族的“昂玛突”基本相同，主要为杀牲祭拜神林。属龙日下午，祭祀人员祭拜神林回到村中，人们相互传告，全村为之沸腾，欢呼声、舂粑粑踩碓声响成一片，家家户户炊烟袅袅，准备节日晚餐。各家把分到的少许祭献猪肉保存起来，待到春耕播种之前捂谷种时，以此猪肉在稻谷谷种上绕三圈，祈愿谷种在“昂玛”寨神的保护下茁壮成长，获得丰产。属蛇日，“昂玛阿委”（咪谷）取出锣鼓，让鼓面对着天，以酒敬鼓，口中念念有词，祈求神灵保佑风调雨顺、安居乐业。然后“昂玛阿委”敲响第一声铓和鼓，全村随即铓鼓喧天，欢声笑语，节日进入高潮。

节日期间，食品丰盛，人们以染黄饭、染红鸡蛋、踩粑粑等招待近亲和远道而来的宾客。夜晚，人们欢聚广场，跳起象征欢乐、祥和、避邪的铓鼓舞。舞蹈一般由九名至十一名成年男子在外围跳鼓舞，老人和小孩在中间表演敲铓鼓，以体现尊老爱幼的传统美德。老年妇女们围坐在四周享受这难得的时刻，年轻妇女们则在一旁跳一种称作“欧漏打”的集体舞。这种舞由两排手拉手的妇女表演，面对面，忽而相向而拢，时而倒退相离，没有乐器伴奏，以妇女口中唱词为节奏，唱词均由三音列组成，首尾相连，节奏古朴，唱词主要是男女青年恋爱的情景和对美好的生活的歌颂。

除了广场跳舞之外，还有公房里老年人吟诵“哈巴”的活动。“哈巴”为哈尼族最具有代表性的口传文学，“哈巴”吟诵的旋律节奏虽然很简单，但是它包罗万象，凡举迁徙历史、人生哲理、道德情操、律法节令、农耕祭祀等，无所不及。引者唱到高潮处，众人附和，每到动人之处，老人们往往百感交集、泪涕满面、身历其境，不免感动震撼。

节日期间又是哈尼族男女青年谈情说爱的好时机。姑娘们穿上亮丽服装，佩戴银饰，走起路来叮当作响。男女青年成双成对，情意绵绵，通宵达旦。

铓鼓节的第三天晚上，节日达到高潮。晚饭过后，全村老少欢聚一堂，敲铓鼓，跳“欧漏打”，场面热烈。年轻男子和小孩们打扮得奇形怪状，脸上涂抹锅烟灰等，有的男装女扮，有的女扮男装，化装者称“狮子”。随着铓鼓节奏的变换，“狮子”们做出各种即兴表演，其表演的动作大多模仿生产活动，如耙犁田地、撮泥鳅、挖梯田、铲田埂等。当舞蹈达到高潮，大家就便齐声高呼：“哈尼铓鼓舞跳起来，世世代代都狂欢，一年一度的铓鼓节，天神与我们同乐，地神与我们同歌，唱啊唱！跳啊跳！……”众人把红鸡蛋、糖果、水果、礼物、酒水等扔入场内，奖赏表演者。一场舞蹈结束，“狮子”们蒙面逃走，众人不予阻拦，以表示对他们的尊重。

3.“卡窝棚”（开秧门）

哈尼语“卡窝棚”汉语意为开秧门，为梯田农耕的重要节日。阳春三月，哀牢山万物复苏，生机盎然。在布谷鸟欢快的叫声中，插秧时节到来了。哀牢山山茶花盛开的阳春时节，不论男女老少，只要第一次听到布谷鸟的鸣啼声，都要报以一声“我听见了”的回应，认为这是可以带来五谷丰登、六畜兴旺、合家康泰的福音。哈尼族崇拜布谷鸟，称布谷鸟为“合波阿玛”（布谷鸟妈妈）。

“卡窝棚”不选择特定的日子，但要避开自家人的生日。开秧门当天，家家户户染制金黄色的糯米饭、煮红蛋。黄色糯米饭象征充满希望的花朵，红色禽蛋象征丰硕的果实，寄托着人们期望丰收的美好愿望。

开秧门的日子，栽秧的姑娘们穿上节日的新衣，一大早就背了秧苗下田。开秧门时，先由家庭主妇或男主人栽头一把秧苗，众人随后栽秧。姑娘们裤脚高卷，左手分秧，右手快速插秧，在田埂上，乐手吹奏唢呐，老人引吭高歌，田间充满欢乐。《开秧门》唱词：山上的布谷鸟叫了，美丽的桃花盛开了，三月的春风把草木吹绿了。花儿开了，小燕子在空中快乐地唱着歌。秧姑娘渐渐地长大了，勤劳的哈尼人开始忙碌着春耕。秧田里的秧苗也该出嫁了，离开生自己养自己的家，把美好的祝愿和来年的希望，幸福地播种在梯田里。萨依萨！萨依萨！

红河县哈尼族的开秧门又是一番景象，哈尼语称为“里玛主”，汉语也叫“黄饭节”。当地习俗，村寨选择一个属羊日子，备办美味佳肴，染制黄糯米饭，煮红鸭蛋，虔诚敬献布谷鸟。当日，村村寨寨的小伙子和姑娘们身着崭新节日盛装，汇聚于山野草坪地，吹拉弹唱，欢度一年一度春天的盛会“里玛主”。选择对象、谈情说爱、交换礼物是活动的主要内容。黄饭节后，各家选择日子，在雀鸟歇息，鸡狗入睡，四山一片寂静的五更时分，悄悄地把三丛秧苗插到自家田里，意即“开秧门”。据说开秧门时听不到雀鸟的声音，当年的庄稼就会免灾除害，获得好收成。

哈尼族崇拜布谷鸟，黄饭节敬献布谷鸟，源于一个优美的传说。相传在很古很古的时候，哈尼人分不清农事节令，种下的庄稼收成不好，人们缺吃少穿，过着艰难的日子。天上的“阿波摸咪”（哈尼族尊崇的天神）看到这一情形，便指派布谷鸟到人间去。“阿波摸咪”对布谷鸟说：“布谷鸟，你勤快，又有一副动人的金嗓子，你到人间去传达春天的信息，教哈尼人分节令种庄稼。等到中秋八月，你带五谷品种回来见我。”布谷鸟肩负“阿波摸咪”重托，从遥远的天边穿过一个石崖，在飞越一片名叫“轰阿窝崩崩麻”的大海时，一些老布谷鸟飞不动了，眼看就要掉进大海，忽然间大海里翘起一条龙尾，变成一棵枝叶繁茂的参天大树，使布谷鸟得以停靠休息，从而恢复体力，克服千难万险，把节令知识带给了哈尼人。哈尼人从此学会了按节令春耕、夏锄、秋收、冬藏，过上了井井有条、丰衣足食的日子。

“卡窝棚”前后，有的村寨还要举行“德龙和”仪式，意为迎请祭献田神。有的村寨在大田举行公祭，有的村寨采取私祭形式；有的人家在栽秧前举行，有的人家在栽秧后举行。祭祀牺牲一般为猪、狗、鸡、鸭、蛋、糯米等，祭祀在田边进行。祭祀目的是安抚田神不要乱跑，希望好好看护庄稼，使作物好好生长，收获丰硕。

4. “仰昂纳”（祭秧节）

“仰昂纳”或称“莫昂纳”，即栽秧结束，待秧苗返青时祭祀田神和秧苗，选择栽秧结束月份的属猴日。

在哈尼族奕车支系中，“仰昂纳”尤为隆重。农历四月，奕车山寨繁忙的春耕栽插季节基本结束，其他农事活动也告一段落，男女青年们便在约定的一个属猴日欢度“仰昂纳”。其日，当朝阳徐徐东升，在一阵阵高亢嘹亮的栽秧号声中，男女青年们穿着美丽衣服，手撑白阳伞，沿着山花掩映的山路，汇聚到“孟者巷都”（山梁名）。在高大的多依树和松树下，人海如潮，欢声如雷，有的吹笛，有的弹弦，有的引吭高歌“阿茨”（山歌）和“哈巴”（酒歌）。男女青年相互寻求伴侣，小伙子看到心仪的姑娘，即用松毛悄悄地、轻轻地扫拂姑娘的脸庞，以试探对方，假如姑娘带着怪相眯眯一笑，说明爱他，于是一对心花怒放的青年男女便会趁他人不注意之时，迅速消失于绿树丛中，彼此倾诉爱慕之情，互赠毛巾、手镯等饰物作为信物，乐不思归。

5. “矻扎扎”（六月节）

“矻扎扎”或“耶库扎”，农历六月举行，汉语译作“六月节”，也称“六月年”。“矻扎扎”是哈尼族的重大传统节日，红河州哈尼族各支系都过这个节日，祭祀、庆典活动大同小异，只是在时间的选择上有所不同。

关于“矻扎扎”节有一个古老的神话传说：远古哈尼族先祖从很远的地方来到滇南，历经千辛万苦，终于找到一个可以安家的地方，于是他们建立村寨、开荒垦田，过上了丰衣足食的日子。可是，哈尼人的所作所为却惹怒了生活在山林中的动物们，它们以生存环境遭到破坏为由，到大神“烟沙”那里告状，大神“烟沙”对动物们说：“九山九箐的动物们听着，哈尼人这样整你们，叫他们拿命来赔！从今以后，叫他们一年杀一个男人来祭你们死掉的弟兄！你们一年四季可以进哈尼的大田里去，拱通田埂不要赔，踩倒庄稼不要还！”这样一来，哈尼人倒霉了，田地里的庄稼被动物破坏不说，每年还得杀死一个男人祭献被烧死的动物，哈尼山寨不得安宁了，寨子里再也听不到笑声，老人为死去的儿子悲伤，妇女为死去的男人痛哭，孩子为没有了父亲哭泣。哈尼人的哭声和怨声传上了天庭，惊动了最高的天神“阿匹梅烟”，她到人间进行察看，听了哈尼人的哭诉，又听了动物们的控告，幸亏燕子帮助哈尼人说话，它向天神说了哈尼人的勤劳善良。“阿匹梅烟”听后不好办了，经过一番思考，终于想出了一个两全其美的办法：她让哈尼人每年六月期间举行撵磨秋、荡秋千活动，同时大声叫唤，她告诉动物们那是她把哈尼人吊起来让他们受苦，哈尼人痛苦得大声喊叫。这样一来，动物满意了，哈尼人与动物之间的矛盾就解决了。此后哈尼人按“阿匹梅烟”说得办，每当六月到来，在属猪的日子建盖秋千房，在属鼠的日子杀牛，把过去杀人谢罪改成杀牛谢罪，并把这个节日叫作“矻扎扎”。

可是当时哈尼人没有关于年、月、日的准确知识，过不了几年，由于闰年闰月的关系，过节的日期便搞混乱了。于是又去请教“阿匹梅烟”，“阿匹梅烟”将闰年闰月的计算法告诉了哈尼人，还派遣了一男一女天神分别骑着梨花马和桃花马与下凡与哈尼人过节，女天神留在人间做了哈尼人的媳妇。此后哈尼族过六月节总是要敬祭天神，恭请天神与哈尼人同庆佳节。

“矻扎扎”节通常举行三天至五天。由于地域的差别，红河州哈尼族过“矻扎扎”节的具体日子并不一致，大多选择在农历六月二十四左右，一些地方则选择农历五月，选择的属相日也不统一，红河州哈尼族主要选择属猪、属牛、属龙这三个日子。日期选择虽有差别，不过祭祀天神和祭祀活动内容大致相同。

节日开始的早晨，人们很早便上山割取九把乌山草，加谷子或苞谷，用作祭祀天神的马料。在门头上堂屋里插放松枝、锥栗叶。家家户户杀鸡、舂糯米粑粑，在家祭献祖宗。中午，小伙子们进山去砍伐磨秋杆，去的人家里不能有非正常现象，须双亲健在、为人正直、身体无伤残。秋千主体以四棵竹子构架，每年最多只能更换其中三棵竹子。磨秋选择无虫、坚硬、标直的松树制作。树选好后，由寨中管事者砍第一刀，然后大家一齐动手将树砍倒，修枝去皮打磨，抬回寨子磨秋场制作安装。

秋千和磨秋制作安装完毕，先举行公祭，邀请天神降临。传统公祭杀牛，现在一些地方改为杀猪。无论杀牛或是杀猪，祭肉均按户平均分配，以供各家自行祭祀。

节日期间有一项重要活动，全体村民参与修路，为秋收搬运粮草做准备。参与修路对于新婚夫妇十分重要，因为修路具有积德求子的意义。

节日期间还有“背新水”仪式。传统“背新水”时间在早晨，现在如绿春等地改在晚上天黑后进行。“背新水”先由“龙头”祭祀水神，并由“龙头”接第一桶水，然后排成长龙的村民才能依次以水竹筒或水桶取水回家。

节日期间的主要娱乐活动是转磨秋、荡秋千，此外还有各种象征性的化装表演，以此方式向在春耕大忙期被人们伤害了的蛇虫鼠蚁和各种

图 4－22　哈尼族奕车人的秋千（笔者摄）

草木等生灵表示谢罪之意。节日最后两天进入“撵磨秋”（串寨游乐）狂欢，届时社区相邻村寨的小伙子们，迎着冉冉东升的旭日，身着奇装异服，有的打扮成丑鬼，有的男扮女装，有的戴笋壳制作的假面具，有的脖系大铃铛、头顶状似飞翔的小鸟等，以野草、兽皮、贝壳、山花、蓑衣、纸张制作的各种装饰品，五花八门，形形色色。人们从四面八方聚拢，组成一支支队伍，沿着山花掩映的串寨路线，从一个村寨游串到另一个村寨。在磨秋场，小伙们敲打牛皮大鼓尽情舞蹈，不时对着鼓面做出各种粗犷的动作，大鼓象征母体，舞蹈表达出浓烈的祈丰意蕴。

节日即将结束时，要送天神，人们把祭品、松枝从家里拿到村外，让神灵带走祭品，松枝是给神灵做火把照路。

节日庆典结束，全寨人再次汇集到磨秋场上，弹三弦、吹竹笛，老人集聚喝酒，青年载歌载舞，舞蹈有扇子舞、竹棍舞、钱棍舞、乐作舞，尽兴狂欢。近年来，“矻扎扎”节在传统内容的基础上有所发展，增加了文艺表演和体育竞赛活动等。

图 4-23　水井（笔者摄）

6. “合食扎”（新米节）

“合食扎”或“车食扎”汉译为“吃新米”，也称“新米节”或“尝新节”，节日一般选在农历七八月稻谷部分成熟即将秋收前夕月份的属龙日举行。“龙”在哈尼语里含有“多起来”“增添”的意思。

“合食扎”之前有名为“禾获获”（献谷魂）的祭祀仪式，一般在稻谷即将抽穗扬花时举行。人们选择吉日，带上一对煮熟的鸡、鸭蛋和竹筒饭，在田边选择适合的地方，用细树枝搭建一个小窝棚，摆上祭品，祭祀田神、谷神。

新米节当天黎明，男主人去田里采取带有根和穗的 9 棵稻谷回家置于井旁。下午杀鸡煮熟，将谷穗拿回家，用稻叶捆扎 3 穗献祖宗神位，6 穗烘干脱粒炸成谷花，先喂狗，后合家围坐，按年龄从小到大，依次抓取新米花，单数吃下，双数放回，反复取食，吃剩的谷花用于浸泡新谷酒。人们以吃新谷、喝新谷酒仪式，祈愿稻谷丰收，希望新谷越吃越多。

新米节有“尝新先喂狗”的规矩，这与民间流传的神话故事有关。很久以前人们生活艰难，没有粮食，天上却有七十七种粮食，看到哈尼人生活困苦，一位仙女偷了粮食来到人间，从此哈尼人过上了丰衣足食的生活。天神知道此事后很生气，便将仙女变成狗，让她无法回到天上。人们为了感恩仙女，所以每年尝新节要先舀新米饭喂狗。另一个传说讲：很久以前，一次洪水暴发把世间所有作物冲走，洪水退后，一只小鸟发现了一穗稻谷，正欲啄食，一只狗把小鸟吓飞，捡回谷种，人们才得以重新种植水稻。因此新谷米饭一定要先献给狗吃。

哈尼族年中节日除上述所举之外，还有“矻勒勒”（矻扎扎之后，也有的称“矻赊赊”）、“吃新糯米饭”以及祭祀山神、火神、水神等许多祭祀活动，这些祭祀性活动在一些地方正逐渐演变成节日，成为哈尼族农耕文化不可缺少的部分。

二 节日传唱

在漫长的农耕生产生活中，哈尼族先民积累了丰富的关于自然山水、动植物以及生产生活的技能和经验，创建了完整的社会风俗礼仪、道德伦理和行为规范等。哈尼族历史上没有文字，文化的学习和传承主要依靠社会实践和口口相传。文学艺术是口头传承的主要内容，包括神话、传说、故事、史诗、歌谣等。哈尼族口头传承活动通常是在节庆等集会中举行，所以节日可以视作文化传承的“大课堂”。下面所举几部节日里歌唱吟诵的古歌、史诗、歌谣、传说，堪称哈尼族传统文化的集成宝库。

1. 古歌“哈尼哈吧”

“哈尼哈吧”是哈尼族社会生活中流传广泛、影响深远的民间歌谣，是有别于山歌、民歌、情歌、儿歌等的庄重、典雅的一种古老的歌唱调式。“哈尼哈吧”涉及哈尼族古代社会的生产劳动、宗教祭典、人文规范、伦理道德、婚嫁丧葬、吃穿住行、文化艺术等，是世世代代以梯田农耕生活为核心的哈尼族人民教化风俗、规范人生的百科全书。“哈尼哈吧”分上下篇。上篇主要讲述神的古今，由“神的诞生”“造天造地”“杀牛补天地”“人、庄稼和牲畜的来源”“开田种谷”“安寨定居”“遮天树王”等十二篇组成；下篇讲的是人的古今，由“头人”“贝玛”“工匠”“祭寨神”“十二月风俗歌”“嫁姑娘讨媳妇”“丧葬的起源”“说唱歌舞的起源”“祝福歌”等十二篇组成。上下十二篇内容可分可合，可通篇演唱，也可独立演唱，根据当时的仪典场合选择相宜的内容章节而定。“哈尼哈吧”可由一位歌手主唱，也可以由两位、三位甚至多位歌手轮唱、对唱。

2. 史诗《哈尼阿培聪坡坡》

《哈尼阿培聪坡坡》是哈尼语音译，汉语意译为哈尼祖先的迁徙。根据能够演唱或讲述《哈尼阿培聪坡坡》的摩批（贝玛）说，这部史诗的确切名称叫“PYUQ　YA　XAOL　YA”。

《哈尼阿培聪坡坡》是哈尼族才智过人、记忆超群的老摩批和歌手，从祖先那里一代又一代传承下来的口述长篇叙事长诗，全诗共5500行，分七章：第一章“远古的虎尼虎那高山”；第二章“什虽湖到嘎鲁嘎则”；第三章“惹罗普楚”；第四章“好地诺玛阿美”；第五章“色厄作娘”；第六章“谷哈密查”；第七章“森林密密的红河南岸”。《哈尼阿培聪坡坡》流传于云南省红河州元阳哈尼族地区的各个哈尼村寨，根据地理位置、支系、土语和服饰的不同，有所差异。元阳哈尼族按支系（支系称谓为他称）可分为“郭和”“爱倮”“倮碧”“白宏”“堕尼”“倮们”“腊咪”“阿松”“佬邬”九种。他们的分布区域为：“郭和”主要分布在藤条江流域两岸县境西南部、南部的俄扎乡、黄草岭乡以及牛角寨乡、沙拉托乡和马街乡等地；“爱倮”主要分布在县境内中部的新街镇，少数分布在攀枝花乡和黄茅岭乡；“倮碧”主要分布在县境内东部的嘎娘乡、小新街乡一带；“白宏”分布在黄草岭乡的堕铁、堕沙村；“堕尼”主要分布在俄扎乡的俄扎村民小组和阿白洞村民小组，黄草岭乡的堕谷村委会，牛角寨乡的猴子寨自然村；“腊咪”分布在黄草岭乡的大石门村委会；“阿松”分布在黄草岭乡的龙塘村委会；“佬邬”分布在县境东部的逢春岭乡和大坪乡。由于哈尼族支系繁多，各地土语差异较大，所以各地各支系传颂的《哈尼阿培聪坡坡》存在大同小异的情况。《哈尼阿培聪坡坡》能够世代流传，经久不衰，不被历史湮没，可谓奇迹。《哈尼阿培聪坡坡》详细记述和反映了哈尼族先民的历史和迁徙过程，具有很高的历史、文化、艺术价值，堪称中国历史和文学史百花园中的奇葩。

3. 歌谣《哈尼四季生产调》

《哈尼四季生产调》是哈尼族口传文化的代表作品，流传于元阳、绿春、红河、金平、建水等县哈尼族聚居地区。《哈尼四季生产调》分为歌头（或称“引子”）、冬季三个月、春季三个月、夏季三个月、秋季三个月、梯田的起源六个单元。歌头讲述《哈尼四季生产调》传承传统文化的重要意义：“规矩是先祖们定下的，年轮是先祖们算出的，祖先的话像石头油般珍贵，祖先的古话如筋脉一样要紧。长兄在世得教祖先的古话，老人活着要传祖先的规矩，长兄在世不教祖先的古话，后代子孙不知祖先的古话，老人活着不传祖先的规矩，子孙后代便不懂祖先的规矩。”正文四个部分按季节顺序唱诵梯田的耕作程序、技术要领、天文历法、自然物候、节庆祭典以及人生礼仪和行为规范等，极为详细。第六部分“梯田的起源”，亦是全年生产生活过程的传唱。《哈尼四季生产调》体系完整，语言生动，通俗易懂，可诵可唱，贴近生产生活，传承历史悠久，具有广泛的群众基础。它不仅是梯田生产技术的全面总结，也是哈尼族社会伦理道德规范人生礼仪等的系统之作，在哈尼族社会的生产、生活中发挥着积极的教化作用。

4. 歌谣《胡培朗培》

因地区和演唱者不同，《哈尼族四季生产调》有多种唱法，《胡培朗培》为其中之一。《胡培朗培》是哈尼人梯田劳动的真实写照，是一部叙述哈尼梯田农耕程序、抒发哈尼人热爱梯田热爱生活情怀的诗歌。“胡”为年，“朗”为月，“培”有开始、启动和栽种之意。《胡培朗培》是超度亡灵的祭词《斯匹黑遮》里的一个片段。《斯匹黑遮》需在葬礼上请四五个人轮流背诵三天到五天，涉及庞杂的祭词和祭祀程序。这部诗歌除了具有超度的功能，还被常常拿到酒桌上和各种聚会中吟唱，也是在春耕的狂欢中被歌唱最多的诗歌，因而人们在很多场合能够接触到这部诗歌，虽然多数时候能听到的也许只是其中一个小小的段落。《胡培朗培》内容包括“生机勃勃的大地”“历法的产生”“寻找水源”“挖沟引水”“开垦梯田”“遍寻谷种”以及一月至十二月份的梯田耕作程序等。

5. 神话传说

哈尼族神话传说既有反映宇宙万物产生的宏大内容的篇章，如《天地神的诞生》《造天造地》《兄妹传人种》等，也有许多梯田耕作方面的记忆，如《开田种地》《庄稼神扎那阿玛教哈尼人种陆稻》《先祖塔婆取五谷传六畜》等。

开垦、耕种梯田的哈尼族神话传说可以说比比皆是。《老水牛开始犁田的传说》讲述天神莫咪派老水牛给人间哈尼人传话，老水牛传错了话，让哈尼人受苦受累，于是莫咪打发老水牛到人间给哈尼人犁田，以减轻他们的劳动强度。《英雄玛麦找谷种的传说》表现了哈尼小伙玛麦为了哈尼人过上好日子，在天神的小金马帮助下到天庭讨要谷种，经过无数波折终于得到谷种，为人间谋得福利，而玛麦和小金马却不幸牺牲的悲惨故事。《扒烂稻根的诺姒姑娘》说的是一个嫁到婆家的小媳妇，由于久婚未孕，婆家打算把她休掉，这时她心怀怨气去薅秧，想到自己将不是这些秧苗的主人，越想越来气，薅秧的时候不仅把杂草除掉，还使劲把秧苗的根部扒烂，希望它们慢慢死掉。过了一段时间，婆家人去查看梯田，发现诺姒薅的那一路秧苗长得明显比别的秧苗又高又粗又绿。婆家人十分欣喜，认为诺姒身上附着庄稼神，就没有舍得休她，哈尼人也从中学会了给庄稼松土培土的中耕管理方法。此外，《尝新先喂狗》《布谷鸟报四季的传说》《猫、狗、老鼠和五谷的传说》《老鼠和麻雀的故事》等都是与梯田稻作有关的神话传说。[①]

6. “栽秧山歌”

哈尼族的“栽秧山歌”流传于红河县阿扎河乡普村哈尼人中，是一曲古老的传统民歌。哈尼人世代与梯田打交道，以梯田为生命之本，一年四季劳动在梯田，栽秧是最受重视的农耕活动，每当栽秧季节到来，

① 哈尼族有关梯田耕种的两段流传较广的传说：1. 传说《哈赫吾星教哈尼开田种稻子》讲述哈尼先祖在努玛阿美时代开始种植水稻的经历：传说在遥远的哈尼族发祥地努玛阿美，聪明能干的开天祖先哈赫吾星发现大猪滚翻的地里种草籽陆稻能发蓬；水牛打滚过的泥塘里长出来的陆稻能结出马尾样的稻穗。哈尼祖先哈赫吾星懂了，草籽陆稻喜欢深翻泥土，更喜欢在松软的泥塘里喝水成长，知道草籽陆稻和水最亲密，看见喝足水生长的稻子，结出沉甸甸的籽粒、金闪闪的谷子。哈赫吾星叫来所有哈尼祖先，立下新的规矩：“哈尼的后辈儿孙，手脚休闲的日子不在了，白天睡觉晒太阳的日子没有了。快动起来，山坡不能让它闲着，平坝不能让它沉睡，叉开你们手脚，像猪拱地一样去翻地，动起你们的手脚，像牛打滚样地去挖田，挖出的田里播进陆稻种，去引清亮的山泉让稻禾喝水，喝饱水的稻子，结出的谷子背也背不完，吃也吃不尽。”哈尼的儿孙认得水是梯田的命，扒开岩缝的枯草，把清亮的山泉引到田地里，让种下的稻子喝饱水。可是开山造田、开沟引水的工程十分浩繁，一两个人、十几个人也无法完成。哈尼人住得太散了，哈赫吾星先祖又发出新的号令：“所有的哈尼子孙，不能各住各的山头，百座山上的哈尼，十片森林中的哈尼，快结合到一块来，像一股股泉水汇集到箐沟成溪流。”从此，哈尼人栽田种地离不开水，水像哈尼人的阿妈一样亲。2. 元阳县流传的哈尼族神话《哈尼两兄弟开神田》：在元阳县的梯田中，线条最美、最神奇的要数哈煮梯田了。哈煮梯田两凹一凸，两凹在凸的地方结合，以线条奇美著称，成为一道神奇的梯田景观。相传，哈尼人哈煮从窝托普玛迁到倮玛普什时，育有两个儿子，长子煮木，次子煮保。两兄弟既勤快又孝敬，很受哈煮喜欢。新迁到倮玛普什，他们地无一块，田无一丘。倮玛普什地广人稀，两兄弟就决定开田。他们选寨脚一块两头凹中间凸的地方开新田，两兄弟一人在一个山凹间开垦。他们顺着山势，开出该大的大、该小的小、中间凹而大、两头尖而翘的层层梯田。说来也怪，两兄弟白天开出的梯田，中间凸的部分没有连接起来，但到第二天早上去开田时，两丘田自己连接起来了。两兄弟开了一百天，一百层四百米长、两凹一凸的神奇梯田出现了，成了今天一道亮丽的梯田风光，成了人们饭后茶余闲谈的话题，也成了哈尼人开垦梯田的神奇传说。

梯田里栽秧山歌此起彼伏，遥相呼应。20 世纪 80 年代，红河县普春哈尼族多声部音乐《栽秧山歌》受到社会关注。90 年代，经红河县文体局与云南艺术学院联合向全国高等音乐院校民族音乐研讨会推介，《栽秧山歌》的独特调式和多声部演唱法在音乐界引起热烈反响。2003 年，由红河县文化馆组织，普春哈尼族多声部音乐《栽秧山歌》代表云南省前往中国台湾进行民族文化交流演出。2004 年 1 月，红河哈尼族《栽秧山歌》在中央电视台参加西部民歌电视大赛。2006 年年底，哈尼多声部获批为“国家级非物质文化遗产项目”。

三　节日舞蹈

哈尼族民间舞蹈源远流长，异彩纷呈。哈尼族舞蹈通常在以下几种场合下进行：

第一是传统的喜庆节日。哈尼族民间节日很多，主要有：扎勒特（十月年）、吃新米节、祭母节、老人节、龙巴门节、竹笋节、播种节等二十余个，其中以十月年和六月节最为隆重。

第二是宗教祭祀性活动。哈尼族至今还保留许多原始宗教形式，这些宗教祭祀活动直接影响着哈尼人的社会生活。哈尼族通过舞蹈来倾诉对神灵祖先、图腾对象的崇敬和希望神灵保佑村寨平安、五谷丰登的朴素愿望。每年农历二月或十一月间，举行“奥玛妥”祭寨神活动，意在追念哈尼先辈安寨的艰辛和业绩，同时祭祀寨石、神树，是一次盛大的歌舞庆典。三月祭山、六月祭水、七月祭天地和祭龙、祭谷娘、开秧门等祭祀活动，皆有歌舞狂欢的场面。

第三是婚嫁佳期。哈尼族举行婚礼时，平时相好的女伴要与新娘吃告别饭、唱别离歌。新娘出嫁的头天中午，全寨青年男女相邀，陪伴新娘在山林中相会，对歌跳舞。新郎家来接亲的队伍与新娘家陪送的队伍要对歌比舞。“龙纵舞”“洒米舞”是婚礼上必跳的舞蹈。有一些村寨的哈尼族在婚娶的第二天，新娘须由其哥或弟背至跳歌场，歌舞庆贺，婚礼才算结束。

第四是农事、农闲、盖房和“串姑娘”等场合。哈尼族不论上山砍柴，下田种地，或者集市贸易，都要歌舞。哈尼人说“满坡梯田是歌声唱绿的”。休息时，就在田埂上欢跳“乐作”。红河县阿扎河街子，成千哈尼人围成无数舞圈，哪怕天下大雨，也要跳“乐作”，谓之“歌舞街”。房屋建成，要以歌舞贺新房。哈尼青年“串姑娘”时候，青年男女相邀到“公房”或者山林中，“男女连手周旋跳舞为乐”（清《古今图书集成》），传递爱恋的信息。

1984年年初至2016年，通过广泛、深入的调查，文化部门在哈尼族地区收集到哈尼族节日庆典舞蹈十五个，丧葬舞蹈十一个，游戏舞（儿童舞）七个，自娱情爱舞蹈五个，祖先祭祀舞蹈四个，巫舞四个，婚嫁舞蹈三个。哈尼族民间舞蹈的总体风格虽具有共性特征，但由于地区经济文化差异等原因而个性不同，风格有异。哈尼族代表性舞蹈如下：

1.“同尼尼”

“同尼尼”是汉语音译，哈尼语“同”指牛皮鼓，“尼尼”指扭动身体及抖动之意。“同尼尼”是哈尼族古老的民族民间原生态传统舞蹈，流行于绿春、红河、元阳、江城、墨江以及越南、缅甸、泰国、老挝等国哈尼族聚居村寨。

“同尼尼”属祭祀性舞蹈，多在祭祀、守灵、送葬时进行，有单人、双人和群舞形式，动作有转肩、扭摆、鸟型、猴型等，以铓、鼓、镲伴奏。双人舞由男性击鼓伴跳，群舞围成两个圆圈（男里圈、女外圈）面向大鼓起舞。人们在跳“同尼尼”的同时，往往还穿插加跳手巾舞、筷子舞、棍舞、敬酒舞等。男性舞姿动作幅度大、粗犷有力，女性文雅含蓄，富内在美。“同尼尼”又名“嘎尼尼”“俄尼尼”等，哈尼族不同支系有不同的称呼，跳法大同小异，各具特色，或模拟动物神态，或表现生产、生活、欢乐情绪。舞者以一脚前伸，屈膝，一脚半蹲，舞动时随着鼓点节奏提脚弹动，双手上下交替，从胸前斜插下至腰旁，手臂抬起时拳心向上，绕环至胸前，臀部随着手的动作而左右摆动，上稳下活，拧身摆臀，以手、肩、腰、臀、腿的配合构成独特的韵味，具有很高的艺术价值。跳舞不受时间、地点和舞者的限制。“同尼尼”是传统节日哈尼族最喜爱的舞蹈，节日期间，男女老少着新装，尽情歌舞，人们唱道："不跳乐作舞，寨子不安宁；不跳乐作舞，棉花不丰产；不跳乐作舞，粮食不丰收。唱啊唱，跳啊跳。"哈尼人认为，跳得越欢，来年的收成就会越好。"同尼尼"源于生产生活，具有充分展示哈尼山寨节日气氛和哈尼人思想感情、对外沟通联系、娱乐健身、增强民族团结、振奋民族精神的作用。

2. "地鼓舞"

"地鼓舞"又名打鼓舞，流传于红河县洛恩乡、架车乡扎垤村委会妥女村周边哈尼族聚集的地区。该舞蹈历史悠久，是集舞乐为一体的哈尼族传统舞蹈。表演乐器有鼓（牛皮鼓制成）、笛子、三弦、四弦、二胡等，伴奏人员8名，跳舞者4人。"地鼓舞"分为三套内容，第一套表现人与自然和谐相处，平安吉祥，无灾无难；第二套表现农作物长势良好，祈望五谷丰登；第三套表现人畜兴旺，生活富足。"地鼓舞"产生于祭祀仪式，集舞、乐为一体，其特点是把鼓放在地上敲打，动作简练粗犷，极富感染力。"地鼓舞"每年跳两次，第一次是在农历十月第一个属牛日；第二次是在农历六月"矻扎扎"节，农历六月第一个属羊日。两次"地鼓舞"的意义有所不同，农历六月（哈尼"矻扎扎"）属羊日跳地鼓舞，寓意是告知天神春耕结束，祈求风调雨顺，农历十月年（测拉火施）属牛日跳地鼓舞，是告知天神哈尼人又平安地度过了一年，祈求来年吉祥如意。"地鼓舞"于2013年12月被列入"云南省第三批省级非物质文化遗产"名录。

3. "铓鼓舞"

"铓鼓舞"是古老的祭祀性舞蹈。哈尼族视铓鼓为神圣之物，制作大鼓是一件隆重庄严的大事，要选一专门房子，安放空心鼓身，选择两个男青年立于两端，赤身裸体模仿性爱动作进行舞蹈，然后在鼓内放入五谷、铜铁等物，蒙上牛皮，并在鼓面上绘画女性生殖器。铓鼓平时要选专人保管，任何人不得动用。每逢祭祀和喜庆欲跳舞时，先由祭师以酒祭铓鼓，然后方能敲铓打鼓起舞。

4. "棕扇舞"

"棕扇舞"是一个古老而神奇的舞蹈。据红河县哈尼族民间传说：

远古时候，一位叫“奥玛妥”的先祖母要将棕扇舞教给中老年妇女，但未教完先祖母就升天了。先祖母的拐杖插在村头，长成了参天大树。人们把它看作先祖母的化身，每年农历二月属牛或属虎日，全村妇女都去“神树”下悼念先祖母，同时跳“棕扇舞”。元阳县麻栗寨村民李黑诸家谱记载，第一个祖先是“奥玛”（天女），从“奥玛”往下至哈尼族普遍公认的男性始祖为“搓莫耶”，相隔二十余代。红河哈尼族把“奥玛”和“神树”作为祖先崇拜对象，每年按时祭祀，祭祀时妇女们挥动棕扇，踏足环绕，翩翩起舞。

5.“跳鼓舞”

哀牢山与哈尼族杂居的彝族，也多以垦种梯田为生。彝族传统舞蹈“跳鼓舞”流传于绿春县彝族聚居村寨，为彝族从“祭寨神”至栽秧期间各种节庆活动表演的一种传统舞蹈。“跳鼓舞”彝语为“折簸比”，直译为“跳鼓”。“跳鼓舞”历史悠久，起源于清雍正年（1729年），属于生产性和欢庆性舞蹈，是当地彝族重要的传统文化内容，它表现了彝族人民的勤劳善良和对美好生活的追求。“跳鼓舞”有较高的历史、民俗、艺术价值。从历史价值来看，蕴含彝族远古文化内涵，表现了彝族社会生产发展演变的轨迹；从民俗价值看，“跳鼓舞”寄托着彝族人民祈求五谷丰登、人畜兴旺、村寨平安的祈愿；从艺术价值看，“跳鼓舞”旋律优美、节奏明快，舞步古朴典雅，展现了彝族人民乐观坚韧的精神面貌。“跳鼓舞”计有开场鼓、制鼓、腌酸菜、春耕、撒秧、栽秧、薅秧等36套舞蹈，但目前完整的舞蹈仅为16套。“跳鼓舞”有平击鼓、击鼓边、绕臂击鼓、绕花棒击等技巧，步伐有崴崴步、颠跳步等，除绕臂和换位外，动作幅度不大，难度却很大。彝族“跳鼓舞”曾在国产电影《兰陵王》中上演，被中央电视台《地方文艺节目》和《走遍云南》电视节目采用，被著名舞蹈家杨丽萍搬上《云南印象》舞剧。“跳鼓舞”曾到北京、上海、中国香港及法国、日本、缅甸等地演出。目前“跳鼓舞”有10支演出队，骨干舞蹈人员150余人。

四　节日饮食

节日是祈愿祝福的日子，是祭祀贡献的日子，是唱诵历史的日子，是尽情歌舞的日子，亦是美食荟萃的日子。节日有诸多象征符号，饮食即为其中之一。不同的节日有不同的饮食，例如农历三月的黄饭节，其代表性食物是黄糯米饭和红鸡蛋（黄糯米饭用黄饭花染制，红鸡蛋的染料是染蛋藤）；农历六月份的“矻扎扎”节，祭奉庄稼保护神要杀牛，敬献祖先则要舂糯米粑粑；农历十月的“扎特特”节，秋收结束，庆祝丰收，季节交替，辞旧迎新，饮食特别丰盛，要杀牛宰猪、舂糯米粑粑、做汤圆，“圆圆的粑粑辞旧岁，团团的汤圆迎新年”，此外还要捂豆芽，做魔芋豆腐、炸酥肉等。总体而言，节日的菜肴主要有如下几类：一是以猪鸡牛鸭肉为主的各种荤菜，如白斩鸡、水煮鸭、大肥肉、烂烀牛肉、炒瘦肉、糯米血肠、骨头糁、油炸香酥、炖猪脚、稻花鱼、咸鸭蛋等；二是蔬菜类的豆腐、魔芋、慈姑、土豆、豆芽、山药、豌豆，蚕豆、京豆、韭菜、苤菜等；三是野菜类的柴花（又名树胡子）、香菌、木耳、鱼腥草、车前草、野芹菜、鸡脚菜、蜂蛹、竹蛆等。下面所举菜肴，乃是哈尼族最具特色的美食。

1. 特色饮食

（1）哈尼蘸水

此为调味品蘸水，色香味特别，宴席必不可少。蘸水由盐巴、辣椒和天然香料配制而成。常用的植物香料有薄荷、芫荽、香蓼、大蒜、香椿等，将佐料切细捣烂，放入碗中，加热拌匀，再加味精、辣椒、麻椒等即可；也可适当加一点哈尼豆豉粉。如果是鸡肉蘸水，还要拌入煮熟捣碎的鸡蛋和煮熟切碎的鸡肠、鸡肝、鸡血等，道味更美。肉块蘸此佐料，入口清香、麻辣、鲜美。

（2）糯米香白斩鸡

这是节日必吃的一道美食。鸡杀好弄干净后，放入锅中，加入冷水，同时放二三两糯米一块煮熟。鸡肉煮熟后砍成鸡块，撒上少许盐巴，装碗上桌。味道鲜嫩甜香，佐以蘸水食用更加可口。

（3）糯米血肠

节日重要菜肴之一。制作方法是先将猪肠子认真清洗干净，去除异味。加猪槽旺或猪血浸泡糯米、花生等，加入盐和草果粉充分搅拌，塞入猪肠内，两端用线扎紧，食用时煮熟或蒸熟切片油炸。

（4）哈尼肉松

主要原料为猪、牛、麂子、鸟肉和干黄鳝等干巴。制作方法，将干巴水煮或火烧成熟，切成长 3 厘米左右的肉块，放入木臼加姜块用石杵捣烂，除鸟肉、黄鳝肉外，其他肉不宜捣得太细，能分出肉丝即可。取出后加入辣椒、盐巴、麻椒、味精和其他香料即可食用。味道清香，是一道很好的下酒菜，尤以麂子肉松为好，哈尼族常用其来招待贵客。

（5）哈尼凉拌菜

节日风味菜。主要原料是猪、牛瘦肉，外加萝卜叶、葱、蒜、韭菜、鱼腥草、车前草等生吃的蔬菜和野菜。将瘦肉剁细，放入油锅中爆炒，加少许肉汤，煮熟盛入碗里放凉，放入洗净、切碎的蔬菜、野菜和盐巴搅拌，再加辣椒、味精即可。凉拌菜新鲜、清凉，解腻醒酒，适合在油腻较大、喝酒较多的时候食用。

（6）生白旺

为节日一道生菜，主要原料为猪血或狗血及新鲜蔬菜野菜。具做法是，杀猪、狗时以盆接血，适当兑水，用筷子不停搅拌，呈沫子状，加入炭火烤熟剁细的瘦肉、肝和洗净切碎的萝卜、苤菜根、叶、韭菜、蒜叶、包白菜、鱼腥草、车前草等蔬菜及辣椒、蒜泥、盐巴、草果面等，充分搅拌。拌匀用手压平，轻拍几下，使其板结成块，撒上一层炒香捣碎的花生米，半小时后，完全板结成块，即可切食。生白旺色泽鲜红带绿，香甜可口，成年男子多喜食。

（7）骨头糁

部分哈尼族地区节日必食菜肴。取猪软骨或鸡头骨，连骨带肉一块儿剁碎，然后加盐巴、草果粉等调料仔细搅拌，再加以水浸泡过的糯米，搅拌均匀，做成汤圆大小的肉团，置于簸箕上晾干。食用时加水煮熟，放葱花或韭菜即可食用。

（8）生蒸饭

生蒸饭为哈尼传统米饭，其特点是饭粒稍硬，香味可口，不失营养，食后耐饿。其烹制方法，将大米淘洗浸泡 4 个小时，去水，盛入木甑生蒸 2 个小时左右，至七成熟后倒入大木盆，搅散饭团，适当洒上凉开水反复搅拌，待水被米饭吸干后，再将米饭重新盛入木甑里蒸熟。生米饭烹制的关键是生蒸后洒水要适中，洒水过多饭粒太软，洒水过少则饭粒太硬难以食用。

（9）染黄饭

染黄饭一般在农历二、三月过“昂玛突”节和开秧门时烹制。春耕伊始，黄花盛开，黄花生长在哀牢山区海拔 1400—1800 米地带，俗称“七里香花”。把黄花放入铁锅中煨煮，取其黄色汁液冷却，倒入淘洗过的糯米中搅拌浸泡 10 余小时，然后去水蒸米至熟。

（10）鸭肉煮紫米稀饭

鸭肉煮紫米稀饭，淘洗紫米，浸泡，取饲养一年以上的梯田鸭子宰杀、洗净，整只放入锅内，加紫米、鸭血、鸭内脏，先用旺火烧煮。加茴香和烧烤捣碎的草果，改用温火慢熬 1 小时左右，捞出鸭子撕碎重放锅内。最后加盐、味精、猪油。

（11）竹筒饭

制作方法，砍取一节一端留底、另一端开口的竹筒，用清水洗净，放入淘洗浸泡约一小时的大米，米量为竹筒三分之二深度，注水过米三四厘米，用芭蕉叶或其他无毒叶子紧塞筒口，筒口向上放到火堆里，先用强火烧，待筒内水烧干后，再用微火烤 30 分钟。食前置入清水浸泡，然后用刀剥除竹筒壳。

（12）土锅饭

土锅饭饭粒软、味香、富含营养，比一般铁、铝锅烹制的米饭可口。按传统，土锅饭是老人才能享用的米饭。土锅是用一种黏糯性红土或紫黑土烧制的炊具，有大有小，越烧硬度越高。土锅饭做法简单，将淘洗后的大米盛入土锅，加清水高过米面 3 厘米，土锅加盖放在三脚架上烧煮，水烧干，再以炭火烧烤 30 分钟即可食用。

（13）糯米粑粑

糯米粑粑是所有节日、红白喜事必备的食品。其做法是，淘洗糯米蒸熟，趁热放于杵槽中，以木杵捣黏，取出置于簸箕中，用新鲜野蕉叶包裹成粑粑。糯米粑粑洁白柔软，糯而不腻，如若蘸上炒香研细的花生，更是清新醇香。

（14）腌蚂蚱

哈尼梯田盛产蚂蚱，将捕捉来的蚂蚱倒入沸水中，煮三分钟到五分钟，捞出晾干，用手揉去蚂蚱的双翅和脚，撒入少许盐巴、辣椒粉、花椒粉，撒酒揉匀，入罐腌制两三周，即为清香润口的蚂蚱酸菜。

（15）包烧泥鳅

以鲜泥鳅为原料，将泥鳅洗净，撒上食盐，加入烤香后舂细的豆豉、辣椒粉搅拌均匀，以多层鲜芭蕉叶、青菜叶包扎，埋入火炭灰里焐10—20分钟，待外层叶子烧焦即可，其味鲜美香辣。

（16）糯米血肠

糯米血肠是哈尼族过年杀猪时必做的食品之一。以新鲜猪血、猪肠子、糯米、花生为原料，先将猪肠子翻洗干净，把猪血加入浸泡过的糯米、花生中，再加盐巴、草果粉，充分搅拌后装入猪肠内，用线扎紧猪肠两端。食用前先煮或蒸，也可切片油炸。

（17）炒田螺

田螺，素有“天然钙中钙”之誉。哈尼族俗语说：“螺蛳煮一个，可甜十碗汤”，可见螺蛳汤的鲜美。田螺在加工前要置于清水里泡一天晚上，使之吐尽腹中泥浆，然后割去尾部。田螺食法很多，如煮酸笋、煮薄荷等，炒食可连壳炒，也可去壳炒，作料有豆豉、花椒、辣椒等。

（18）焖锅酒

哈尼焖锅酒酿造方法与其他烤酒有所不同。酿制时，先把稻谷在甑里蒸到谷壳破裂，倒出谷壳待冷凉后拌上自制酒曲，再装进罐里密封捂7—10天进行发酵。发酵后从罐中取出放入甑子，在甑子的下端放一个接酒的器皿，用装有冷水的铁锅或铜锅，紧盖住甑子口，并保持冷凉状态，酒水即从甑子流出。绿春哈尼焖锅酒，营养好，不上头，具有醇香甘洌的特点，入口清香浓烈。

2. 婚恋饮食

在哈尼族地区，年轻人谈情说爱期间常有相互邀约共食的习俗。农闲时节，由一个村子的小伙子邀请另外一个村子的姑娘们前来聚会。男女双方有一个领头人，各自负责组织人员，做好各种准备。邀请方在村边合适的地方，杀猪宰鸡，备办酒席。黄昏时分，姑娘们到来，男女搭配而坐，共同进餐。边吃边喝酒，席间你唱我和，你问我答，热闹非常。酒足饭饱，烧篝火，对歌跳舞，通宵达旦。其间可着意选择意中人，为日后进一步交往打下基础。第二天活动结束，男方赠送女方一只大猪腿。姑娘们回村后，邀请其他姑娘前来一起吃猪腿“打平伙”。

此种历史流传下来的集体性的恋爱宴会，以红河县大羊街、浪堤、车古乡一带的哈尼族奕车人的“阿巴多”最富特色。该区小伙子们邀请外村姑娘们前来参加“阿巴多”活动，地点一般选择在刚建好但主人尚未入住的新房，也可以是无人居住即将废弃的老房子。

宴席一定要杀一只开叫了的大公鸡，鸡肉摆放在桌子的正中位置，用筷子把公鸡头高高竖起，将大公鸡的两个肾挂于鸡头脖子旁边，表示小伙子们都是有种的汉子。天色黑定之后，姑娘们入席。座次安排有一定的讲究，一般是男女相间而坐。男子组织者宣布宴会开始，给领头姑娘斟酒，唱情歌请姑娘喝酒。如此按逆时针方向逐一敬酒，男女轮番相敬，直到鸡鸣东方破晓。稍后正式入席吃饭，之后小伙子们陪着姑娘们到街上玩耍，约定下次小伙子们到姑娘们寨子里参加“阿巴多”活动的日子。

哈尼族婚宴叫“阿巴多”，意为喝喜酒。婚宴菜肴与节日的饮食大致相同，但有几个菜是婚宴必食的。一是柴花（树胡子），象征萌发向上、旺盛健康；二是魔芋豆腐，象征肥大、健壮；三是豆芽，象征发芽开花结果。三是泥鳅和鱼加酸菜的煮菜，象征阴阳结合，这碗菜专供女方家堂屋中主桌就座的妇女们享用，其他人不得食。

婚宴敬酒首先敬主桌上的老年妇女。新郎提壶倒酒，新娘端杯，双手敬奉，被敬者接过酒杯喝下，在座的人齐声喝彩：“唆！”喝酒者取出礼钱分别给新郎新娘，新郎新娘下跪用衣角接钱。

3. 丧礼饮食

高龄老者去世，丧家按传统在家附近设立大灶，接待前来吊唁的亲友。丧礼饮食与节庆饮食不同，虽然有猪鸡牛羊肉，但做得较为粗糙，大砍大煮，不讲烹调技艺；二是以大路菜为主，如南瓜、冬瓜等；三是在餐桌上人们表情凝重，互相之间不说“再见”“你好”之类的问候语。四是各自喝酒，互不劝酒，更不敬酒。有的地区，奔丧的第一餐由丧家接待，而后由奔丧者住宿的房东招待。奔丧者带来的猪、牛、羊等，宰杀祭奠死者后，大部分拿回房东家食用。丧礼上禁吃生旺子之类的凉拌菜。

结语

生态人类学主张人类与自然的关系是相互影响相互作用的关系，在这一关系中，自然是先决的条件，人类是自然适应的物种之一。人类适应有其特殊性，通常分为三个层面，一是物质生产层面，二是社会层面，三是精神层面。本章关于哈尼族年中节日、节日传唱、节日舞蹈、节日饮食的记述，充分反映了节庆作为文化适应，尤其是社会和精神层面适应的丰富内涵、特殊意义和重要功能。可喜的是，即使是在人类社会文化业已发生巨大变化的今天，哈尼族的节日文化依然保持着较为完整的传统形态。自然，在现代化全球化影响无处不在的背景下，哈尼族节庆文化也和哈尼梯田的其他文化一样，不可避免会发生某些变化，亦会产生某些新颖的创造和建构，从而更加适应时代的发展，以满足人们日益丰富的精神需求。

第五章

哈尼梯田文化的现代性建构

第一节　梯田旅游

作为现代朝阳产业的旅游业，在国民经济中占有重要地位。旅游业具有扩展人们生活空间、丰富人们生活和促进社会经济文化发展等功能，随着社会经济的繁荣，旅游的社会文化经济功能日益显著。红河哈尼梯田在短短30年间，从藏在深山人不识到成为著名世界旅游目的地，无论对生态文化旅游还是乡村旅游等而言均具有典型意义。考察其资源认知、规划宣传、基础设施建设、景区开发，旅游项目、经济效益、民众参与等，有助于了解哈尼梯田的现代性意义和演变势态，而其在开发和发展过程中所涉及的资源权属、利益分配、经营模式、文化利用、持续发展等问题，则一直是当代中国旅游研究绕不开的重要课题。

一　梯田旅游的缘起

哈尼梯田旅游，源于外界对于梯田的认识。1993年，第一次国际哈尼族文化研讨会在元阳县举行，10多个国家的与会代表参观元阳胜村乡全福庄哈尼梯田，深为其景观的壮丽与文化的丰富所感动，一致认为哈尼梯田是极为宝贵的旅游观光资源。外来者的感动、赞美和提议，给予当地学者艺术家、政府官员、农民等很大的触动、启发和鼓舞，哈尼梯田的旅游价值开始被当地认识和重视，旅游开发由此提上了议事日程。在旅游发展史上，因外来者的发现而导致旅游资源的开发和旅游事业的兴起，不乏其例。江南著名水乡周庄、湖南张家界石林奇观、云南西双版纳热带风情等，无一不是依靠外来者对于“他者”生态文化的发现和赞誉起家的。

不过说到哈尼梯田旅游，人们首先必须正视这样的一个事实，哈尼梯田是哈尼人的梯田，梯田生态文化是哈尼人创造和拥有的文化，即哈尼人是梯田以及梯田生态文化的主人。从尊重“他者”及其权属的理念出发，梯田旅游开发的主导者应该是哈尼人而非一切外来者。从权属和伦理方面看，这样的理念和主张无疑是正确的，然而如果将其运用于实践，就会发现理论与实际之间存在很大差距，实际操作存在很大困难。原因很简单，因为现实社会和市场经济的主导因素并不是资源权属，而是权力和资本。由此可见，人类学的旅游研究，除了坚持“他者”的视野，重视文化伦理道德之外，还必须充分注意权力和市场所发挥的重大影响。

现代旅游业，作为包罗万象的综合性产业，对于信息、资金、策划、设计、建设、开拓、管理等要求极高，即使是个体开发经营的农家乐客栈民宿等业态，欲在市场上立稳脚跟，也必须具备诸多必要的条件。这就带来了一个问题，即如外来者发现的那样，在许多地区，尤其是边远地区，蕴藏着珍奇大美的山水文化旅游资源，然而当地人却处于贫困的生活状态。由于开发旅游投入大、管理难，对于尚未解决温饱困难的人们而言，要靠自己的力量发展旅游业，那显然是不现实的。所以很多贫困地区的旅游开发，只能依靠外来资本（包括金融资本和智力资本）的推动。而欲引进外来资本，只有依靠政府。时下中国的旅游开发经营，包括乡村旅游，被概括为“政府主导、企业经营、社会参与”的模式，此即中国特殊国情使然。

哈尼梯田旅游产业的形成和发展，也是按照这一模式践行的结果。政府主导，体现于哈尼梯田旅游的规划、宣传、投资、建设、协调、经营、管理等方方面面。

1. 哈尼梯田旅游规划

旅游发展，规划先行。自20世纪90年代至2016年，由政府主导编制了《红河哈尼彝族自治州旅游发展总体规划》《红河哈尼梯田世界遗产地生态旅游发展规划》等十余个州、县旅游规划及《景区旅游基础设施项目建设可行性研究报告》等若干报告。①

2. 哈尼梯田旅游宣传

红河州的旅游宣传，主要从以下几个方面展开。

（1）文化丛书及文学作品宣传

最近30年以梯田为中心的文学艺术作品如雨后春笋般大量涌现，对于红河哈尼梯田知名度的提高和旅游业的快速发展影响重大。例如由州县两级编撰和出版发行的《哈尼梯田农耕文化》《元阳人物春秋》《红河土司七百年》《元阳哈尼梯田作品集》《哈尼口碑传承文化》《哈尼族民间故事集》等民族文化系列丛书，由文学爱好者及作家创作的《哈尼梯田神曲》《哈尼梯田之恋》《哈尼梯田的姑娘们》《哈尼梯田》等一系列文学作品，均为影响广泛的代表性作品。

（2）影视拍摄推广宣传

由红河州、县旅游局和中央地方广播电视台等摄制的《红河神韵》《寨子》《寻找梯田金花》《让世界为你喝彩》《元阳少数民族风俗》《依托大山的哈尼妇女》《走遍中国—走遍红河》《味道》等电视专题片，《诺玛的十七岁》《雕刻大山的民族》《太阳照常升起》《樱桃》《澜沧江—湄公河》《天下一碗》等电影、电视剧，大型纪录片《大国农业》《红河哈尼梯田》，以及央视春晚公益广告《梦想照进故乡》等。上述影视作品，形象、深入、全方位展示了红河州哈尼梯田的壮美。

① 30年间红河哈尼梯田旅游人数和收入情况统计（红河州地方志办公室档案资料）：1990年元阳的旅游人数仅为5000余人。1993年，第一次国际哈尼族文化研讨会在元阳县举行后，突破了1万人次。2013年，以元阳为主的哈尼梯田旅游景区接待国内外游客107.38万人次，2014年达到125.26万人，同比增长了16.65%。关于旅游收入，元阳县2000年仅为1011万元，2005年为9930.42万元，同比增长37.5%。2010年，以元阳为主的哈尼梯田旅游景区实现旅游收入8.58亿元，和2005年相比，增长了306%。2016年，以元阳为主的哈尼梯田旅游景区实现旅游收入45.23亿元，比2010年增长了427%，与2005年相比翻了21倍。

《诺玛的十七岁》是哈尼梯田较早的电影作品，该影片获得了柏林电影节评委的一致好评，并斩获法国卡普巡回电影节最佳影片金奖、第十届北京大学生电影节评委会大奖、2004 年美国圣约瑟电影节全球视觉大奖等 10 多项奖项，它让世界了解了红河和哈尼梯田，让哈尼梯田第一次登上了世界影视舞台。

（3）歌舞宣传

以哈尼梯田为主要背景创作的歌舞，如《长街宴》《我要去红河》《哈尼古歌》《诺玛阿美》等，较好地表现了哈尼梯田深厚的文化背景和浓郁的民族风情。其中由红河州歌舞团编排和创作的《哈尼古歌》，曾在意大利米兰世博会的舞台上唱响，受其影响，大批国外游客不远万里前来哈尼梯田旅游。2009 年，由舞蹈家杨丽萍担任艺术顾问的“中国红河·元阳哈尼梯田文化旅游节”大型农耕稻作实景演出《元阳梯田》问世，成为元阳哈尼梯田大型舞蹈的经典之作。

（4）展会推广和节庆宣传

县、州有关方面积极举办各类节庆活动，如举办红河哈尼梯田世界文化遗产摄影双年展、元阳哈尼梯田国际越野马拉松比赛、无人机大赛、百名作家写元阳、知名记者访元阳、知名画家画元阳、元阳县文化遗产日活动、元阳哈尼梯田申遗成功周年庆等活动，定期举办“中国红河·元阳哈尼梯田文化旅游节”、傣族“泼水节”、彝族“火把节”、哈尼族“新米节”等民族传统节庆和哈尼梯田“长街宴”等活动，以丰富哈尼梯田旅游文化。从 20 世纪 90 年起，红河州和元阳、红河等州县两级政府及旅游主管部门积极利用展会平台，参加中国国际旅游商品博览会、中国—南亚博览会、海峡旅游博览会、创意云南文化产业博览会、中国国际旅游交易会、中越（河口）边境经济贸易交易会、中国百家优质旅游景区实效合作闭门会、上海国际茶文化旅游节、南亚东南亚国家商品展暨投资贸易洽谈会等各类展会活动和旅游推荐活动，积极向全国和全世界游客宣传推介哈尼梯田旅游，哈尼梯田旅游在展会活动上倍受关注，影响不断扩大。

二　梯田旅游的兴起

旅游可以使梯田产出多样化，增殖梯田价值，能给当地带来新的业态、就业机会和经济收入。在利益的刺激下，农民纷纷行动起来，采取各种力所能及的措施融入旅游市场。例如住房条件稍好的人家会腾出房间开设客房，哪怕尚缺乏抽水马桶卫生间等基本条件；饭菜做得好的人家，也会有游客慕名找上门来要求提供舌尖体验，于是“哈尼特色菜”“哈尼梯田鱼”“哈尼梯田农家饭”等农家餐馆纷纷挂牌；一些能歌善舞的年轻人，敏锐地抓住商机，晚上会聚到一起载歌载舞，以满足游客娱乐的需求；从游客喜欢购买民族服饰、刺绣饰件、竹编木雕、地方特产、生态食物等受到启发，许多人家会在村头和家门口摆设小摊，出售特色商品；在梯田景观较好的一些村寨，参观者、摄影者、考察者日益增多，于是一些人家便会整日守在自家梯田入口处，设置门栏，收取“门票费”等。哈尼族能够创造世界奇迹“哈尼梯田”，在新兴的旅游市场大潮中亦不乏高度智慧，一些村寨在短短时间内便改变了自给自足的封闭状态，适应形势融入现代旅游的市场之中。然而，如前所述，由于多数村庄经济发展水平很低，农民们尚处于贫困状态，所以缺乏足够的市场应对能力，农家采取的种种举措普遍存在格局小、层次低、质量差、盲目混乱、管理无序等缺陷，这样的状况不仅不可能持续发展，而且会带来种种弊端，甚至导致哈尼文化生态资源的污染和破坏。诸多事例表明，在小农经济基础上是不可能建筑现代化旅游产业的高楼大厦的。红河哈尼梯田欲打造与“世界奇迹”“大地艺术”之誉相匹配的旅游胜地，光靠农民的努力是不现实的。有鉴于此，红河彝族哈尼族自治州政府在前期规划宣传的基础上，千方百计加大建设的投入，并积极引进社会资本进行交通、住宿等基础设施建设。

相对于企业宾馆酒店业的快速发展，哈尼梯田旅游区由农民等个体经营的客栈业和农家乐发展起步较晚，大部分客栈和农家乐的兴起是在哈尼梯田申遗成功之后由外地人投资建设起来的，其中以元阳县为主的哈尼梯田旅游核心区域的客栈和农家乐较多。仅2013—2016年，以元阳县为主的哈尼梯田旅游景区的各类型和不同档次农家乐、农家庄园和农家客栈就新增了140余家，其中较为出名的客栈和农家乐有“花窝窝客栈”“观景天堂客栈”“稻梦蜗居客栈”“云善仙居客栈”“憬悦云图客栈”“云上天上客栈”“山田云舍精品民宿”等。

三 世界遗产之旅

2007年11月15日，红河哈尼梯田被国家林业局列入国家湿地公园试点，2013年11月正式命名为“国家湿地公园”，这是云南省第一个国家级湿地公园；2010年6月15日，云南红河哈尼稻作梯田系统被联合国粮农组织正式列入全球重要农业文化遗产保护（GIAHS）试点；2013年3月23日红河哈尼梯田被国务院公布为“第七批全国重点文物保护单位”；2013年创立名为“云上梯田·梦想红河”旅游品牌；2013年6月22日在第37届世界遗产大会上，红河哈尼梯田文化景观被列入世界文化遗产名录；2014年7月22日，以元阳为主的哈尼梯田景区被评为“国家AAAA级旅游景区”；2015年，哈尼梯田获批筹建“全国哈尼梯田文化旅游知名品牌创建示范区”，红河县撒玛坝万亩梯田景区2016年8月提升为国家AAA级旅游景区。至2016年，红河州旅游建设项目达到80余个。

红河哈尼梯田规模宏大，气势磅礴，景观壮丽，绵延整个红河南岸的红河、元阳、绿春、金平等县，仅世界遗产申报地核心区元阳县境内就有19万亩梯田，集中连片梯田最大的达到上万亩。红河州的哈尼梯田景区景点众多，各景区景点因环境和地域不同而各具特色。主要景区有元阳县的箐口民俗村、坝达景区、多依树景区、老虎嘴景区、红河县的撒玛坝景区、绿春县的腊姑梯田和桐株梯田景区等，其中以元阳县的多依树梯田、坝达梯田、老虎嘴梯田最为著名。

（1）箐口哈尼族民俗文化生态旅游村

箐口哈尼族民俗文化生态旅游村位于元阳县新街镇，距老县城（新街镇）5公里，属于红河哈尼梯田世界文化遗产核心区域。箐口哈尼族民俗文化生态旅游村是红河哈尼梯田风景区的重要组成部分，以展现哈尼族生产生活等历史文化为主。该村具有浓郁的地域风貌，民族特色鲜明、典型，传统建筑、民风民俗文化保留完整。村寨周围有上万亩连片的梯田，集“梯田、村寨、森林、水系”四素同构及云海、“蘑菇房”为一体的景观吸引着海内外游客前来旅游观光、探奇赏美。该地2004年被国家旅游局评为“全国农业旅游示范点”。已建成的哈尼小镇位于箐口民俗村附近，小镇建筑风格以哈尼族传统民居为主，以展现哈尼民族文化为特色，小镇整体风格独特且自成一体，与整个景区协调融合，为游客提供了体验哈尼民俗的良好居所。正在建设中的哈尼历史文化博物馆和万缮度假酒店、云上梯田酒店等高端酒店也坐落于小镇内。

（2）坝达景区

坝达景区位于元阳县城南部44公里，距老县城（新街镇）14公里。景区包括箐口、全福庄、麻栗寨、主鲁等连片14000多亩梯田。坝达片区涉及7个村委会、29个自然村，是观赏哈尼族梯田、云海、哈尼族建筑等风光的佳所，也是了解、研究、体验哈尼族文化的中心地带。

坝达梯田，面积大，线条美，立体感强。其中麻栗寨景区梯田面积最大，从海拔1100米的麻栗寨河起，向上延伸至海拔2000米的高山之巅，层数多达3900多级，麻栗寨、坝达、上马点、全福庄等哈尼村寨分布于梯田云海之中，景致气势磅礴，蔚为壮观。

坝达景区为元阳哈尼梯田建设和开发较早的景区之一，景点建有旅游观光栈道、步道、观景台和旅游厕所，设有旅游商品销售点和大批客栈、农家乐等餐饮住宿设施，旅游基础设施和服务设施较为完备。高端度假酒店——十二庄园·香典酒店即坐落在该景区之内。

（3）多依树景区

多依树景区位于元阳县城东部53公里处，距老县城（新街镇）23公里。景区包括多依树、爱村、大瓦遮等连片9000多亩梯田，是观赏哈尼梯田、云海、日出及“蘑菇房”等风光的著名景区之一。景区三面是梯田，一面是山谷，状如海湾。十几个哈尼族、彝族村寨分布于梯田之中，站在高地鸟瞰，万亩梯田如万马奔腾，似万蛇蠕动，如大厦倾斜，似海浪翻腾。景区一年有近200天云雾缭绕，云海茫茫，忽东忽西，忽上忽下，时而消失，时而大雾，梯田、村寨时隐时现，神奇莫测。此为外国游客、摄影爱好者和文艺青年青睐之所，电影《云南故事》就是以这片梯田和村寨为主拍成的。

多依树景区建有旅游观光栈道、步道、观景台，设有旅游商品销售点和大批客栈、农家乐等餐饮住宿设施，旅游基础设施和服务设施较为完备。景区建有胜村云梯大酒店就以及“花窝窝”“观景天堂”“云上天上景观”等一批知名客栈。

（4）老虎嘴景区

老虎嘴位于元阳县城南部50.5公里处，距老县城（新街镇）20.5公里。20世纪50年代修建晋思公路时，在此地悬崖峭壁上开凿缺口，公路穿崖而过，公路下方有一个山洞，洞口很像张开的虎口，当地人称之为老虎嘴，此即为老虎嘴名称的由来。该景区包括勐品、硐浦、保山寨和阿勐控等连片梯田6000多亩，是申报世界文化遗产的核心保护区之一。梯田分布于深谷，状如巨大花蕊，梯田似万条长龙卧于山谷，又如万块玻璃嵌于大山。1993年3月，法国著名导演杨·拉马先生偕未婚妻到此旅游，沉醉其间，流连忘返，在梯田的田棚里举行了婚礼，并拍摄了美轮美奂的风光片《山岭的雕塑家》。

（5）撒玛坝景区

撒玛坝梯田景区位于红河县宝华乡，距县城38公里。梯田总面积1.6万余亩，梯田层数4300多级，最低海拔600米，最高海拔1880米。据史料记载：红河县境内的梯田为宝华乡落恐土司第一代吴蚌颇率众开垦，至今已有600多年的历史。撒玛坝16000多亩梯田属四个乡镇，21个村委会，是4万多人的粮仓。梯田一年四季呈现出不同的景色，春是碧绿的世界，秋是金黄的稻山，入冬后，块块梯田如明镜镶嵌山谷，似彩练直上云天，早观云海日出，晚看夕阳彩霞，美如仙境。这里集中展示了森林—村寨—梯田—水系四素同构的农业生态系统和各民族和睦相处的社会体系。撒玛坝万亩梯田被誉为世界第一大梯田，素有“山外有山，天外有天；不到撒玛坝，不知梯田大”之说。

一直以来，撒玛坝梯田藏在深山人不识，被称为“梯田美景的最后一块净土”。2016 年，红河县完成了撒玛坝万亩梯田旅游总体规划的编制，项目建设招商引资和景区旅游基础设施建设等工作正在推进中，现已建成“撒玛坝万亩梯田帐篷酒店”等一批高端酒店和客栈。

（6）腊姑梯田、桐株梯田景区

腊姑梯田因哈尼山寨腊姑村而得名，位于绿春县国家级自然保护区黄莲山脚下的三猛乡，距县城 60 公里，距三猛乡政府 12 公里，连片梯田面积达 4500 多亩。桐株梯田景区位于绿春县大兴镇，距县城 20 公里，连片梯田面积达 3100 多亩。腊姑梯田和桐株梯田开垦于极为陡峭的山岭，最低层海拔与最高层海拔高差 1000 多米，其面积规模虽不如元阳、红河的梯田，但险峻奇诡，别有景象。

此外，在红河哈尼梯田的构成体系中，还有金平县 22500 亩的阿得博梯田、40500 亩的马鞍底梯田和绿春骑马坝 1000 亩的傣乡梯田、平河乡 300 亩的真龙梯田、戈奎乡 400 亩的埃倮登巴梯田、戈奎乡 300 亩的子雄梯田等尚未开发利用。

四　文化生态之旅

市场经济是当代影响文化变迁的首要因素，而在市场经济的各种表现形式中，旅游又是影响文化变迁的最为活跃的因素。关于旅游与文化、旅游与文化拥有者的关系，是一个十分复杂的问题。部分学者曾认为旅游对文化的利用会给传统文化带来消极影响，旅游对文化商品化的追求会导致文化变质和破坏，外来旅游公司的主导会损害当地人的利益等。旅游所产生的消极影响和问题并非空穴来风，尤其是在政策法规不完善的情况下尤为显著。不过，这只是旅游的一个面相，诸多事例说明，发展旅游不仅能够带来经济效益，而且还能促进文化保护传承事业的发展。一些传统文化，包括一些濒临消亡的宝贵的传统文化，正是在旅游的带动之下才得以复活和弘扬，而文化遗产因旅游得以彰显和活化的事例比比皆是。事物具有两面性，旅游亦如此。欲以旅游的负面否定其正面，从而阻止旅游事业的发展是极不现实的，我们应该知道，市场在很大程度上发挥着主导作用，它不会因为存在消极和缺憾而妥协退让，只有当消极和缺憾成为发展障碍的情况下，市场才会进行调适和改良。下面所举梯田“旅游精品线路”和“旅游体验项目”的设计，可视为旅游利用生态文化的典型事例。两项设计，一方面反映了市场利用资源的不遗余力；另一方面也表现出市场对于资源的出色的发掘、整合、创造能力。

1. 创建旅游精品的七条线路

（1）探秘红河环线游（红河→元阳→绿春→金平 7 日游）。主要景点：红河撒玛坝万亩梯田、马帮古城、桂东梯田、作夫生态村、十二龙泉；元阳多依树、坝达、老虎嘴、箐口哈尼族生态旅游特色村、哈尼小镇；绿春腊姑梯田和桐株梯田；金平金水河口岸、阿得博梯田、马鞍底梯田、中国红河蝴蝶谷、五台山瀑布、标水岩瀑布、天生桥，赏哈尼梯田，跳篝火晚会、品长街宴、听《哈尼古歌》。

（2）元阳哈尼梯田核心区深度游（坝达→多依树→勐品 3 日 2 晚游）。主要景点：老县城（新街镇）的云雾山城、龙树坝彩色梯田、土锅寨日出梯田景、金竹寨田园风光景、芭蕉岭山土司万氏嫫工事、东瓜林烈士陵园、箐口哈尼族民俗生态旅游特色村、哈尼小镇；坝达景区的全福庄梯田、麻栗寨梯田、坝达梯田、上马点梯田；多依树景区的黄草岭梯田景点，普高老寨梯田景点，多依树梯田、宗瓦土司掌寨衙门；勐品景区的老虎嘴勐品梯田，阿猛控梯田，保山寨梯田，猛弄土司遗址，猛品古彝文。观梯田、看云海、赏日落、住客栈、玩摄影、品特色、听古歌。

（3）元阳哈尼梯田核心区观光游（坝达→多依树→勐品 1 日游）。主要景点：箐口哈尼族生态旅游特色村、哈尼小镇、坝达景区的全福庄梯田、坝达梯田、黄草岭梯田景点、普高老寨梯田景点、老虎嘴勐品梯田。重点是观梯田、看云海、赏日落。

（4）红河哈尼梯田深度游（马帮古城→撒玛坝梯田→桂东梯田→作夫生态村→十二龙泉→奕车姑娘节2日1晚游）。主要景点：迤萨古镇、红河马帮古城、撒玛坝万亩梯田、普春村、桂东梯田、作夫民族特色村、浦玛奕车风情村、大羊街乡哈尼村寨等。旅游内容主要为观梯田、赏文化、体风情、品特色。

（5）金平哈尼梯田之旅（阿得博梯田→马鞍底梯田→中国红河蝴蝶谷2日1晚游）。主要景点：阿得博梯田、马鞍底梯田、中国红河蝴蝶谷、五台山瀑布、标水岩瀑布、天生桥、坪和草原。旅游内容主要为观梯田、赏文化、体风情、亲生态、品特色。

（6）生态之旅：红河樱花棕榈秀梯田→绿色壮观元阳梯田→中越一瀑两国金平天生桥（特色哈尼蘑菇房标水岩村、标水岩瀑布、拉灯瀑布群、诗情画意蝴蝶谷）。

（7）美食之旅：红河花虫宴→元阳哈尼美食（元阳哈尼蘸水鸡、元阳梯田红米、元阳黄牛干巴）→金平傣家宴。

2. 旅游体验项目

（1）闲游梯田

游客在时间充裕的情况下，可选择在不同梯田片区、不同海拔高度的梯田间游走，深度观察感受梯田风光，体验农耕文化。

（2）观云海

春冬季节，特别是11月至次年的4月期间，山地云雾最盛，是哈尼梯田特别是元阳哈尼梯田坝达景区、多依树景区、勐品景区和红河撒玛坝万亩梯田景区观云海的最佳季节。

（3）看日出赏日落

日出日落观赏梯田，是最受游客欢迎的旅游项目之一。元阳多依树景区、勐品景区和红河的撒玛坝景区，一年四季的日出日落皆为美景；多依树景区和撒玛坝景区是观赏日出的最好景区；老虎嘴景区则是观赏梯田日落和拍摄梯田光影变化的最佳景点。

（4）梯田农耕和民族文化体验

梯田农耕和民族文化体验项目有观看梯田实景大型农耕文化歌舞演

出、探访哈尼村寨、入住哈尼人家、体验稻田捉鱼、捉泥鳅、捉田螺、打谷子等。

（5）哈尼长街宴

哈尼族节日多，“十月年”“昂玛突”和“苦扎扎”为哈尼族三大节日。“昂玛突”节是祭祀寨神、求雨祈丰的盛大节日。节日当天，全村男女老幼穿着节日的盛装，锣鼓喧天，热闹非常。家家户户将做好的黄糯米、三色蛋、猪、鸡、鱼、鸭肉、牛肉干巴、麂子干巴、肉松、花生米等近40种哈尼族风味菜肴和酒抬到指定的街心摆起来，一家摆一两桌，连在一起恰似一条长龙。2004年，绿春县举办的长街宴，总桌数达2041桌，总长达2147米，被上海大世界基尼斯总部誉为“天下最长的宴席”，并被列为“上海大世界吉尼斯之最”。参与体验“长街宴”，可以充分感受哈尼族古老的文化风情。

（6）哈尼歌舞

该项目主要观赏体验红河县阿扎河乡普春哈尼族多声部梯田山歌和哈尼族支系豪尼人的“棕扇舞”。多声部音乐《栽秧山歌》是哈尼族古老传统民歌。在红河，16岁以上的姑娘及中老年妇女都能演唱。每当栽秧季节，梯田里山歌此起彼伏，遥相呼应，震撼山间。“棕扇舞”是哈尼族支系豪尼人一个古老而神奇的舞蹈。豪尼人同汉族一起过春节，每年农历正月初三至初五举行棕扇舞盛会。

（7）奕车姑娘节

红河县大羊街乡一带哈尼族的姑娘节，于每年农历二月初四举行。是日，从鸡未叫开始到深夜，家务事全由男人做，妇女休息。不仅如此，午后男人们还要打扮成姑娘的样子，在寨中弹弦跳舞，以表示对妇女和婚姻自由的尊重。

（8）其他项目

除了上述旅游项目外，梯田景区还有多民族丰富多彩的节庆体验项目。

表5－1　哈尼梯田旅游景区旅游体验项目（引自红河州方志办）

体验项目	活动名称	工具准备	项目规则
互动游戏	抢糍粑粑	泡糯米、杵棒、石碓或木	舂打糍粑表演、体验，完成后一哄而上争抢糍粑
	摔跤	腰带等	按一定的规则，使用抓腰带、抱腿、过臂、夹臂翻、穿腿等摔跤技术、技巧摔倒对手
	板鞋竞速	板鞋	板鞋竞速是由多名运动员一起将足套在同一双板鞋上，进行比赛，以在同等距离内所用时间多少决定名次。
	踩高跷	长木跷	指定路线距离，踩上高跷后双脚不能下地，中途脚着地算失败。
	打陀螺	木制陀螺体和鞭绳	可分组比赛，抽转陀螺以旋转时间长者为胜。
娱乐游戏	打秋千	独绳秋千	男子将一只脚踩在扣上，两手紧握藤条，另一只脚蹬地起动。妇女荡秋千可在扣上套木板，站在木板上荡单人或双人秋千。
	打鸡毛球	鸡毛球、活动场地	活动人数不限，分别站在界线的两边。双方相互用单手把鸡毛球抛向对方，随球的起落，前后左右来回奔跑，互相扣杀。
	掷草包	用叶子裹成的圆体草包	未婚的男女青年分列两排，向空中抛掷草包为戏。
	射弩	木弩、竹弩、标靶	用粑粑和肉片当靶子，谁射中粑粑和肉片就归谁，射得粑粑和肉片最多的就是最好的射手。
文化体验	摄影比赛	比赛章程	以元阳“昂玛突”长街宴活动为题，举行摄影比赛。
	民族展览	展览资料、场馆	以长街宴为专题，设置民俗展览长廊。
购物体验	手工制作	手工制作工具	刺绣、打银、银铃、串珠、染彩蛋、竹编、织布、服饰制作。
	手信系列	手信一条街	特产小吃、明信片、手工作品、民族服饰等。

表5-2　**哈尼梯田景区各民族节庆旅游项目（引自各州方志办）**

时间	民族	节日	内容	举办地
农历正月初二	苗族	踩花山节	斗牛、斗鸡、爬花杆、对歌、跳芦笙	金平铜厂乡、马鞍底乡，元阳上新城乡等
农历正月属龙日	哈尼族	昂玛突节	祭寨神、祭水神、长街宴会	元阳、红河、绿春、金平等县哈尼村寨（其中元阳县的哈播村最具特色）
农历三月初三	壮族	三月三节	赛歌、赏歌、转秋	各县均有
公历4月12日	傣族	泼水节	泼水狂欢、祭水神、歌舞表演	哈尼梯田旅游景区各县均有，其中以元阳县的南沙镇、马街乡傣族村寨和金平县勐拉的傣族村寨最有特色
农历六月属猪日	哈尼族	苦扎扎节	打磨秋、杀牛、杀猪、祭天地田	各县均有
农历六月二十四日	彝族	火把节	迎火神、祭祖、唱歌跳舞、摔跤	元阳县新街镇、红河县阿扎河等
农历七月十四日	瑶族	盘王节	载歌载舞，纪念盘王，庆丰收	主要以金平县全县和元阳县的大坪乡为主
农历八月属龙日	哈尼族、彝族	新米节	祭稻神、舂新米，亲朋共庆丰收	各县均有，其中元阳县的全福庄、箐口、大鱼塘村等较有特色
农历九月十三日	傣族	男人节	对歌、摸鱼、摔跤、爬杆、拔河、篝火舞会	元阳及金平傣族村寨
农历十月属龙日	哈尼族	十月年	长街宴（长龙宴）、歌舞表演	各县均有

五　梯田物产之旅

旅游能创新文化，且能创造商机和市场，某地旅游兴起，商机和市场也便随之兴盛。例如丽江有了旅游，纳西族传统用于书写东巴经的象形文字因稀奇优美而大受国内外游客赞赏，人们争相购买，使之身价倍增，于是乎善于书写东巴经者大都成为收入丰硕的艺术家；大理扎染原为白族服饰布料，由于游客的青睐，促进了形形色色扎染服装和制品的开发，产品不仅在当地热卖，而且还大量远销日本等国家；石林撒尼人特别善于经商，景区市场出售民族服饰和艺术品的妇女们不仅会针对国内游客说不同的语言，而且能够熟练应用英语、日语和外国游客讨价还价，其刺绣品长期大量外销，成为当地重要产业。此类事例不胜枚举，旅游创造市场的特殊魅力于此可见一斑。红河哈尼梯田也一样，旅游发展起来了，市场被带到了家门口，农民们根据游客的喜好，迅速开发了两类商品，一为食物特产，二为手工艺品。

1. 食物特产，计有15类

（1）元阳、迤萨牛干巴。元阳、迤萨牛干巴选用毛色光滑，肥瘦匀称的菜牛精肉，切成条状肉块，抹上盐巴、辣椒、花椒、八角、草果面和酒，腌一天至两天，以竹条或细箭竹穿串，挂于灶房或火塘上方熏干而成。食用时将干巴再次置于烤架上以温火烤热，然后用木槌敲散手撕食用，味道鲜美。

（2）梯田红米。哈尼梯田红米为传统栽培优良稻米品种，米色微红，属糙米，富含钙、铁、锌、铜、镁、钾等微量元素，其蛋白质、氨基酸、维生素、纤维质的含量远远高于普通大米。

（3）哈尼焖锅酒。哈尼焖锅酒酿造历史悠久，原料以玉米、高粱、稻谷、苦荞为主，亦可掺入稗、粟、薯等。焖锅酒清澈晶莹，口感醇厚甘甜，是哈尼山寨节庆必备的美酒，也是游客馈赠亲朋好友的佳品。

（4）元阳鲁沙梨。鲁沙梨因产于元阳县新城乡鲁沙寨而得名。鲁沙梨肉厚汁丰，凉甜适口，果大皮薄，脆嫩无渣，且适应性强，成活率高，树干壮实，便于栽培，现红河州各地均有种植。

（5）云雾茶。元阳县所产云雾茶以品质优良闻名遐迩。云雾茶产于高寒山区崇山峻岭之中，得高山云雾、山花、山泉的浸染滋润，茶叶清香隽永，口感甘醇，为茶中上品。

（6）飘香豆豉。“飘香豆豉”以本地所产大豆制作，经多道工序加工而成，味道独特，香味持久，具有开胃、爽口等特点。

（7）元阳美酒“哈尼醇”。“哈尼醇”为哈尼族传统美酒，采用麦子、稻米、玉米等五谷杂粮精心酿制，是哈尼人最喜爱的酒类。

（8）元阳草包鸭蛋。元阳草包鸡（鸭）蛋为云南有名的“十八怪之一”。“元阳草包鸭蛋”为本地土鸡所产，无污染，品质优良，色泽鲜亮，口感极佳。

（9）紫山药。紫山药富含薯蓣皂（天然的 DHEA），并含各种荷尔蒙基本物质，常吃紫山药有促进内分泌荷尔蒙的合成和滋阴壮阳的作用。此外，紫山药的蛋白质含量和淀粉含量较高，常吃紫山药有益于皮肤保湿，还能促进细胞的新陈代谢。

（10）梯田鱼。哈尼梯田一年四季蓄水，梯田不施化学肥料，所养田鱼无污染，肉质柔软细腻，味道鲜美。

（11）梯田黑米。黑米分紫粳、紫糯两种。紫米颗粒均匀，颜色紫黑，米味香甜，富于营养，民间作为补品，有“药谷”“补血米”“长寿米”之称。黑米又称血糯米，营养价值高，除含蛋白质、脂肪、碳水化合物外，还含有丰富的钙、磷、铁、维生素 B_1、维生素 B_2 等，对慢性病患者、恢复期病人、孕妇、幼儿、身体虚弱者有滋补作用。

（12）宝华嘎它红心鸭蛋。鸭蛋蛋黄鲜亮血红，富含蛋白质、磷脂、维生素 A、维生素 B_2、维生素 D、钙、铁、磷等营养物质，所制咸鸭蛋具有鲜、细、嫩、松、沙、油的特点，味如蟹黄。

（13）红河县小芒果。红河县小芒果外形美观，果肉细嫩、香甜、风味独特，深受人们喜爱，有“热带果王”之誉。

（14）红河县野生葛根。红河优质葛根粉，味甘微辛，气清香，性凉，有发表解肌，升阳透疹，解热生津之功效。用于治疗脾虚泄泻、热病口渴、胸痹心痛等病症。

（15）迤萨小黄牛干巴。

2. 手工艺品，计有 4 类

（1）哈尼族民族服饰。哈尼族的服饰承载着丰富的文化信息，是追忆祖先迁徙历史英雄业绩的物化载体。哈尼服饰的色彩、款式和纹样，既是该民族生存区域地理环境的意蕴，也是族人社会身份和角色的标识，透露出生生不息、物我合一的生存理念。哈尼服饰色彩斑斓，制作工艺精湛，充分体现了哈尼族妇女的勤劳和智慧，是外地游客收藏和赠予亲朋的主要旅游商品之一。

（2）彝族传统刺绣。彝族刺绣纹饰精美，色彩考究，具有独特的民族风格。作为服饰装饰，从美化和耐用出发，多刺绣于领边、门襟、袖口、围腰、衣摆。图案纹样有山水云雷、飞禽走兽、花木虫鱼等自然风物和四方八虎、福禄寿喜、鸾凤和鸣、榴开百子等吉祥图案以及三角、方形等几何图案，其中以马缨花、镰纹、太阳纹等最为常用。在配色上，大量使用红、橙、黄、绿、青、蓝、紫等，华丽多彩，尤其尚黑喜红，色彩鲜艳对比强烈，反映出热烈奔放的民族性格。绣法灵活多变，多以挑、压、镶等工艺结合，视觉效果突出，有明显的地域特色。作为彝族灿烂民族文化与悠久历史的写照，彝族传统刺绣融入了彝族先民的起源故事、宗教信仰、图腾崇拜和生活愿望，具有重要的文化价值和收藏价值。

（3）哈尼日月盘银饰。哈尼日月盘银饰是哈尼族儿童服装银饰。银饰图案为鱼、螃蟹、青蛙和原鸡等浮雕造型。图案以三个圆圈象征太阳、月亮和地球。哈尼族认为人类和世间万物是一个大家族，鱼是天地万物的始祖，是一切生命之源；螃蟹和青蛙是开凿守护山泉的水源之神；原鸡不仅是家鸡的祖先，而且是报晓之鸟，是给人们带来温暖的光明之神。银饰表现了尊崇万物诸神、与神和谐共处的愿景。

（4）哈尼族竹编工艺品。红河县龙普竹编历史悠久，有“六村百户千人齐编”之说。其竹制品工艺精湛，式样美观、经久耐用、生态环保；品种有篾帽、烟筒、背箩、谷床、簸箕、撮箕、篾桌、筲箕、饭兜、饭盒、鱼篓等60多种，其中以篾帽（也称油篾帽）最为著名。产品曾远销省内外乃至东南亚，一度成为当地老百姓的主要经济来源。

六　实现惠益共享

红河哈尼梯田旅游经过30年的发展，至2016年，总体上看，无论旅游人数还是收入，均呈现逐年上升势态，经济效益十分显著。那么，作为梯田创造者和拥有者的哈尼族等，是否充分享受到了梯田旅游带来的经济效益呢？这既是梯田旅游开发的初心和核心，也是梯田旅游能否良性持续发展的关键问题。对此，州县两级政府始终把“造福于民、还利于民”作为目标，做了大量工作，为乡村旅游开发积累了宝贵经验。

20世纪80年代中后期，哈尼梯田旅游逐步兴起，游客不断增多，但哈尼梯田旅游区的接待条件有限，无法满足游客的需要。90年代中期，政府开始出台政策，鼓励哈尼梯田景区内的村民开办乡村旅馆和农家乐，参与接待游客。一批有开拓意识和能力的农民先后在元阳的新街镇箐口村、全福庄村，胜村乡的多依树和攀枝花乡的老虎嘴等景点办起了农家旅馆和农家菜馆，生意虽然不算兴隆，但也时常有人光顾，经过有关方面不断扶持宣传，逐渐红火起来。看到先行者们收获了利益，周边村落的群众也纷纷效仿，农家旅馆和菜馆相继兴建，其中以元阳县新街镇箐口村附近和胜村等地开设最多。有的农户在公路沿线或村庄周围开办农特产品销售点，以售卖哈尼梯田红米、鸡蛋等土特产获利。到2005年，仅元阳县哈尼梯田范围内的土特产销售点、农家旅馆和菜馆已经达上百家。部分善于经营者，随着获利的增加，积极提升改造接待环境和条件，变旅馆为客栈，或直接改建宾馆酒店，招募村民参与服务，为当地群众增加就业和收入。据初步统计，在“十一五”和“十二五”期间，哈尼梯田旅游区各村落通过直接参与或者间接参与旅游服务脱贫致富的村民达3万余人。

2013年以来，随着世界文化遗产名录、国家4A级旅游景区、“云上梯田·梦想红河”等哈尼梯田品牌的建立，以元阳县为主的哈尼梯田旅游更是风生水起、人潮涌动，旅游产业的快速发展和游客的迅速增长，为哈尼梯田周边村落提供了良好的发展机遇。为抢抓机遇，借此东风，助推当地群众脱贫致富，州县两级政府及旅游主管部门积极向上争取政策和资金支持，加快村落之间旅游通道等基础设施建设，并助推群众大力发展乡村旅游，鼓励发展农家乐、农家庄园和农家客栈，以期改善农村的贫困面貌。为此元阳县制定了《元阳县乡村旅游工作方案》，县政府对农家乐示范户每户给予10万元以内无息借款扶持，对农家旅馆示范户每户给予8万元以内的无息借款扶持；并按照《红河州星级乡村客栈划分与评定》标准对农家客栈进行评星，对创评星级的农家客栈给予资金奖励。同时积极完善旅游扶贫工作模式，在普朵等贫困村采取“公司+合作社+农户”的方式发展蓝莓庄园，以土地入股公司，并与公司签订用工合同，按比例分红利，使贫困户在入股分红和公司打工上得到双收益。为保护梯田、保护传统村落和文化，带动景区农民群众脱贫致富，元阳县还启动了梯田流转景区带村精准扶贫项目，以“公司+合作社+农户+基地”的经营模式，通过合作社流转梯田，带动了勐品村3个自然村（766户，3892人）脱贫致富。通过发展乡村旅游，目前元阳县已发展乡村客栈、农家餐馆219户，评定星级农家客栈9户，当年就带动了2000余人直接就业，4500余人间接就业，实现经营收入达3000余万元。

据统计，仅2013—2016年，以元阳县为主的哈尼梯田旅游景区的农家乐、农家庄园和农家客栈就新增了140余家。同时，为提升服务质量，形成有序竞争相互促进的旅游服务局面，州县两级旅游主管部门还通过招商引资等方式，引进了十二庄园·香典酒店、观景天堂客栈、云上天上客栈、花窝窝客栈等一批知名民宿和客栈经营商落户景区各个景点和村落，鼓励当地农家乐、农家客栈等向高端化靠拢，发展现代旅游服务业，谋求可持续发展。

近年来，为丰富景区旅游业态，增加哈尼梯田旅游区的旅游产品，红河州州县两级政府和旅游主管部门结合云南省推动旅游特色村建设的实际，着手在元阳县等哈尼梯田村落重点打造一批旅游特色小镇、旅游特色村、特色民俗村和特色餐饮，同时大力实施“一村一品”工程，以此吸引更多游客深入哈尼梯田村落观赏梯田、体验哈尼梯田农耕文化和少数民族传统文化。其中，元阳县新街镇的哈尼旅游小镇已于2015年建成并开始接待游客；其他如元阳县新街镇箐口新村、黄草岭村，红河县宝华镇龙玛村、龙甲村、迤萨镇大黑公村、甲寅镇作夫新村，金平县猛拉乡顶岗村等一批村落也被列入重点旅游特色村之列全力打造。2016年，结合“挂包帮、转走访”精准扶贫工作战略的实施，红河州旅游主管部门还启动了旅游扶贫规划的编制工作，并责成相关县市启动旅游扶贫规划编制和旅游扶贫工作计划，力求从基础设施建设、旅游产业扶持、旅游精品线路打造等方面加强全州乡村旅游的发展，切实解决梯田旅游周边的新农村建设、农业产业发展和农民增收致富问题。

结语

红河哈尼梯田现代旅游起始于20世纪90年代初期，迄今为止不过短短30年，即已发展成影响巨大、效益显著的新兴产业。回顾历程，促使该产业的产生、发展、兴盛的条件，主要有以下几点。

首先，红河哈尼梯田作为大美旅游资源的发现、认知和重视，与诸多著名旅游胜地一样，系得益于学术界、艺术界等的专业角度的考察、研究与宣传，该事例再次体现了学术研究和艺术审美在当代旅游业发展中的重大意义。

其次，在我国，政府作为重大旅游项目的立项、规划、投资、启动、实施、管理、决策等的主导者，作为农民旅游权益和“三农”发展的保障，发挥着无可取代的决定性的作用。

再次，优质企业和社会资本的介入、参与、运营，是旅游基础设施建设、景区形象塑造宣传、景区项目策划开发、产业配置和管理经营等的必不可少的条件。

最后，凡是依赖、利用景区人民所拥有的历史社会文化生态资源进行开发和经营的旅游企业和外来投资者，必须充分认识和尊重景区人民的文化、习俗、权益、意愿和诉求，必须奉行正义公平的经营原则，必须坚定实行惠益共享、资源补偿、造福当地、共同发展的方针。关于这一点，红河州县两级政府始终坚持正确方向，然而与其他旅游胜地的开发一样，随着旅游业规模和经营范围的逐步扩大，必然会产生生态失衡、权益矛盾等各种问题，需要各方面积极配合，不断适应，有效协调，努力构建经营者和当地民众利益共享、密切合作、和谐共赢的运行机制。只有这样，才能激发村民的积极性，才能有序运营、行稳致远，使资源得到最大限度的保护和利用，从而实现良性和可持续发展的远大目标。

第二节　梯田文化的升华

现代性，是一个面向宽泛、有着不同理解和解释的概念。仅就字面而言，所谓现代性，乃是对应于“历史性”的时空转换。在现实语境中所说的现代性，多指当代社会世界观和价值观取向，具体表现为与现代社会的物质和精神需求相适应的意识形态和行为实践。

文化有传统与现代之别，确切说传统与现代应是一个难以截然区分的不断传承变迁的过程。不过如果在文化研究中引入“现代性”概念，并充分发挥现代性富于建构的特点，那么对于深入认识发掘弘扬传统文化的价值和意义，对于当代物质文明和精神文明建设，将会发挥十分积极的作用。譬如哈尼梯田，其生态文化内涵之所以得以空前显著彰显，其文明的价值和意义之所以得以大幅度升华光耀，很大程度上就是得益于现代性的建构。哈尼梯田作为当代传统文化现代性建构的典范及其产生的意义，值得重视。

一　前遗产时期的梯田研究

红河哈尼梯田于2007年11月15日被国家林业局列入国家湿地公园试点，2013年11月正式命名为国家湿地公园；2010年6月由联合国粮农组织认定为“全球重要农业文化遗产”，2013年5月由国家农业部认定为“中国重要农业文化遗产”；2013年6月由联合国教科文组织评定为“世界文化遗产”。四个名誉的获得以及百余项非物质文化遗产的认定，即国内国际社会对于哈尼梯田价值意义的认识，是在21世纪第一个10年前后，这是时代的机缘还是偶然的发现？稍微回顾前遗产时期哈尼梯田的研究状况（迄至2013年），就知道哈尼梯田的闻名其实是一个从不知到知之、从一般认知到科学、文明认知的长期过程，这个过程主要是民族学、自然科学等多学科调查研究积渐所致的体现。

当代哈尼族的调查研究始于20世纪五六十年代由国家组织实施的民族调查，最早的调查研究成果是中国科学院民族研究所云南民族调查组、云南省历史研究所民族社会历史研究室编印的《云南省哈尼族社会历史调查》（1964 年 10 月）。关于哈尼族梯田的论述，最早见于刘尧汉等执笔的《哈尼族简史》（“国家民委民族问题五种丛书之一、中国少数民族简史丛书”，云南人民出版社 1985 年版），该书第七章第五节“科学知识与文学艺术·创造梯田”中写道：“哈尼族有丰富的生产经验，农业，特别是对梯田的经营最具有代表性。云南多数的山居民族都能开垦梯田；但所垦台数之多，技术之精，则当首推红河南岸的哈尼族。”文中并有哈尼族源和梯田文献史料的引证。毛佑全、李期博合著《哈尼族》（民族出版社 1989 年版）、毛佑全《哈尼文化初探》（云南民族出版社 1991 年版）、孙官生《古老、神奇、博大——哈尼族文化探源》（云南人民出版社 1991 年版）等，是较早研究哈尼族的重要著作。同时期由哈尼族传承人和哈尼族学者共同完成的《哈尼阿培聪坡坡》（云南民族出版社 1986 年版）、《哈尼族四季生产调》（云南民族出版社 1989 年版）、《十二奴局》（云南人民出版社 1989 年版）等哈尼族史诗、歌谣、传说等，后来成为学者们广为参考、引用的贵重资料。王清华于 1983 年到元阳县做民族学田野调查，于 1988 年在云南省民族研究所编的《民族调查研究》上发表《哈尼族的梯田文化》一文，1999 年出版专著《梯田文化论——哈尼族生态农业》奠定了哈尼梯田文化研究的基石，最近出版新的力作《梯田文化新论》，把梯田研究推向了新阶段。角媛梅 2009 年出版专著《哈尼梯田自然与文化景观生态研究》以及一系列论文开创了自然科学研究哈尼梯田的先河。自然科学的重要研究还有宋维峰、吴锦奎等的专著《哈尼梯田——历史现状、生态环境、持续发展》等。同时期一批重要的哈尼族历史文化和梯田研究成果相继问世，代表性专著有李克忠《寨神——哈尼族文化实证研究》（云南民族出版社 1998 年版），白玉宝、王学慧合著《哈尼族天道人生与文化源流》（云南民族出版社 1998 年版），史军超《哈尼族文学史》（云南民族出版社 1998 年版），张红榛、哥布主编的《文化解读哈尼梯田丛书》十二卷（云南美术出版社 2010 年版），黄绍文、廖国强、关磊、袁爱莉等著《云南哈尼族传统生态文化研究》（中国社会科学出版社 2013 年版）、邹辉《植物的记忆与象征：一种理解哈尼族文化的视角》（知识产权出版社 2013 年版）等。

前遗产时期，哈尼族及哈尼梯田研究除了上述专著之外，还有大量论文发表。论文分三类。一是会议论文集：1993 年 3 月，首届哈尼族文化国际学术讨论会在红河州召开，收到论文 80 余篇，其中近 40 篇从不同侧面涉及哈尼梯田文化，结集为《首届哈尼族文化国际学术讨论会论文集》（云南民族出版社 1993 年版）。2002 年 12 月，第四届哈尼/阿卡文化国际学术讨论会再次在红河州梯田分布较为集中的元阳、红河两县流动举行，出席会议的有来自四大洲 14 个国家近 200 名中外学者，梯田文化为会议讨论的主题之一，在收到的 158 篇论文中有 80 余篇是撰写有关梯田文化的论文，论文结集为《第四届国际哈尼/阿卡文化学术讨论会论文集》。二是学术机构编著的论文集：2000 年，红河州哈尼学学会编著出版《哈尼族梯田文化论文集》，中央民族大学哈尼学研究所编著《中国哈尼学》第一、二、三辑，云南民族学会哈尼族研究委员会编著《哈尼族文化论丛》第一、二、三辑，云南省民族事务委员会编《哈尼族文化大观》，中国少数民族文史资料书系《哈尼族：云南特有民族百年实录》（中国文史出版社 2010 年版）。三是散见于各种刊物上的论文，数量多达百余篇。

哈尼族民间神话传说是哈尼族人民的智慧结晶，是哈尼族的精神财富，亦是哈尼梯田文化的重要组成部分。前遗产时期学者们做了大量的搜集整理工作，成果显著。例如《天地神的诞生》《造天造地》《兄妹传人种》《开田种地》《庄家神扎那阿玛教哈尼人种陆稻》《先祖塔婆取五谷传六畜》等。《哈尼古歌·湘窝本》讲述哈尼先祖从老鼠那里得到启示学会了播种；传说《哈赫吾星教哈尼开田种稻子》讲述哈尼先祖在努玛阿美时代开始种植水稻的经历；元阳县流传的哈尼族神话《哈尼两兄弟开神田》讲述哈尼人开垦梯田的神奇故事；《老水牛开始犁田的传说》讲述天神莫咪派老水牛到人间给哈尼人犁田；《英雄玛麦找谷种的传说》讲述哈尼小伙玛麦为了哈尼人过上好日子，在天神的小金马帮助下到天庭讨要谷种；《扒烂稻根的诺姒姑娘》讲述诺姒薅秧的故事；此外，《尝新先喂狗》《布谷鸟报四季的传说》《猫、狗、老鼠和五谷的传说》《老鼠和麻雀的故事》等都是与梯田稻作有关的神话传说。

关于哈尼梯田前遗产时期的研究，史军超的研究和建议贡献突出。史氏开创性、建设性的研究和积极推动，对于哈尼梯田获评国家湿地公园、两个重要农业遗产和世界文化遗产发挥了重要作用。2004 年 9 月史氏发表《中国湿地经典——哈尼梯田》，为哈尼梯田申报国家湿地公园的发端。1995 年至 1999 年，史氏考察了广西、四川、贵州、湖南、湖北、浙江、江西、广东、山东的梯田，并比较了菲律宾、秘鲁、智利、印度尼西亚的梯田资料，得出结论：红河哈尼梯田具备世界文化遗产所要求的独特性、唯一性、代表性三性原则和真实性、完整性要求，应予申报世界文化遗产。1999 年 1 月，史氏发表《建立“元阳哈尼梯田文化奇观保护与发展基地”的构想》文章。1999 年 3 月，红河州政府采纳了“元阳哈尼梯田申报世界遗产”的建议，时任红河州州长白成亮委托史军超等人起草申报方案。2000 年 2 月，史军超、李克忠、白茫茫、李扬、王建华、哥布等经过深入讨论，由史军超、李克忠执笔写出了《元阳哈尼族梯田申报世界遗产实施方案》(简称《申报方案》)，申遗进入实质性阶段。此后由红河州政府主导，众多国内外专家学者参与，经过 13 年努力，得以申报成功。

在哈尼族及哈尼梯田的报道宣传方面，新闻媒体和影视所发挥的作用特别值得一提，哈尼梯田能够为学界之外的广大社会所瞩目，很大程度上是仰赖了媒体和影视的信息传播。国内外电视台等媒体的报道举不胜举，影视作品可谓汗牛充栋。国内代表性摄影作品如中国民族摄影艺术出版社出版的大型画册《哈尼族梯田文化》，国际代表性摄影作品如法国摄影家尚扬·拉玛四度到元阳拍摄的数千幅梯田照片精选出版的画册，尚扬·拉玛还以元阳梯田为主题拍摄了影视人类学电影《山岭的雕塑家》，在欧洲产生了巨大影响。

二　湿地公园与文化遗产

哈尼梯田的现代性建构体现在多个方面，然而作为建构的主要标志则是四大名目——国家级湿地公园、全球和中国重要农业文化遗产、世界文化遗产及非物质文化遗产。

1. 国家级湿地公园

2004年,《美国国家地理》杂志把元阳哈尼梯田列入“人工湿地典范”。2007年11月15日,红河哈尼梯田被国家林业局列入国家湿地公园试点,2013年11月正式命名为国家湿地公园,此为云南省第一个国家级湿地公园,荣获“国家级湿地公园”称号,是哈尼梯田进行现代性建构的一次重要尝试,它开启了哈尼梯田走向国家和国际文明舞台的大门。(史军超,2004)

什么是湿地?广义的湿地泛指暂时或长期覆盖水深不超过2米的低地、土壤充水较多的草甸,以及低潮时水深不过6米的沿海地区,包括各种咸水淡水沼泽地、湿草甸、湖泊、河流以及洪泛平原、河口三角洲、泥炭地、湖海滩涂、河边洼地或漫滩、湿草原等。1971年2月2日,18个国家的代表在伊朗的拉姆萨尔签署的《关于特别是作为水禽栖息地的国际重要湿地公约》(简称《湿地公约》)对湿地定义如下:湿地系指不论其为天然或人工、长久或暂时性的沼泽地、泥炭地或水域地带,带有静止或流动的淡水、半咸水或咸水水体,包括低潮时水深不超过6米的水域。(马广仁,2016:1)

湿地有何种功能?湿地是珍贵的自然资源,是地球上具有多种独特功能和富有生物多样性的生态系统。地球上有三大生态系统:森林、海洋、湿地。湿地是位于陆生生态系统和水生生态系统之间的过渡性地带,森林被称为“地球之肺”,海洋被称为“地球之心”,湿地被称为“地球之肾”。湿地是人类最重要的生存环境之一,不仅为人类提供大量食物、原料和水资源,而且在维持生态平衡、保持生物多样性和珍稀物种资源以及涵养水源、蓄洪防旱、降解污染、调节气候、补充地下水、控制土壤侵蚀等方面发挥着重要作用。湿地的类型多种多样,通常分为自然和人工两大类。自然湿地包括沼泽地、泥炭地、湖泊、河流、海滩和盐沼等,人工湿地主要有水稻田、水库、池塘等。据统计,全世界共有自然湿地855.8万平方公里,占陆地面积的6.4%。中国湿地面积约6594万公顷（不包括江河、池塘等），占世界湿地的10%，位居亚洲第1位、世界第四位。中国湿地中的天然湿地约为2594万公顷，包括沼泽约1197万公顷，天然湖泊约910万公顷，潮间带滩涂约217万公顷，浅海水域270万公顷；人工湿地约4000万公顷，包括水库水面约200万公顷，稻田约3800万公顷。

稻田，包括水稻梯田属于人工湿地。从梯田到湿地，或者说给梯田冠以“湿地”之名，有何意义？大致归纳，有以下几点。

（1）梯田性质功能认知的深化和拓展

关于哈尼梯田，不乏形形色色的研究。不过，多数研究的视野并没有超出“田”的基本范畴，即梯田尽管形态特殊，生态文化内涵丰富，然而依然和所有农田一样，都是种粮的田地，即食粮的“生产资料”。而如果以“湿地”的视野审视梯田，那就不一样了。湿地不仅能够生产粮食、提供人们所需要的丰富的物质资料，而且还有更多更为重要的性质和功能——诸如湿地是地球上的三大生态系统之一、是地球上具有多种独特功能和富有生物多样性的生态系统、是“地球之肾”、是人类最重要的环境资本之一等。湿地的性质和功能，显然远远超出了人们对于梯田的传统认知。

（2）梯田生态效益认识的深化和拓展

红河哀牢山区有梯田百余万亩，梯田常年灌溉，四季蓄水，形成规模宏阔、立体多变的人工水生态环境。这一人工水生态环境形成于梯田垦殖，然而其性质和功能已远远不止于水稻栽培，而是彻底改变了哈尼族等的栖息地生态环境，使之具备了典型湿地的价值和意义。即湿地的生成一方面有效满足了人们生产、生活等的需求；另一方面在维持生态平衡、调节气候、涵养水源、均化洪水、防灾减灾、控制土壤侵蚀、降解污染物和保护生物多样性等方面作用重大，具有显著的生态效益。

（3）梯田审美认识的深化和拓展

湿地不仅具有巨大的生态效益和经济效益，而且还有巨大的社会效益。从审美的角度看，湿地集自然美和人文美为一体，可谓美的化身。

由于富具美学特质，许多湿地因此成为观光、旅游、休闲、娱乐等旅游胜地。近年来，哈尼梯田亦因美丽壮观而越来越受到旅游者的青睐和向往。不过，人们对于哈尼梯田的审美大多停留在景观层面，这是远远不够的。如上所述，湿地不仅富于水之美、水景观之美、水景观瞬息万变、气象万千之美，而且还具有水环境所蕴含的生命、生态、生态系统、生物多样性、人与自然和谐和可持续发展等的大美。总而言之，国家级湿地公园的建立，大大扩展和升华了梯田美的外延和内涵。哈尼梯田湿地之美，还有待于人们去进一步认识、发掘、保护和弘扬。

2. 全球和中国重要农业文化遗产

2010 年 6 月，“哈尼稻作梯田系统”由联合国粮农组织认定为“全球重要农业文化遗产”。2013 年 5 月，“哈尼梯田稻作系统”由国家农业部认定为“中国重要农业文化遗产”。按照联合国粮农组织（FAO）的定义，全球重要农业文化遗产（GIAHS）是“农村与其所处环境长期协同进化和动态适应下所形成的独特的土地利用系统和农业景观，这些系统与景观具有丰富的生物多样性，而且可以满足当地社会经济与文化发展的需要，有利于促进区域可持续发展”。中国重要农业文化遗产的定义为：“人类与其所处环境长期协同发展中，创造并传承至今的独特的农业生产系统，这些系统具有丰富的农业生物多样性、传统知识与技术体系和独特的生态与文化景观等，对我国农业文化传承、农业可持续发展和农业功能拓展具有重要的科学价值和实践意义。”（闵庆文、田密，2015：152）

红河哈尼梯田被认定为全球和中国的重要农业文化遗产，是继“国家级湿地公园”之后的又一次重要的现代性建构。中国农业历史悠久，农业遗产十分丰富，然而像哈尼梯田那样，能够同时成为全球和中国重要农业文化遗产的只是少数。全球和中国双农业遗产的认定，赋予哈尼梯田在中国农耕文明和世界农耕文明中以重要地位，而作为遗产支撑的重要的生态科学文化内涵，则为以下几点。

（1）哈尼梯田是“独特农业生产系统”

湿地是水体，是“地球之肾”，是独特的自然（包括部分人工）生态系统；作为农业遗产的梯田虽然也属于湿地之一——人工湿地，但是其本质仍为农业，是“人类与其所处环境长期协同发展中，创造并传承至今的独特的农业生产系统”。哈尼梯田被认定为世界和中国双重要农业遗产，是从农耕文明的角度彰显其独特、典型的价值——它是既不同于平原农业生产系统，又有别于山地旱作农业生产系统的独特的山地立体灌溉农业生产系统的典型代表。

（2）哈尼梯田具有丰富的农业生物多样性

湿地是富有生物多样性的生态系统，作为农业遗产，哈尼梯田丰富的农业生物多样性受到高度重视。哈尼梯田传统稻种多达一百多种；其传统的“稻鱼鸭复合生产系统”产出稻、鱼、鸭以及鳝、鳅、虾、螺、贝、莲、藕、菱、芡实、芋头、茭瓜、茨菰等水生食用生物数十种；其田埂和田头地角常被利用来栽种豆类、棕榈树、樱花树等经济和有用植物，梯田还是野鸭、鹭鸶、海鸥、水鸟等的栖息地。

（3）哈尼梯田具有独特的传统知识与技术体系

哈尼族在长期生产生活实践中，创造积累的丰富的环境资源认知、土地和水资源利用管理、农作物驯化栽培、稻田耕作和管理、气候节令知识、生产协作互助机制、农耕礼仪庆典、可持续发展等传统知识技术体系，在中国和世界农耕文明中占有重要地位。

（4）哈尼梯田具有独特的生态与文化景观

哈尼梯田规模宏大，垦殖级数多达数百数、数千级，堪称农业景观中的奇迹。哈尼族生境空间配置从高山往下，分别为森林、村寨、梯田、河谷，这一生境建构利用模式，被科学家称为“四素同构”人类生态系统，该人类生态系统体现的人与自然高度协调、可持续发展、良性循环、绿色发展等优良功能，具有极高的科学价值和生态意义。

3. 世界文化遗产

红河哈尼梯田申报世界遗产工作，自 1999 年始，经历了 13 年艰辛历程，于 2013 年 6 月在柬埔寨金边召开的联合国教科文组织第 37 届世界遗产委员会会议上，成功列入“世界文化遗产名录”。世界文化遗产是由联合国支持、联合国教育科学文化组织负责执行的国际公约建制，以保存对全世界人类都具有杰出普遍性价值的自然或文化处所为目的。世界文化遗产是文化的保护与传承的最高等级，世界文化遗产属于世界遗产范畴。红河哈尼梯田成功登陆世界文化遗产，是继“国家湿地公园”“全球重要农业文化遗产”和“中国重要农业文化遗产”认定之后的又一次重大的文明建构。红河哈尼梯田荣登世界文化遗产殿堂，再次凸显了中华农耕文明的丰富多彩、博大精深和对世界文明的伟大贡献。

红河哈尼梯田之所以能够被遴选登录《世界遗产名录》，是由于其本身所具有的十分独特深厚的生态文化内涵在若干多方面符合评选标准。世界文化遗产规定，凡提名列入《世界遗产名录》的文化遗产项目，必须符合其所定六项标准中的一项或几项标准方可获得批准。六项标准如下：[①]

（1）代表一种独特的艺术成就，一种创造性的天才杰作”和标准。

（2）能在一定时期内或世界某一文化区域内，对建筑艺术、纪念物艺术、城镇规划或景观设计方面的发展产生过大影响。

（3）能为一种已消逝的文明或文化传统提供一种独特的至少是特殊的见证。

（4）可作为一种建筑或建筑群或景观的杰出范例，展示出人类历史上一个（或几个）重要阶段。

（5）可作为传统的人类居住地或使用地的杰出范例，代表一种（或几种）文化，尤其在不可逆转之变化的影响下变得易于损坏。

（6）与具特殊普遍意义的事件或现行传统或思想或信仰或文学艺术作品有直接或实质的联系。

对照上述六项标准，红河哈尼族彝族自治州政府及其领导的专家组精心研究论证，先后提出哈尼梯田列入世界文化遗产的理由和列入遗产

① 哈尼梯田世界文化遗产申报理由和列入遗产所依据的标准，引自红河州人民政府所聘中国文化遗产研究院专家团队编写的《红河哈尼梯田申报世界文化遗产文本》和《世界遗产公约 申报文化遗产：中国红河哈尼梯田》、中国建筑设计研究院建筑历史研究所专家团队编写《红河哈尼梯田保护管理规划》。上述资料由红河州地方志办公室提供。

所依据的标准。作为申报理由，专家组从哈尼族及其梯田开发的历史、哈尼族生境生态系统的独特建构、哈尼梯田的文化生态及技术体系、哈尼族聚落的生态景观、哈尼梯田的真实性与完整性等进行了全面的论述，并与作为世界遗产的菲律宾共和国吕宋岛科迪勒拉地区伊富高省“菲律宾科迪勒拉水稻梯田”进行比较分析，以充分论证申报的理由。作为列入遗产所依据的标准，专家组提出下面四条：①

（1）哈尼梯田符合世界文化遗产第1条标准：代表一种独特的艺术成就、一种创造性的天才杰作——哈尼族在遗产地创造了完美奇特的梯田大地景观艺术，并将梯田融于哀牢山区独特的地形地貌、森林植被、峡谷溪流等自然景观中，形成了有机融合民族艺术、景观艺术、农耕科技于一体的独特的少数民族艺术杰作。

（2）哈尼梯田符合世界文化遗产第2条的标准：能为一种已消逝的文明或文化传统提供一种独特的至少是特殊的见证——遗产地作为亚洲少数民族山地稻作文化的典型代表，完整地演绎了红河南岸哈尼族的民族发展历史、民族文化传统和梯田耕作管理技术，是遗产地人居环境保护、民族文化传承和经济社会发展的特殊见证。

（3）哈尼梯田符合世界文化遗产第3条标准：可作为一种建筑或建筑群或景观的杰出范例，展示出人类历史上一个（或几个）重要阶段——遗产地哈尼族村寨在选址，布局、建筑用材、民居外形及民居结构等方面都充分体现了崇拜自然、顺应自然、利用自然与梯田紧密结合的天人合一的人居环境理念；目前，仍完整地保持了哈尼族民族村寨及传统民居的原始形态，是哈尼族民居建筑群的典型代表，在世界范围内传统民居建筑研究领域具有突出意义。

（4）哈尼梯田符合世界文化遗产第4条标准：可作为传统的人类居住地或使用地的杰出范例，代表一种（或几种）文化，尤其在不可逆转

---

① 引自红河州人民政府所聘中国文化遗产研究院专家团队编写的《红河哈尼梯田申报世界文化遗产文本》和《世界遗产公约　申报文化遗产：中国红河哈尼梯田》、中国建筑设计研究院建筑历史研究所专家团队编写《红河哈尼梯田保护管理规划》。上述资料由红河州地方志办公室提供。

之变化的影响下变得易于损坏——遗产地由哈尼族等世居少数民族创造的，集“梯田开垦与耕作技术体系、环境保护体系、水资源利用体系、梯田景观艺术”于一体的梯田文化和与之相互融合、相互影响的独特的哈尼族传统民族文化，在遗产地融汇、发展，形成了生活在中国云南省红河南岸的世居民族独特而完整的“哈尼梯田文化”。

由于理由充分，标准过硬，云南红河哈尼梯田得到联合国教科文组织世界文化遗产专家委员会的一致认可和赞赏，于2013年成功入选世界文化遗产名录。

4. 非物质文化遗产

红河彝族哈尼族自治州各民族梯田生态文化非物质文化遗产十分丰富，历经数十年的调查、发掘、整理、活化、传承和评定，建立了较为完整的非物质文化遗产体系，成为梯田现代性建构的重要基础和组成部分，为该州各民族优秀传统民族文化的传承弘扬、为繁荣中华文化做出了贡献。主要遗产名录如下：

（1）国家级非物质文化遗产18项，哈尼梯田文化遗产有3项

第一项，《哈尼四季生产调》。《哈尼族四季生产调》是口传文化代表，由引子、冬季三月、春季三月、夏季三月、秋季三月五个部分构成。《哈尼族四季生产调》可念可唱，以梯田为核心，生动系统地唱诵了哈尼族生产生活习俗。主要内容为传统法规，梯田农业知识，节日庆典活动，物候历法，伦理道德。《哈尼族四季生产调》是哈尼族梯田农耕生产生活经验的总结，是指导哈尼族生产生活的百科全书，具有重要的史学、科学、农学知识和艺术欣赏价值。

第二项，“哈尼哈吧”。“哈尼哈吧”意为哈尼古歌。“哈尼哈吧”涉及哈尼族古代社会的生产劳动、宗教祭典、人文规范、伦理道德、婚嫁丧葬、衣食住行、文化艺术等，是世世代代以梯田农耕生活为核心的哈尼族民众行为教化、社会规范、人生风俗等的百科全书。《窝果策尼果》《哈尼阿培聪坡坡》《十二奴局》《木地米地》是“哈尼哈吧”的经典代表。“哈尼哈吧”分上下篇。上篇主要讲述神的古今，由神的诞生，造天造地，杀牛补天地，人、庄稼、牲畜的来源，开田种谷，安寨定居，

遮天树王等十二篇组成；下篇讲述人的古今，由头人、贝玛、工匠、祭寨神、十二月风俗歌、嫁姑娘讨媳妇、丧葬的起源、说唱歌舞的起源、祝福歌等十二篇组成。

第三项，祭寨神林（昂玛突）。祈祷梯田农耕生产风调雨顺、五谷丰登的昂玛突节（祭寨神林）、矻扎扎节、十月年（合什扎），是哈尼族农耕生产生活的三个重大节日。由于环境气候不同，各村寨节日选择的日子也不同。节日期间，杀牛宰猪，做糯米粑粑，染三色鸭蛋，祭祀天神、自然神和祖宗。祈祷家庭安康，粮食丰收，六畜兴旺，五谷丰登。摆长街酒宴，本村和附近各民族村民欢聚在一起，吃同心饭，喝同心酒，沟通交流，互相祝福，庆贺粮食丰收，家庭安康。男女老少着新装，传唱古歌，传承知识，尽情舞蹈狂欢。节日是生产节令的安排，节日完毕，便开始新一年的撒秧、播种等农事活动。

（2）省级非物质文化遗产 86 项，关乎梯田的有 4 项

第一项，哈尼梯田农耕礼俗。哈尼梯田农耕礼俗是哈尼族世界观和思想信仰的表现，是哈尼传统文化的重要组成部分。哈尼梯田农耕礼俗包括梯田农耕技艺和围绕梯田农耕形成的传统文化，具体有 4 个方面的内容：人生礼俗（婴儿出生礼俗、婚嫁习俗、丧葬习俗）；农耕礼俗（尝新节，矻扎扎节、昂玛突节、十月年）；祭祀文化（阳春三月开秧门，栽秧结束祭田神，矻扎扎节和昂玛突节祭水神，祭山神）；在传统文化活动中产生的审美意象、传统歌舞、文学艺术、伦理道德等。

第二项，彝族民歌（彝族尼苏阿噜）。在漫长的历史发展过程中，彝族人民与其他民族一道创造和丰富了包括梯田农耕在内的多姿多彩的文化，为开发红河地区、巩固边疆作出贡献。彝族尼苏阿噜源于彝族尼苏毕摩文化，彝族尼苏毕摩文化中有很大一部分是情歌类作品。情歌类分叙事长诗和抒情长诗两部分。叙事长诗如《依芝勒恋歌》《诗卓勒恋歌》《朵布若阿伊》《贾沙则与勒斯基》《彝吉喜花妮》等共 14 部彝文典籍。抒情长诗如《献酒请歌舞神歌》《献酒送歌舞神歌》《敬烟歌》《歌舞起源歌》《乐器起源歌》《火把歌》《种葫芦歌》《开门门向歌》《畅路歌》《阻路歌》等 40 多部彝文典籍等。这类彝文字典籍以阿噜调

说唱，阿噜为情歌、情诗、叙事情诗、抒情情诗、古典情诗之意。

第三项，迁徙史诗（《哈尼阿培聪坡坡》）。《哈尼阿培聪坡坡》是哈尼语音译，汉语译为哈尼先祖迁徙。哈尼族两千多年前从“努玛阿美”南下迁徙，经大理、金沙江、昆明、通海、石屏、建水到达红河流域等地定居。哈尼族没有文字，靠口耳相传，叙述哈尼族漫长的迁徙历史，于是便有了《哈尼阿培聪坡坡》这部长篇叙事史诗。《哈尼阿培聪坡坡》翔实地反映了历史时期哈尼先民的生产、生活及社会状况，具有极高的历史及文学艺术价值。

第四项，矻扎扎节。哈尼族信奉万物有灵，是多神崇拜的民族，一年当中有很多祭祀性传统文化活动，矻扎扎节是其中最具有代表性民俗节庆活动，是哈尼族最隆重的节日。哈尼村寨每到夏季六月，稻子扬花，村民便架设秋千、磨秋，修改秋千房，杀牛迎请天神阿皮梅依，与哈尼共同欢度六月节矻扎扎。矻扎扎节节期三天，其间举行背新谷尝新、供奉稻谷、祭祀祖先田神水神天神等仪式，男女青年荡秋千，转磨秋，对歌跳舞，尽情欢乐。

除了上述所举国家级和省级非物质文化遗产之外，全州尚有州级非物质文化遗产项目190项，县级非物质文化遗产项目904项。

结语

从上可知，红河哈尼族等千百年来赖以生存的梯田农业，之所以能够在新时期大放光彩、享誉世界，并相继荣获“国家湿地公园”“全球重要农业文化遗产”“中国重要农业文化遗产”和“世界文化遗产”桂冠，并有百余项与梯田文化相关的非物质文化的评定，学者、科学家、摄影家、作家、记者等的研究和宣传报道功不可没。不过，哈尼梯田文化的建构，光有学者等的研究和宣传是不够的，还必须有统筹、决策、组织、实施的领导者，那就是以红河哈尼族彝族自治州政府为核心的各级政府机构。关于此，哈尼梯田的研究者们感受尤为深刻，从其研究过程可知，无论是“梯田文化”概念还是“梯田湿地”创意，无论是“农业遗产”“世界文化遗产”申报还是“非物质文化遗产”提案，学者一经提出，政府即高度重视、迅速回应并积极落实于决策和行动。学者与政府官员相互尊重，密切联系，尊重科学，大胆开拓，锐意创新，在互动过程中建立了良好高效的运行机制，这是“哈尼梯田生态文化大厦”得以成功建构的根本保障。

第三节 梯田保护

梯田和所有农田一样，都是一个生命过程。本书“中国梯田的起源与发展”“哈尼梯田的产生和发展”等章节，讲述了梯田的生命史。红河哈尼梯田经历了一千多年的垦殖早已进入了成熟期，而从哈尼“梯田垦殖环境尺度”可知，哈尼梯田不仅成熟，而且在诸多方面已经达到了“生命的顶峰”。不过，当我们步入梯田历史的纵深，去探寻梯田演变的轨迹时，会发现促使梯田生命演变的动因并不在于岁月的沧桑，而在于不同历史时期迥然不同的两种动力：农耕时代，梯田演变的动力主要来自人地互动关系；后农耕时代，则为全球化或称现代化的影响。农耕时代梯田的发展是人地关系演变的过程，这个过程历时数千年，平静而缓慢；当代梯田的变迁除了人地关系的因素之外，更重要的则是来自工业社会和市场经济的巨大冲击，其过程虽然只有短短数十年，然而其对梯田文化生态系统平衡和稳定的撼动却是颠覆性的。面对如此严峻的挑战，梯田保护受到重视，并被提上了各级政府的议事日程；在学界，则成为各学科梯田研究不可忽视的重要课题。

一 当代梯田变迁

关于红河哈尼梯田生态，某些专家的研究认为，“红河哈尼梯田在漫长的耕作活动中，从未出现环境恶化、地力下降、水土流失、生物多样性降低、稻种退化等生产难以维持的现象，反而表现出持久而又旺盛的生命力”。持此结论，是基于历史的经验，是对20世纪50年代以前的状况的宏观的总结。不过如果根据人与自然环境相互作用的规律分析，在上千年梯田开发和经营的过程中，自然环境及其各种因素的变化、退化肯定是不可避免的。历史时期之所以从未出现环境特别恶化、难以维持的情况，从上述诸章的研究可知，其原因主要有两点：一是在哈尼族、彝族等传统社会中，具有较为完善和有效的梯田、森林、水源等的保护管理利用的知识和法规；二是一直以来哀牢山的人口压力尚未达到环境容量极限，人地关系尚处于可调适和维持的状态。

然而历史跨入20世纪中叶以后，情况就大不一样了。一系列重大社会变革，在很大程度上改变了梯田生态文化系统的结构及其物质循环、能量交换、信息流动的方式。系统结构的变化体现于系统结构因素的多元化、复杂化，即系统结构不再只是人地互动关系这条主线，而是叠加了权力、改革、政策、科学、市场等多种因素，原来简单的系统结构变成多种因素混合作用的复杂结构了。在新的系统结构中，如下因素对梯田文化生态的变迁产生了重要影响。

1. 人地关系。上文曾说，农耕时代梯田的发展是人地关系演变的过程，这个过程历时数千年，平静而缓慢。进入工业时代，人地互动关系作为梯田演变的基本动因不仅没有弱化，反而更显急促而强烈。例如元阳县1949年人口数量为8.86万人，2008年增加到39.57万人；红河县1953年人口数量为10.34万人，2008年增加到28.78万人；绿春县1949年人口数量为4.5万人，2008年增加到21.96万人。从本书“哈尼梯田的产生和发展”和“哈尼梯田的极限垦殖”可知，人口爆炸性增加，梯田开发的速度和规模必然随之猛增，以致达到了惊人的难以想象的开发极限。

2. 森林覆盖率下降。森林是梯田生态系统的要素之一，是梯田灌溉水源的保障。前文说过，由于20世纪50—70年代若干不当政策的实行，曾经使得哀牢山区森林的大规模毁坏。据1950年的统计，绿春县的森林覆盖率为70.7%，金平县为65%，红河县为60%，元阳县为24%；至1960年，金平县森林覆盖率下降为21.14%，1973年，绿春县森林覆盖率下降到18.9%；1986年红河县森林覆盖率仅为13.6%；1970年元阳县森林覆盖率降至11.6%。20世纪80年代之后，在总结历史教训的基础上颁行了新的林业政策，森林保护受到高度重视，森林覆盖率大幅度提高，然而尚远未达到历史最高水平。森林覆盖率下降导致的水灾、泥石流和山体滑坡等灾害不时发生，并经常出现水源短缺等情况。例如红河县阿扎河乡，2017 年有梯田 12446 亩，由于森林过度砍伐，1980 年之后水田灌溉水源严重不足，仅一条水沟断流便放荒梯田 900 余亩。此外，该乡还因水源短缺而不得不将 3900 亩水田退耕还林或改为种植玉米、大豆、花生等经济作物的旱地。

2. 村寨空巢化。和全国一样，改革开放极大地拓展了红河哀牢山地哈尼族等的生存空间，大量青壮年离开家乡，脱离梯田，外出务工，农业劳动力急剧减少，村寨空巢化，留守老人儿童无力承担繁重的农业劳作，梯田耕作、管理难以正常进行，灌溉等基础设施缺乏维护，使得部分农田闲置荒芜。例如红河县宝华镇，2017 年有梯田 14778 亩，20 世纪末期，由于部分水源断流和劳力不足导致梯田放荒 244. 33 亩，梯田改旱地 89. 7 亩；架车乡 2017 年放荒梯田 284 亩，改旱地 1722 亩；垤玛乡 2017 年有梯田 4930 亩，放荒梯田 800 亩，改旱地 500 亩；三村乡 2017 年放荒梯田 10. 5 亩，改旱地 343 亩；近 20 多年来，仅红河一个县便放荒梯田 2747. 53 亩，梯改旱 18011. 6 亩，全州梯田衰减情况由此可见一斑。

3. 产业结构变化。在市场经济的主导下，经济作物种植规模迅速扩大，传统梯田稻作农业遭受冲击。传统梯田的水稻栽培，与经济作物种植相比，无论是劳力、经费等的投入还是产出的效益，均处于劣势。于是一些地方开始调整产业结构，把梯田改为旱地，不再种植水稻，而是改为种植甘蔗、香蕉、玉米、荞子、大豆、花生、石斛、姬松茸等经济作物，以增加现金收入。以红河县为例，甲寅乡从 2000 年开始将一些梯田改为旱地，种植香蕉、甘蔗等经济作物，梯田面积减少 410 亩；石头寨乡 2017 年有梯田 7830 亩，调整产业结构，改种甘蔗、香蕉等经济作物，梯田面积减少 385 亩；洛恩乡 2017 年有梯田 8365 亩，后放荒梯田 58. 7 亩，梯田改旱地种植石斛、姬松茸、玉米、荞子、大豆等经济作物 874. 9 亩；乐育镇 2017 年有梯田 11581 亩，后将 5987 亩梯田改种甘蔗、香蕉等经济作物；车古乡 2017 年有梯田 3924 亩，梯田改旱地 660 亩，放荒 450 亩；浪堤镇水田转旱地 2340 亩；大羊街乡梯田改旱地 800 亩。

4. 传统稻种多样性减少。传统梯田稻作，积千余年的发展，为适应生态环境和满足生活的需要，驯化了数百种稻谷品种。20 世纪 60 年代之后，包括杂交稻在内的外来稻谷品种被大量引进种植，传统稻谷品种迅速减少消亡。外来稻谷新品种的引进，虽然大幅度提高了稻谷产量，然而传统稻种多样性及其宝贵的种质基因、传统知识、生态功能、文化功能、生产技艺等的消失和改变，所造成的损失和其对梯田农耕生态文化的深远影响是难以估量的。

5. 化学农业的弊端。以化学农业取代传统有机农业，已然成为当代农村不可阻挡的潮流，红河哈尼梯田也不例外。使用化肥、农药，具有节约劳力、短期增效增产的优点，然而其污染水土资源、破坏生态环境、毒化食品、危害人畜健康等缺点十分明显。从现实情况看，欲彻底杜绝化肥、农药的使用是不可能的，而如何尽量降低它的危害，将是一个长期面临的课题。

6. 外来物种的侵害。近年来，国外有害生物物种大量传入我国，已经造成十分严重的生态灾害，红河梯田亦未能幸免。红河梯田代表性的外来有害物种为原产于美国路易斯安那州的小龙虾。小龙虾于 20 世纪初期被引入我国，由于其繁殖力极强，危害极大，所以被中国环境保护部列为“危害最大的外来物种”之一。小龙虾于 2006 年由元阳县外出打工农民带回养殖，至 2011 年，其繁殖梯田面积达到 21560 亩，次年达到 30984 亩。小龙虾的危害一是严重破坏梯田水生生物生态系统和梯田养殖生态系统，其惊人的繁殖力和粗陋的食性，使得诸多梯田水生生物减少甚至灭绝、稻谷产量降低、鱼鸭养殖减产；二是毁坏梯田，小龙虾善于打洞，大量繁殖，无孔不入，造成梯田百孔千疮，灌溉渗漏，田埂垮塌，破坏性极大，所以被视为“梯田杀手”。除小龙虾之外，入侵红河哈尼梯田的外来有害生物还有福寿螺。福寿螺原本分布于南美洲的墨西哥、巴西等地，1981 年传入中国内地。2003 年，国家环保总局将福寿螺列入首批入侵我国的 16 种外来物种“黑名单”。事实说明，其对水稻生长、生物多样性以及人体的危害极大。小龙虾、福寿螺等外来有害物种的防治，业已成为梯田保护的重要内容。（王清华，2020：58、76）

7. 旅游带来的消极影响。前文“哈尼梯田旅游”曾言：作为现代朝阳产业的旅游业，在国民经济中占有重要地位。旅游业具有扩展人们生活空间、丰富人们生活和促进社会经济文化发展等功能，随着社会经济的繁荣，旅游的社会文化经济功能日益显著。红河哈尼梯田，在短短30年间，从藏在深山人不识一跃成为著名世界旅游目的地，给当地带来了显著的社会和经济效益。然而旅游作为“市场经济”的“宠儿”，其价值的取向、运作的方式、追求的目标等均与农耕社会迥然不同，甚至格格不入。由此不难理解，旅游的强势发展对于哈尼族等的传统文化将会带来多么激烈的冲击，而如果在资源开发、惠益分配等方面处理不当，则将进一步加剧矛盾。此外，哈尼梯田和几乎所有旅游胜地一样，在开发的初始阶段，都会出现急功近利、盲目无序、粗陋建设、管理不善等弊端，其造成的资源环境破坏与污染等，会大大加重后续的整治和重建的困难。

二　当代梯田保护管理

从上述哈尼梯田的变迁可知，当代哈尼梯田的可持续发展面临着严峻挑战，梯田保护业已成为不可忽视、急需应对的重大课题。说到梯田保护，人们自然会把目光投向历史，千百年来，哈尼族在不断开发经营梯田的同时，亦始终致力于梯田的精心维护，正因如此，今天的哀牢山地才会成为140余万亩梯田分布的世界。如今的哈尼梯田，虽然发生着诸多变化，面临诸多挑战，然而在主体和本质上依然是传统的延续，所以关于当代哈尼梯田的保护依然离不开传统知识“保驾护航”。毫无疑问，哈尼族等关于梯田利用保护的智慧、经验和知识，是一座丰富的宝库，是一份宝贵的文化遗产。对此，学界已经做了大量研究工作，本书几乎所有章节也都聚焦于此。然而，传统知识无论多么富于智慧和价值，毕竟是特定历史的产物、特定环境的适应方式、特定农耕社会的知识，时过境迁，时代变了，传统知识也必须与时俱进，积极地再适应、再更新、再创造、再发展，不断丰富完善，以满足现实的需要。面对全球化、现代化、工业社会、市场经济大潮，面对上述所举村寨空巢化、产业结构变化、稻种多样性减少、化学农业污染、外来物种侵害、旅游消极影响等当代梯田面临的大问题、大难题，要达到有效保护梯田的目的，仅囿于传统知识显然是不够的，还必须依托国家行政管理体制，运用现代法治和科学技术，建立科学保护管理机制，从而形成与全球化、现代化、工业社会、市场经济相对应的现代保护管理组织体系。近年来，随着“国家级湿地公园”“中国重要农业文化遗产”“全球重要农业文化遗产”“国家级文物保护单位”“世界文化遗产”等桂冠相继落户哈尼梯田，红河州有关方面积极探索，出台了一系列新颖的哈尼梯田保护管理法规，初步形成了一个将传统知识与现代法规、民间经验与行政管理相结合的现代化的新型梯田保护管理体系。参照有关方面积累的资料，兹将新时期哈尼梯田保护管理体系的主要内容整理归纳于下。

1. 制定规划

梯田保护，规划先行。2011 年，红河哈尼族彝族自治州人民政府制定了《红河哈尼梯田保护管理规划》。该规划从顶层设计入手，共 14 章 37 节，为红河哈尼梯田保护管理的纲领性文本，对哈尼梯田近期、中期、远期的保护管理作了详规。[①]

2. 制定法规

从 2000 年年底至 2012 年，红河州人民政府、红河州人民代表大会常务委员会先后制定颁发实施《红河哈尼梯田保护区管理暂行办法》《云南省红河哈尼族彝族自治州哈尼梯田保护管理条例》以及《云南省人民代表大会常务委员会关于批准云南省红河哈尼族彝族自治州哈尼梯田保护管理条例的决议》。上述办法对红河哈尼梯田保护区域和范围作了明确规定：核心区为元阳县的坝达、多依树、勐品、麻栗寨四大片区梯田；保护区为元阳县新街镇、胜村乡、牛角寨乡、攀枝花乡内的梯田片区；协调区为元阳、绿春、红河、金平四县内有规模的梯田连片区。上述办法和条例的颁布施行，为哈尼梯田保护管理提供了法律保障。2000 年 10 月，元阳县政府制定实施了《哈尼梯田核心区

① 《红河哈尼梯田保护管理规划》由中国建筑设计研究院建筑历史研究所编制完成。

管理暂行办法》。2001年至2013年，元阳、绿春、红河、金平四县根据《中华人民共和国土地管理法》《中华人民共和国基本农田保护条例》《中华人民共和国农业法》等相关土地、农业资源的保护法律法规，结合本县的实际情况，制定了农田保护的地方性规划，梯田得到了进一步的保护。

3. 文物保护管理

2008年11月，红河哈尼梯田被确定为县级文物保护单位；2012年8月被云南省政府公布为省级文物保护单位；2013年3月，被国务院公布为全国重点文物保护单位。州县有关职能部门按照国家制定下发的《中华人民共和国文物保护法（修订）》《中华人民共和国文物保护法实施条例》《中华人民共和国非物质文化遗产法》《云南省实施〈中华人民共和国文物保护法〉办法（修正）》《云南省民族民间传统文化保护条例》以及州县制定的地方性法律法规等，依法对哈尼梯田文保单位进行保护管理。

4. 非物质文化遗产传承保护

红河州人民政府十分重视哈尼梯田文化遗产的收集、整理、挖掘和抢救工作。21世纪初，有关部门组织开展了《哈尼族口传文化译注全集》（100卷）的翻译。2006年至2011年，哈尼族四季生产调、哈尼族多声部民歌乐舞、哈尼哈巴、祭寨神林、昂玛突节等先后被国家和云南省人民政府列入非物质文化遗产保护名录。州县两级政府有关职能部门按照国家制定下发的《中华人民共和国非物质文化遗产法》《国务院关于加强文化遗产保护的通知》等法律法规，依法对哈尼梯田非物质文化遗产进行保护。

5. 知识产权保护

2009年，红河州人民政府向国家工商总局商标局申请“红河哈尼梯田”及保护区重要地名、节日等标志性名称商标共44类92件，有77件通过国家商标局审核并取得了商标证。

6. 湿地公园保护管理

2006年，中共红河州委、州人民政府组织编制《云南红河哈尼梯田湿地公园总体规划》。该规划包括元阳、绿春、红河、金平四县，以梯田规模较大、比较典型的 8 个梯田区为重点，总面积 13011.75 公顷。2007 年 11 月 19 日，国家农林业局批准红河哈尼梯田为国家湿地公园，红河哈尼梯田成为中国第一个高原人工湿地公园。

红河哈尼梯田国家湿地公园保护界线规划范围在元阳县世界文化遗产核心区和缓冲区。元阳湿地公园保护界线为所有梯田分布区，总面积 3234 公顷；绿春、红河、金平湿地公园保护区为梯田中比较典型、规模较大的梯田区，总面积 9777 公顷。

为加强湿地公园保护，2014 年，红河州人民政府成立“红河州哈尼梯田国家湿地公园管理局”，依据《国家湿地公园管理办法》《中华人民共和国水法》《中华人民共和国水污染防治法》等水资源和湿地生态保护法律法规，积极开展对湿地公园的管护。2008 年至 2016 年主要开展了以下工作：建立完善宣教机构，宣传湿地功能和价值，提高公众的湿地保护意识，并在宣教展示区适时开展生态展示、科学教育等活动；加强对湿地公园的动态监测，建立档案，并根据监测情况采取相应的管理措施；指导县、乡、村对湿地公园的日常巡护；建立上报制度，使湿地公园的得到有效保护。

7. 世界文化遗产保护管理

世界文化遗产保护管理主要举措如下。

(1) 建立保护管理机构体系

红河哈尼梯田保护管理机构设行政管理机构、协调机构、社会群众团体机构。2000 年至 2016 年，经 10 多年的调整、完善，设立州级行政管理机构 1 个——红河州哈尼梯田管理局（以下简称“州梯田管理局”），县级行政管理机构——哈尼梯田管理局 4 个，元阳县还在基层设立了新街镇和攀枝花两个哈尼梯田管理所；省级协调机构 1 个，州级协调机构 1 个，省级专家团队 1 个，州级专家团队 1 个，社会群众团体 2 个。

为加强遗产核心区的保护管理，元阳县人民政府与遗产核心区各乡镇签订了《基本农田保护目标责任书》。乡镇人民政府与村委会、村委会与村民小组、村民小组与农户层层签订了保护梯田的责任书。全县形成了政府统一领导，部门各司其职，村民担负责任的梯田保护机制，建立了县、乡镇、村委会、村民四级共同保护梯田的格局。

（2）队伍建设

积极进行专业知识学习培训。哈尼梯田保护管理涉及多个专业领域，主要有遗产保护、遗产管理、农业、生态学、植物学、动物学、规划、建筑、景观、历史学、考古学、地质学、旅游、法律等。2000 年至 2012 年，元阳、绿春、红河、金平四县采用各种形式，对遗产地各级在职人员和管理人员进行培训，实施“岗位再培训计划”。每两年为在岗工作人员组织一次集中培训，每五年安排每位行政管理人员参加一次在职教育。学习国际、国内有关世界遗产保护管理的法律法规，学习国家、省州颁布的有关保护森林、耕地、水资源、旅游、环境等法律法规及其他相关知识。通过多渠道学习，各层次专业培训，州县哈尼梯田管理局逐步建立了一支州、县、乡镇、村委会四级由遗产保护和管理、非物质文化遗产保护、自然资源保护、传统农业保护、环境保护、生态保护、旅游服务等方面专业人员组成的管理队伍和技术队伍，提高了遗产地管理机构人员的政策水平和管理技能。

（3）运营管理

按照《中华人民共和国文物保护法》《中华人民共和国文物保护法实施条例》《世界文化遗产保护管理办法》和《全国重点文物保护单位保护范围、标志说明、记录档案和保护机构工作规范（试行）》的相关规定，州梯田管理局和元阳、绿春、红河、金平四县梯田管理局逐步完善各项管理工作。

（4）遗产监测

2001 年开始，州申遗办（州梯田管理局）根据《中国世界文化遗产监测巡视管理办法》《中国文化古迹保护准则》《实施世界遗产公约的操作指南》等法律法规，对遗产地进行定期和不定期现场巡视、监督、检查、监测记录和建档。元阳、绿春、红河、金平四县哈尼梯田管理局负责日常监测。

遗产监测对象主要包括梯田与灌溉系统、森林与水资源、乡土民居与居民人口等；影响因素监测包括开发建设、生态环境、自然灾害和旅游等；社会经济监测包括经济发展、人口增长、土地利用、环境保护等。为规范遗产监测，2012 年，州梯田管理局在哈尼梯田管理中心设立监测管理中心和档案数据库。开发遗产监测管理软件、配置相关设施设备，多方收集涉及哈尼梯田历史、政治、经济、文化、社会等方面的各类档案资料，研究红河哈尼梯田文化景观的构成要素和景观、地质、环境、水文、气候、游客等方面的变化演进情况，逐步形成专业化、系统化、规范化的遗产数据管理分析预警系统，为红河哈尼梯田的保护管理和发展提供科学依据。

8. 保护管理经费

1950 年至 2010 年间，红河州水利水电建设总投入 107 亿元，有效保障了全州 186 万亩梯田和 5893 亩旱地的灌溉。2000 年，中共红河州委、州人民政府启动哈尼梯田申报世界文化遗产工作后，国家、云南省政府及相关行政主管部门，每年下拨专项资金，用于遗产地的交通、通信、农田水利、供电等基础设施建设，以及土壤改造，水源涵养、污染防治、森林保护等环境治理工作。2008 年至 2011 年，国家、省、州、县加大了申遗资金的投入，4 年间各级政府共投入资金 1.86 亿元。其中，2008 年国家发改委投资 2800 万元，2009 年云南省人民政府投资 1 亿元；2008 年至 2010 年，红河州人民政府先后投资 1450 万元；2009 年至 2011 年，元阳县人民政府先后投资 4359 万元。

三　以人为本

据上可知，哈尼梯田的保护业已受到社会高度关注，民间、政府均已采取了诸多必要的措施，付出了巨大的努力，并取得了一定成效。作为梯田保护的措施，传承发展传统知识、建立完善法律法规、严格科学管理、加强农田基础设施建设等均十分重要，不可或缺。然而梯田是人的梯田，说到底，还需回到“人”这一根本之上。哈尼梯田是怎么产生的？是哈尼人为了生存、为了生产粮食而开垦的；哈尼梯田是如何壮大的？是哈尼人人口不断增长，为谋求随之增加的粮食需求而不断开拓扩展的。现在哈尼梯田保护面临严峻挑战，问题在哪里？如前所述，主要是现在有的梯田抛荒不种粮食了，有的梯田放弃水稻种植而改为种植甘蔗、香蕉等经济作物的旱地了。原因是什么？一是年轻人大量外出打工，留守农村的多为老人孩子，种田劳力不足，所以被迫抛荒；二是受市场经济影响，受利益驱动，种植稻米等粮食作物经济效益低下，而种植经济作物经济效益较好，所以改水田为旱地。问题原因十分明白，梯田保护的问题，归根到底还是人的生存和发展的问题。也就是说，只有耕种梯田的效益高于外出打工，高于种植经济作物，能够保障人们的生活和日益增长的物质和精神需求，能够实实在在地提高人们的幸福感，人们才会倍加珍惜梯田，梯田的保护才能落到实处。为此，需要国家出台更多农业保障政策。就哈尼梯田保护而言，以下三点值得考虑。

一是提高梯田遗产保护、补偿力度，加大投入，使农民在与遗产共生和保护的过程中获取实实在在的利益。同时运用调节机制，努力提高梯田稻谷等农产品价格，增加农民种田收入。

二是加大梯田稻谷品质提升的研发。目前世界上广受欢迎且经济效益显著的公认的优质稻谷品种有日本越光米、泰国香米、尼泊尔岩米、印度香米、柬埔寨香米、中国五常稻花香等。日本越光米为极品粳米，有着“世界米王”的美誉，其米价通常为100元人民币1公斤，比较普通稻米栽培的收益，有天壤之别。目前哈尼梯田所产红米，优点在于无污染，为绿色安全食粮，但是与上述著名大米品牌相比，由于口感味觉存在差距，所以售价不高，市场不大。我们不妨大胆设想，如果哈尼梯田哪一天能够实现稻种改良的飞跃，能够大量生产可媲美“越光”那样香甜美味的稻米，那么情况就会大为改观，梯田放荒和改旱的势头就能得到有效遏制。种田收益丰厚了，年轻人便没有必要再离乡背井外出打工，村寨便可恢复往日兴旺的景象，梯田大美景观的延续就有了可靠的保障。

三是农机的推广和应用。针对农村空巢化劳力短缺的状况，有的国家大力发展机械化，为传统农业注入了新鲜血液，打开了农业持续发展的新景象新天地，其经验亦值得参考借鉴。梯田农业显著特点之一，是劳动强度大，时间投入多。比较平原农田耕作，山高坡陡的梯田耕作之辛苦，是一般人难以想象的。尤其是哈尼梯田，坡度一般在40°左右，陡者可达70°，梯田级数动辄数百级，多者高达数千级。这样的劳作环境，不要说运输物资、筑铲田埂、施肥灌溉、耕田耙泥、插秧除草、收割打谷、背运粮食，仅说每日扛锄背筐、牵牛架犁跋山涉水往返田间，就要消耗大量体力。说到哈尼梯田，人们只知梯田之美，而不知种田之苦。古诗云“谁知盘中餐，粒粒皆辛苦”，梯田耕种远比平地水田耕种辛苦，可以说是“谁知梯田美，丘丘满汗水”“梯田美如画，农民如牛马”。目前年轻人外出打工，留守的老人、妇女、儿童更是难于承受耕种梯田的苦和累。显然，如何将农民从无比繁重的劳动中解放出来，乃是梯田保护及持续发展面临的又一重大问题。迄今为止，关于哈尼梯田研究的著作文章很多，赞美之词不绝于耳，然而却少有以人为本、关心农民疾苦艰辛和解决之道的文章，更无提倡机械化、智能化的动议，这不能不说是一大缺憾。放眼世界，在城市化高度发达的西方国家，如果不是大力发展农业机械化、智能化，那就不可避免农业衰落消亡的命运，其现行的高度集约的现代农业也便无从谈起。当然，发展机械化、智能化是有条件的，众所周知，最适于发展农业机械化的地理环境是平原而非山区，高山梯田发展机械化尤其困难。不过，山区虽然条件较差，但也并非与农机无缘。例如日本，山地占了国土面积的90%以上，农田的80%分布于山地丘陵地带，为了提高粮食自给力，日本大力研发微小农机，使得日本在农业方面实现了高度的机械化，成为世界山地微耕技术运用最为发达的典范。微小农机重量轻体积小，灵巧简便、收纳简单，操作容易，非常适合在梯田尤其是在小面积梯田中应用。目前包括我国在内，微小农机的研发已达到较高水平，种类型号已经非常齐备，开沟筑埂机、犁田耙田机、中耕除草机、收割打谷机、脱粒打捆机等应有尽有，智能化栽培管理也得到了长足发展。从减轻劳动强度和缓解劳力短缺、提高工作效率和优化生产质量、保障梯田农业可持续发展等角度看，努力实现微耕技术在哈尼梯田中的应用和智能化管理，不失为一个开拓发展的“良方”，应及早提上议事日程，加大扶持力度，结合本地情况，选择试点，进行实验，积累经验，逐步推广。试想，如果微耕技术和智慧农业得以在哈尼梯田运用推广，使传统耕作技艺与现代机械化及智能化相结合，相辅相成，相映成趣，那将是一道多么新颖美妙的风景。

结语

哈尼梯田经过千余年的发展，步入鼎盛时期，在诸多方面已经达到了“生命的顶峰”。人们在充分感受其“鼎盛”“顶峰”的辉煌的同时，也注意到了其光环下显露出的诸多消极因素。和所有人类重要文化遗产一样，如何消除和避免各种消极因素的影响以实现永续发展，是哈尼梯田面临的严峻挑战。哈尼梯田的保护管理，经历了从以传统民间维护管理为主发展到将传统与现代法制和科学保护管理融为一体的嬗变过程。由于现代法制和科学保护管理体系的建构，哈尼梯田在一定程度上得以有效应对各种干扰和挑战。然而，梯田不是纯粹的历史遗存，而是现实利用的生产资料，这就决定了哈尼梯田的保护不可能是静止的、僵化的、原生态的保护，而应是利用中的保护，发展中的保护，以人为本的保护。为此，就必须与时俱进，强化国家保障力度，优化生态、遗产保护补偿政策，提高梯田粮食等农产品价格，并在传承优秀传统农耕技术的基础上，积极改良，努力吸取现代农业科技和现代农业文明，进一步造福农民，谱写中华农耕文明的新篇章。

第四节　梯田审美

审美，是认识美、发现美、创造美的过程，是欣赏、品味或领会事物之美和理解世界的一种特殊形式。和世界上的一切事物一样，审美也是时代和社会的产物。近年来，在生态美学和环境美学研究领域，哲学、文学等学科的研究日显活跃，令人瞩目。相对而言，人类学、生态人类学、环境人类学在这方面却显得迟钝冷淡，少有建树。关于生态人类学的审美研究，囿于笔者视野，迄今为止，国内外似乎尚无典型研究案例可资参考，相关理论方法自然无从寻觅，这种状况亟须改变。努力开展生态人类学的生态美学和生态审美的研究，是当代社会经济文化发展的需要，对于拓展生态人类学研究领域、加强学科建设、促进研究理论方法的创新具有积极意义。有鉴于此，本节欲以云南红河哈尼梯田为例，以生态人类学的视角，解析哈尼梯田人类生态系统的文化生态之美及其社会和现实意义，以期对生态人类学研究视野的拓展有所贡献。

一 哈尼梯田审美回顾

哈尼梯田审美，是梯田生态文化的重要组成部分，随着哈尼梯田研究的深入，梯田审美的价值和意义日益凸显。综观迄今为止的哈尼梯田审美，可分为学术、科学、艺术、大众审美几类。其中，学术、科学审美是深层次审美，是艺术和大众审美的基础和内涵；艺术审美是学术、科学审美的外延，是大众审美意象、情趣的集中体现；大众审美是学术、科学、艺术审美的普及，是一种即时性、愉悦性的美的认知和感受。然而无论何种审美，皆为人类文化审美的感知和表达，由此可见人类学审美的不可或缺。

回顾梯田审美，在悠久的历史发展过程中，曾有不同形式的审美意识和行为的表现，而真正意义上的梯田审美及其研究，却发生在20世纪80年代之后，这与时代背景有关，那就是改革开放社会变革经济发展所带来的文化繁荣的结果。新时期梯田的审美，源于学者和艺术家群体敏锐而专业的眼光，他们满怀热忱、深入细致的观察、发现、研究、发掘和宣传，使得哈尼梯田之美闻名遐迩，传遍世界，致使慕名者趋之若鹜，流连忘返。有国外学者和摄影家亲历其境，为红河哈尼梯田之美而深为震撼，惊叹其为“世界奇迹”“大地艺术”，两个赞词堪称经典，极大地提升了红河哈尼梯田在世界上的知名度。梯田审美赋予了红河哈尼梯田以全新的文化价值和现代性意义，促使哈尼梯田研究迈上新台阶。

探寻哈尼梯田审美的源头，可以追溯到古代诗人学者对梯田景观的描述。宋孝宗乾道八年（1172年）范成大在其所著《骖鸾录》中写梯田：“出庙，三十里至仰山，缘山腹乔松之蹬，甚危，岭阪上皆禾田，层层而上至顶，名梯田。”（范成大，2002：52）元代王祯于1313年所撰《农书》“农器图谱集之一·田制门”写梯田：“梯田，谓梯山为田也。夫山多地少之处，除磊石及峭壁，例同不毛。其余所在土山，下自横麓，上至危颠，一体之间，裁作重磴，即可种艺。如土石相伴，垒石相次，包土成田。又有山势峻极，不可展足；播殖之际，人则伛偻，蚁沿而上。耨土而种，蹑坎而耘。”（王祯，2008：367）嘉庆《临安府志·卷十八》“土司志”写梯田：“依山麓平旷处，开凿田园，层层相间，远望如画。至山势峻极，蹑坎而登，有石梯磴，名曰梯田。水源高者，通以略彴（涧槽），数里不绝。”（江濬源纂修，2009：385）当代哈尼梯田景观的描述，较早见于毛佑全、李期博于1989年所著《哈尼族》一书：“在起伏连绵的哀牢群山中，无数座高达数十级乃至数百级的‘田山’巍然屹立，蔚为壮观。鳞次栉比的梯田，顺着山势的蜿蜒，层层叠叠，犹如数不完的道道天梯，从远远的山脚箐低直挂山巅云天。当冬末春初，梯田里灌满水的时候，梯田显得奇巧而壮丽……”（毛佑全、李期博，1989：31）上述古今几段描写哈尼梯田的文字，虽然并非专业审美范畴，然而均具有审美的画面感，可视为早期的梯田审美表现。

美学意义上的哈尼梯田审美见于20世纪90年代，主要有民族文化审美、地理景观审美和艺术审美三类。

民族文化审美以王清华等的研究为代表。王清华的梯田审美研究源自民族学的调查。王氏在《梯田文化论——哈尼族生态农业》一书中有关于梯田审美最早的论述。王氏认为一个民族的审美观是在其自然环境、经济生活中形成并为一定的社会生活所决定的，指出“梯田是哈尼族审美情趣和艺术创作的载体”，“在哈尼族的心灵深处，梯田不仅是物质财富的源泉，而且是精神财富的摇篮。它是一切美的集中体现、一切美的象征、一切审美情趣的坐标”，并将梯田之美概括为健康美、群体美、自然美以及装饰、诗歌、舞蹈艺术之美。（王清华，2010：247）

角媛梅以地理景观角度进行梯田审美，角氏所著《哈尼梯田自然与文化景观生态研究》一书，依据田野数据的采集、计算和分析，提出“梯田景观美学”的概念，指出哈尼梯田景观是具有生产性、古老性、独特性、和谐性（可持续性）和极高美学价值等特征的胜景。认为哈尼“梯田景观美学”具有两大特征：一是规模美；二是格局美。而从分形角度看，哈尼梯田的分形美则表现于单调和复杂、自相似与非自相似性、秩序性与不规则性以及多样性之美。（角媛梅，2009：145、158）

近30年来，梯田美的表现大量见于摄影、电视、文学、绘画、舞蹈、音乐等艺术形式之中，艺术作品虽然不涉及专门的艺术审美理论的探讨，然而作为直观的富于情感的艺术表达，其受众更多，影响更为广泛。

二 哈尼梯田的文化适应之美

生态人类学是研究文化适应的学科。文化适应和文化本身一样，是一个结构复杂的系统，它包括物质生产、社会组织、社会制度、伦理道德、文学艺术、思想信仰等适应侧面。生态人类学审美应是以人类对自然的文化适应为对象的审美研究，根据文化适应多层面的考察，哈尼梯田之美可归纳为下述十一点。

1. 梯田复合社会生态系统适应之美

云南红河哀牢山的梯田农业，是一个多民族相互适应的复合社会生态系统。这个系统由分布于海拔1500米以上地带高山的苗族、瑶族的旱作梯田子系统，分布于1400米至1800米中山地带的哈尼族的灌溉梯田子系统，分布于1000米至1400米中低山地带的彝族、汉族的灌溉梯田系统，分布于海拔600米以下河谷盆地的傣族、壮族的灌溉水田子系统组成。不同民族生存于不同的“生态位”，千百年来相互适应，各守本位，相互适应，互为屏障，互补互助，密切交往，互相学习，互相帮助，资源共享，共荣共生，充分体现了多民族和谐共生复合社会生态系统适应之美。

2. 梯田人类生态系统结构之美

哈尼族的梯田人类生态系统，是哈尼族适应哀牢山地势和气候的杰作。哈尼族谚语说“一座山梁养一村人”，“人的命根子是梯田，梯田的命根子是水，水的命根子是森林”。据此形成以梯田为根基的人类生态系统的森林、村寨、梯田、河谷垂直分布结构。哈尼族将此结构生动地表述为“要吃肉上高山（狩猎），要种田在山下，要生娃娃在山腰”。森林、村寨、梯田、河谷系统结构，体现了哈尼族等在长期适应山高谷深、气候垂直变异的生境的过程中，与自然达成的高度“默契”。该系统因此被提升为富于文化生态内涵的“四素同构”概念，并被作为诸多著名灌溉梯田地区人类生态系统建构模式的阐释工具而广为应用。本书对哈尼梯田人类生态系统的研究充分说明，该系统不仅能够最大限度地利用气候、土地、森林、水源等自然资源，而且能够有效维系自然生态系统和人类生态系统的和谐与平衡，充分体现了哈尼梯田人类生态系统顺应利用自然、与自然高度和谐的结构之美。

3. 梯田形态之美

梯田形态之美，是哈尼族梯田开垦技术适应极致的表现。梯田分布尤其是梯田形态分类的研究，可以深切感受到人地互动、互促、互塑、共生、共荣之关系。哀牢山山高谷深，地形鬼斧神工，千变万化，而与之相应的哈尼族等开发梯田的智慧和能力，也穷尽地理，变幻莫测。任你地形如何复杂无序，也能配置对应的梯田形态。于是便有了巧夺天工、随形就势、形形色色的台地梯田、缓坡梯田、陡坡梯田、山梁梯田、山坳梯田、山包梯田、山脊梯田、半岛梯田、群峰梯田、石山梯田、土石梯田、悬崖梯田等。其形态之多之奇令人惊叹：小者仅数平方米，大者数十平方米；窄者不容牛犁，宽者可以亩计；平缓者舒展开阔，陡峭者人牛难以立足；田埂或弯曲如弓，或扭曲如绞索，或密集如麻；梯田层数少者数十层，多者数千层，一山山，一岭岭，把大地雕琢得如同天梯。人类技术适应之美在梯田形态的多样性上表现得淋漓尽致。

4. 梯田景观之美

梯田景观是哈尼族生计适应方式与自然回馈及塑造功能相互影响、相互作用的视角呈现。山地梯田不同于平原田畴，平原田畴一马平川，景象单一，梯田垦殖于山地，地貌崎岖，景象复杂。山地灌溉梯田不同于山地旱作梯田，旱作梯田虽然不失壮观气象，然而黄土朝天，风干气燥；灌溉梯田为水的世界，无疑更具“湿地”的内涵和美感。哀牢山气势宏伟，层峦叠嶂，降水充沛，云腾雾绕，瞬息万变。满山遍野的梯田，时而晴空万里，明丽灿烂，时而细雨霏霏，如梦如幻。梯田常年灌溉，阳光下波光粼粼如镜，雨雾中似大海波涛汹涌，动人心魄。美景不仅于此，更有鲜活灵动的农耕事象——农夫开渠引水、架牛耕田，妇女播种插秧、采集种菜，儿童夜捕鳝鱼、白日摸虾；收获时节，割谷、运谷、晒谷、打谷、碾米，田野村寨一片金黄，丰收喜庆，欢声笑语，山歌悠扬，情满山乡。约翰·布林克霍夫·杰克逊说："景观之美源于人类文明……我们看到的乡土景观的形象是普通人的形象：艰苦、渴望、互让、互爱。只有体现这些品质的景观，才是真正的美的景观。"（约翰·布林克霍夫·杰克逊，2016：5）

5. 梯田劳作精神之美

梯田生产劳作，是梯田人类生态系统能量交换、物质循环的主要形式。梯田农耕在一年之中随着季节、时令转化，有耕田、耙田、筑埂、撒秧、栽秧、施肥、灌溉、排灌、收割、堆粮、脱粒、运粮、晒粮、脱壳、粮食加工等一系列生产劳作工序。比较其他农业形态，梯田生产劳作更为艰辛，其耕作、种植、施肥、灌溉、运输、管理之艰难远非平原水田可比。外来人观赏梯田，通常看到的只是梯田景观、节日、歌舞、物产、饮食之美，而少有深入感知哈尼人实际农耕生活的机会。山地地貌复杂，山高谷深，交通艰难，生活生产劳力投入之巨，超乎常人想象。哈尼族等梯田民世世代代扎根深山，默默耕耘，吃苦耐劳，坚忍不拔，靠着简陋的锄头和犁耙，创造出世所罕见的农耕文化，谱写了一曲感天动地的生产劳作精神之美的赞歌。

6. 梯田灌溉之美

哈尼梯田灌溉体现了哈尼族认知自然、顺势而为的高度智慧。哈尼族的谚语说："人的命根子是梯田，梯田的命根子是水。水的命根子是森林。"深刻揭示了梯田民与自然资源的关系。村寨上方高地规划为神林，神林是哈尼族世界观和自然观的象征，是哈尼人精神寄托和慰藉的圣地；从生态角度看，神林则如"绿色天然水库"，其在收纳雨水、涵养水源、保障哈尼族生活和农业用水方面发挥着重要作用。

哈尼梯田灌溉主要依赖高山森林收纳涵养的水源，而水源的管理和分配则按传统规矩行事。以水沟引导溪水进入农田区，然后在水沟中拦以开凿有不同大小水口的横木或石条，以控制各家应该分配的灌溉水量，俗称“木刻分水”“自流灌溉”。“自流灌溉”兼具施肥功能，使高山溪水流经蓄粪池然后导入田中，灌溉施肥一举两得，此为“流水冲肥灌溉法”。农田既需要灌溉，又必须排水，在田埂上开凿缺口，水满自流，高田流向低田，叫作“跑马水”。“自流灌溉”“木刻分水”“流水冲肥灌溉法”和“跑马水”，构成了哈尼梯田独特的高山流水灌溉图。

7. 梯田物产之美

产出的多样性是哈尼梯田人类生态系统一大显著特征。哈尼族梯田物产多样性的做法，一是根据梯田分布的海拔高度、气候条件、坡度缓急、坡向变化、土壤和植被类型等自然条件，选择、驯化、配置、轮作不同的水稻品种和其他栽培作物；二是在不同类型的梯田中尽可能种植养殖多样性的生物，如鸭、鱼等，以增加产出；三是传统农法利于田中及周边螺蛳、泥鳅、黄鳝、虾巴虫、蚂蚱以及车前草、茨菰、蕨菜、鱼腥草、水芹、薄荷等数十种水生动物自然生长，增加人们食物的丰富性。梯田物产的多样性可大大减少水稻病虫害，并有显著的经济效益，而且能够保持作物纯净安全的品质。就生态和生命而言，农产品高产丰富固然重要，然而只有产出多样性并具备食品安全保障，才是最美农业。

8. 梯田节日之美

节日起源于岁时节气，岁时节气是人类适应自然天象循环的知识体系。哈尼族的节日与梯田农事环环相扣，每一个节日都有特定的文化意蕴。节日有农历十月辞旧迎新的“扎特特”（汉语为“十月年”），农历三月的“开秧门”（也称“黄饭节”），农历六月栽秧结束祈求丰收的“矻扎扎”节，农历七月的“尝新节”以及祭母节、老人节、龙巴门节、竹笋节等20余个，其中以十月年和六月节最为隆重。祭祀神灵祖先祈求人畜安康五谷丰收，是所有节日的重要内容；舒缓劳作艰辛、协调生产秩序、密切族群情感、享受生活文化、传承文化习俗等，是节日的主要功能。节日的集会、团圆、互访、盛装、宴会、美食、磨秋、歌舞、恋爱等，充满了生活之美、情感之美、生命之美。

9. 梯田感恩之美

感恩是人类世界观和价值观的重要组成部分。哈尼族年中举行的一系列祭祀礼仪，具有浓郁的感恩意象。节日或日常生活中举行的供奉寨神、水神、土神、树神、家神、祖先、谷物保护神、谷魂、粮仓等的祭祀，“感恩”是不可或缺的内容。例如绿春县车里村的“昂玛吐”（寨神）祭祀，在长达7天的时间中要分别祭祀泉井神欧松阿远松烂、地神咪松、寨神昂玛、选寨始祖爱远阿三、建寨始祖普翁爱远阿就、居于山中各地的大鬼神（山神）以及财神普龙阿玛等，祭祀最重要的环节是祭师咪谷的祷告，每一个长篇祷告都是虔诚感恩的倾诉，充满着人与自然和谐共生的诗意美感。[①] 哈尼族的感恩对象，除了各种神灵之外，还有梯田、生产工具、水牛、狗、布谷鸟、燕子、竹子、松树、棕榈树、锥栗树等，不同的对象有不同形式的感恩仪式。哈尼族日常生活中无时不在的感恩意识和行为，充分体现了哈尼族等的善良纯真的人性之美。

10. 梯田歌舞之美

歌舞属于精神层面的文化适应。哈尼族民间歌舞丰富多彩，祭祀活动、节日庆典、婚嫁喜庆、重要农事活动是哈尼族歌舞的展示平台。大致统计，哈尼舞蹈多达49个。其中最具代表性的舞蹈为祭祀舞蹈“打莫搓”、性崇拜舞蹈“铓鼓舞”和祖先崇拜舞蹈“棕扇舞”。哈尼族通过舞蹈倾诉对神灵、祖先和图腾的崇敬和表达村寨平安、五谷丰登的祈愿。歌舞是祭祀仪式的重要内容，每一次隆重的祭祀，都是一次歌舞的庆典。三月祭山、六月祭水、七月祭天地和祭龙、祭谷娘、开秧门等祭祀活动，皆有盛大的歌舞狂欢。传统节日扎勒特（十月年）、新米节、祭母节、老人节、龙巴门节、竹笋节、播种节等节庆以及红白喜事，是哈尼人尽情展示服饰美、酒宴美、歌舞美的大舞台。在哈尼族的社会生活中，歌舞无处不在，具有浓郁民族特色的歌舞，表达了哈尼族对于人生、家园

---

① 李克忠：《寨神——哈尼族文化实证研究》，云南民族出版社1998年版，第149页。该书调查记录了大量“昂玛吐”祭祀仪式的祷告词，充分表现了哈尼人对于大自然的热爱、敬畏、虔诚、感恩之情。

之美的深切感悟和追求。

11. 梯田史诗歌谣之美

史诗歌谣亦是精神层面的文化适应。在哈尼族口头传承的大量神话、史诗、故事、歌谣、传说等当中，梯田农业相关内容占有重要地位。其中有反映宇宙万物产生的篇章，如《天地神的诞生》《造天造地》《兄妹传人种》等；但更多的是梯田耕作方面的传说，如《哈尼两兄弟开神田》《庄稼神扎那阿玛教哈尼人种陆稻》《哈赫吾星教哈尼开田种稻子》《先祖塔婆取五谷传六畜》《老水牛开始犁田的传说》《英雄玛麦找谷种的传说》《扒烂稻根的诺姒姑娘》《尝新先喂狗》《布谷鸟报四季的传说》《猫、狗、老鼠和五谷的传说》等。史诗《哈尼阿培聪坡坡》，是哈尼远古族源、生境、历史、社会、迁徙、族群关系、住居、生活、生产及其变迁的宏大叙事，全诗分七章，共5500行，内涵丰富、深沉、悲壮，词语优美，极富历史文化的浑厚深沉悲壮之美。歌谣《胡培朗培》汉译为《哈尼四季生产调》[①]，是一部叙述哈尼梯田农耕程序、抒发哈尼人对梯田和生活挚爱之情的诗歌。全调包括引子、冬季、春季、夏季、秋季五大单元，具体内容为“生机勃勃的大地”“历法的产生”“寻找水源”“挖沟引水”“开垦梯田”“遍寻谷种”以及一月至十二月的梯田耕作过程等。歌谣曲调动听，词句生动清新。例如《井秧门》的唱词：山上的布谷鸟叫了，美丽的桃花盛开了，三月的春风把草木吹绿了。花儿开了，小燕子在空中快乐地唱着歌。秧姑娘渐渐地长大了，勤劳的哈尼人开始忙碌着春耕。秧田里的秧苗也该出嫁了，离开生自己养自己的家，把美好的祝愿和来年的希望，幸福地播种在梯田里。[②] 哈尼族充满诗意的农耕生活，于此可见一斑。

三　哈尼梯田审美的社会和现实意义

哈尼梯田审美，不仅给予人们美的感动和享受，而且具有十分重要

---

① 白祖额、杨倮嘎搜集，段贶乐、卢朝贵、杨羊就、长石整理：《哈尼族四季生产调》，云南民族出版社2015年版。

② 红河州地方志方志办公室档案资料。

的社会和现实意义。兹择要阐述于下：

1. 红河哀牢山梯田社会适应之美，是中华民族团结和谐、共生共荣的特征的具体表现。如前所述，在红河流域哀牢山区，分布着傣族、壮族、彝族、哈尼族、瑶族、苗族还有汉族、拉祜族等，各民族居处于不同海拔高度地带，立体分布，大杂居小集聚，资源共享，生计互补，相互依存，互相尊重，形同兄弟。各民族习俗虽然不同，然而交往密切。例如在哈尼族和傣族社会中长期存在的共同饲养和利用耕牛的“牛亲家”等习俗，即为哀牢山区民族关系的生动体现。在当前强调铸牢中华民族共同体意识的背景下，哀牢山区各民族相互适应、协力建设多民族杂居的互补、互惠、共生、共通、共融的美好家园，结成美美与共的命运共同体，这样的民族关系，值得珍视和弘扬。

2. 哈尼梯田所包含的整体及多层次的适应之美，凸显了中华农耕文明适应内涵的丰富性和中华农耕文明的博大精深。中国是世界农耕文明的重要起源地，在漫长的历史发展构成中，既形成了作为世界两大农耕文明的黄河流域的粟作农业和长江流域的稻作农业，而且还产生了诸如热带山地轮歇农业、甘青高原的混牧农业、黄土高原的旱作梯田农业、新疆戈壁的绿洲农业、南方山地丘陵的梯田农业，以及江南平原等地的多样化农业形态。哈尼梯田所表现出的特殊的人类适应性，为中华文明增添了绚丽光彩。

3. 哈尼梯田人类生态系统结构之美，以及节日祭祀和感恩之美，是中华民族道法自然、天人合一世界观、自然观的典型案例。红河哀牢山区由森林、聚落、梯田、河流组成的哈尼族梯田人类生态系统，即“四素同构”人类生态系统，是在深刻认知自然和顺应自然的基础之上，巧妙利用自然规律所创造的独特的生存模式，是实现人与自然和谐和自然资源可持续利用的典范，堪称中华生态文化的奇葩。

4. 哈尼梯田景观之美、物产多样性之美、劳作之美等，均为优秀农业文化遗产必备要素，具有极其宝贵的科学价值。自 2007 年至 2013 年，红河哈尼梯田先后被命名为国家湿地公园、“全球重要农业文化遗产”“中国重要农业文化遗产”和“世界文化遗产”。上述遗产皆特别重视哈尼梯田的独特景观，认为哈尼梯田是“农村与其所处环境长期协同进化和动态适应下所形成的独特的土地利用系统和农业景观，这些系统与景观具有丰富的生物多样性，而且可以满足当地社会经济与文化发展的需要，有利于促进区域可持续发展”[①]。哈尼梯田是“人类与其所处环境长期协同发展中，创造并传承至今的独特的农业生产系统，这些系统具有丰富的农业生物多样性、传统知识与技术体系和独特的生态与文化景观等，对我国农业文化传承、农业可持续发展和农业功能拓展具有重要的科学价值和实践意义”（闵庆文、田密，2015：152）。

5. 哈尼梯田节庆之美、歌舞之美、史诗歌谣之美，业已结出非物质文化的丰硕成果。迄今为止，红河州包括节庆、歌舞、史诗、歌谣等在内的国家级、省级、州级、县级非物质文化遗产保护名录已达 1196 项，其中国家级 16 项、省级 86 项、州级 190 项、县级 904 项；有各级非物质文化遗产项目代表性传承人 1995 人，其中国家级 17 人、省级 88 人、州级 401 人、县级 1489 人。[②] 梯田非物质文化遗产，是梯田生态美、景观美、劳作美、精神美、内涵美等的全面反映，业已受到社会高度重视和赞赏。梯田非物质文化的传承弘扬，对于提高文化自觉和文化自信，具有十分积极的意义。

6. 哈尼梯田审美，不仅带来了巨大的社会效益，而且还产生了显著的经济效益。审美促进哈尼梯田旅游事业的发展，即为典型事例。从 20 世纪 90 年代初期至今，30 年间，哈尼梯田旅游从无到有，迅速发展，旅游设施不断完善，各级政府和民间社会资本大量投入，一批星级酒店陆续建成，多种客栈、民宿、农家乐应运而生。迄今为止，已开发出“文化生态之旅”“世界遗产之旅”“梯田物产之旅”“梯田节庆之旅”等若干特色旅游项目，形成了“公司 + 合作社 + 农户 + 基地”等多种经营模式，荣获了国家 4A 级旅游景区称号，经济效益显著，不少农民从

① 参见红河州地方志办公室档案资料。

② 云南省非物质文化遗产保护中心提供资料。

中受益。旅游业的兴起给梯田农业注入了新的生机和活力，有力地促进了当地社会经济的发展。

结语

有关哈尼梯田审美，在回顾以往相关研究的基础上，深入解析了哈尼梯田人类生态系统各组成要素的文化生态之美及其重大社会和现实意义。通过梯田审美研究，我们进一步认识了哈尼梯田作为世界文化遗产、全球和中国重要农业遗产、国家湿地公园以及“大地艺术”“世界奇观”的生态文化、人地和谐、绿色及可持续发展的内涵之美。

从生态人类学的角度看，本节展现了生态人类学审美研究的必要性和重要性，验证了文化适应分析方法的有效性，显示了其适应社会需要的现代性。生态人类学的梯田审美，和本书所进行的族群迁徙分化、聚落住屋的选择和建构、梯田的起源和发展等的生态史的研究以及梯田分布、形态、垦殖、技艺、物产、灌溉、节庆、旅游、建构、保护等的适应研究一样，对于传统知识的发掘和阐释、对于促进传统文化的现代性建构、对于绿色发展和生态文明建设、对于中华优秀传统文化和中华文明的传承弘扬，均具有重要意义。生态人类学，适应的艺术，舞台广阔，前景无限。

第五节　人类适应新论

本书“前言”说过，关于哈尼梯田的研究可谓成果累累，然而绝大多数研究均以案例阐释为目的，即从各自学科的角度聚焦于梯田文化生态的调查、发掘、整理和解读，而少有理论关怀，即通过哈尼梯田调查研究进而进行学科理论方法的探索建构者。笔者的研究虽然依然将哈尼梯田文化生态内涵的整体性系统性研究作为主调，然而除此之外，尚有理论取向的目的。本节论述的内容，即为通过哈尼梯田这一典型案例研究总结的人类学生态研究理论方法的新思考。

一　复合方法论

美国人类学家朱利安·斯图尔德（Julian Steward）根据其对南美印第安人的一个分支肖肖尼人等的研究，于1955年提出“文化生态学”理论，认为文化特征是在逐步适应当地环境的过程中形成的。文化生态学以“适应”概念解释人类及其文化与生态环境的关系，虽然不能囊括所有文化与环境的关系，却是在批判环境决定论、环境可能论等缺陷的基础上发展而来的具有很强解释力的生态学分析框架。美国人类学哈里斯（Marvin Harris）的文化唯物论把适应环境当作文化与环境关系的最重要的解释机制保留下来，其目的是通过追溯各种文化特征——不仅包括技术，还包括居住模式、宗教信仰和礼仪——同环境因素的联系来论证它们适应环境的、唯物的合理性。[①] 生态人类学由文化生态学和文化唯物论发展而来，其贡献在于引入了生物学的“生态系统”的概念，并进行了若干创新性的研究，开拓了人类学生态研究的新阶段。

本节以文化生态学和生态人类学理论方法为参照，在进行哈尼梯田田野调查和研究的过程中，感到已有理论方法的运用依然具备很强的解释力，然而无论从整体驾驭研究对象的角度来看，还是从时代发展的要求来看，其局限性已然十分明显。有鉴于此，根据哈尼梯田研究并结合以往的研究经验，拟在已有方法论的基础上进一步探索，尝试建构更为有效且能适应时代发展需求的生态人类学研究方法。新的方法是一个复合研究体系，由整体性研究、历时性研究、系统性研究、现代性研究、建构性研究五个方面组成。

1. 整体性研究。整体性研究，是人类学的重要研究方法，意在总体把握事物的内涵外延和生命过程。然而所谓总体性是基于对研究对象的清晰认识，应有边界，不宜泛化。本书整体性的视野是依据“文化”和“文化适应”的结构，包括物质技术、组织制度、精神信仰三个层面。

---

① 具体可参见中国社会科学杂志社编《人类学的趋势》，社会科学文献出版社2000年版，第296、299、300、302页。

本书的物质技术层面主要见于“生态与历史”“生态与族群”“生态与聚落”“生态与住屋”“我国梯田的起源与发展”“哈尼梯田的起源与发展”“哈尼梯田分布”“哈尼梯田形态”“哈尼梯田垦殖环境尺度”“火耕与水耕”“梯田稻作”“森林与水源”“梯田灌溉技术及管理”“水利建设”十四节；组织制度层面主要见于“生态与历史”“生态与族群”“生态与聚落”“生态与住屋”“梯田稻作”“森林与水源”“灌溉技术及管理”“水利建设”“梯田节庆”“梯田旅游”“梯田文化的升华”“梯田保护”十二节；精神信仰层面主要见于“生态与聚落”“生态与住屋”“梯田稻作”“森林与水源”“灌溉技术及管理”“水利建设”“梯田节庆”“梯田旅游”“梯田审美”九节。

2. 历时性研究。历时性研究是历史过程的追溯和梳理。历时性研究，尤其是长时段的研究，在国外生态人类学的著作中比较少见，而对于中国学者而言，这是不可缺少的。原因之一，任何一个田野的人地关系或文化适应，都是一个历史过程或动态演变过程，脱离过程，任何时空断面的研究都难免局限性和片面性，只有对全过程有了较为清晰的了解，探知了事物的来龙去脉，才可能获得真知灼见。国外学界近30年兴起的生态史、环境史的研究，就是基于这个道理。历时性研究是本书的主要研究方法之一，它体现在两个方面：一是哈尼梯田的整体性历史研究，大致分为三个阶段：第一阶段是战国时期至唐代初期，此阶段主要依据有限的历史文献和民间口头传承资料，来探讨哈尼先民远古的生态生活、迁徙分化。第二阶段为唐代红河流域哈尼梯田的起源发展及至宋元明清民国哈尼梯田的成熟完善，是哈尼梯田研究的重点。第三阶段为20世纪50年代至今，内容为哈尼梯田在社会变革中的改革、变迁及现代性建构。二是哈尼梯田各文化要素的历时性研究，体现于本书几乎所有章节，例如“生态与历史”“生态与族群”“生态与聚落”“生态与住屋”“我国梯田的起源与发展”“哈尼梯田的起源与发展”“梯田垦殖环境尺度”“火耕与水耕”“梯田稻作”“森林与水源”“梯田灌溉”“水利建设”“梯田节庆”“梯田旅游”“梯田文化的升华”“梯田保护”等章节，既是历史和传统的叙事，也对当代的改革和发展给予了应有的重视，充分展示了文化生态的流动演变。

3. 系统性研究。1968年安德鲁·P. 维达、罗伊·A. 拉帕波特提出“生态人类学”概念，认为“在生物圈的某个划定范围里的全部有生命物质和无生命物质之间联系密切，并且进行着物质的交换”；认为人和其他生物和非生物之间是在一个物质交换体系中互为环境、互有影响的。[①] 拉帕波特所著《献给祖先的猪——新几内亚人生态中的仪式》一书，可视为生态人类学系统论的代表之作，该书从人口、种群、经济、生计等方面探讨生态环境与文化仪式的相互关系，其对系统理论的创新性运用，产生了广泛影响。

笔者20世纪八九十年代研究云南热带山地刀耕火种，亦将系统论作为主要研究方法，并以“系统树”图示刀耕火种人类生态系统的结构。刀耕火种人类生态系统由人类与环境构成，两者的关系体现于人类技术子系统（生产工具、土地分类、耕作技术、轮歇方式、栽培作物等）、产出子系统（粮食、经济作物、蔬菜、采集食物、柴薪、建筑材料等）、辅助生计子系统（狩猎、采集、手工业等）、商品子系统（狩猎物、采集物、农副产品、经济作物等）、社会子系统（国家政策、土地制度、社会组织、礼仪信仰等）与环境系统（森林、草地、水源林、神林、保护区等）相互作用相互影响的整个动态过程。对比笔者与拉帕波特的研究，虽然同为系统论的运用，然而拉帕波特所从事的乃是人类学传统封闭社会与环境关系的研究，而笔者所进行的却是全球化现代化背景中从封闭走向开放的社会与环境的研究。人类进入工业社会之后，受全球化市场化信息化的影响，以往原始封闭的社会正在发生变化，不同文化的接触、涵化、同化渐成趋势，所以如何加强开放社会的系统论研究，无疑是生态人类学面临的重要课题。

本书哈尼梯田的研究，依然采用系统论研究方法，系统的视角几乎覆盖全书。例如梯田生产劳作，一年之中随着季节、时令的转化，有耕田、

① 具体可参见中国社会科学杂志社编《人类学的趋势》，社会科学文献出版社2000年版，第302页。

耙田、筑埂、撒秧、栽秧、施肥、灌溉、排灌、收割、堆粮、脱粒、运粮、晒粮、脱壳、粮食加工等一整套生产劳作工序，是为梯田人类生态系统能量交换、物质循环的主要形式。又如梯田稻鱼鸭产出系统，梯田物产的多样性可大大减少水稻病虫害，并有显著的经济效益，而且能够保持作物纯净安全的品质，是哈尼梯田人类生态系统一个显著特征。再如哀牢山区的民族分布——高山为苗族和瑶族、中山为哈尼族、低山为彝族和汉族、河谷盆地是傣族和壮族。不同民族分布于不同的“生态位”，相互适应，互为屏障，资源共享，形成一个多民族和谐共生的复合社会生态系统。哈尼梯田最为典型、最具特色的系统论是由人类学者和自然科学者共同建构的“四素同构论”。哈尼族谚语说“一座山梁养一村人”，“人的命根子是梯田，梯田的命根子是水，水的命根子是森林”，一语道明了哈尼梯田人类生态系统的结构功能。森林子系统、村寨子系统、梯田子系统、河流子系统垂直交叉分布，相互作用，能量流通、物质循环、信息交换，维持着哈尼梯田的平衡持续运营。哈尼梯田“四素同构”系统的建构，堪称梯田系统论的经典，一经提出，即被诸多著名灌溉梯田地区广为应用。

4. 现代性研究。本书所说的现代性，是指文化的现代社会适应性。“文化适应”是生态人类学的核心概念，意指文化对其相应生态环境的适应。而随着时代的变化，随着社会从简单向复杂的演变，“文化适应”不再只是单纯的生态环境适应，还有伴随而来的复杂的社会环境适应。这样一来，不同文化适应功能的差异便随之显现，例如有的适应方式只是在特定时空条件下，即在特定的时空尺度中才具有适应功能的充分发挥和展现，才具有强盛的适应生命力，一旦时空条件变化转换，其适应功能便衰退萎缩，甚至终结；而有的适应方式虽然形成于特定的时空，然而并不受特定时空条件的限制，即使时空条件发生变化，其适应功能也不会随之衰减弱化，依然持续强盛，表现出长时空尺度的旺盛的生命力。不同的文化适应方式在时空转换过程中所表现出的适应生命力的差异，笔者将其称为“文化适应时空尺度差异”。“文化适应时空尺度差异”是衡量“文化适应现代性”的重要标志。

例如刀耕火种与哈尼梯田，同为人类文化适应方式，是富于智慧、基于丰富传统知识运行的人类生态系统。然而刀耕火种是火的农业，灌溉梯田是水的农业，两者资源利用、耕作技术、作物栽培差异极大。刀耕火种每年砍树烧山，与森林互动谱写“火之殇”交响曲，此种景观，在莽荒时代是人类生存之必需，环保与否并无人理会。然而在崇尚低碳低排、提倡绿色发展的今天，那简直就是愚昧、野蛮、罪恶的行径，不忍目睹了。时代变了，刀耕火种的资源利用方式和文化技术体系已不能适应当代社会发展、人口爆炸、资源认知、环境保护、经济取向等状况，所以迅速走向衰落，退出了历史舞台，而哈尼梯田则持续发展，保持着强盛的生命力，原因就在于两者“文化适应时空尺度”，即“文化适应现代性”的差异上。由此可见，现代性作为当代生态人类学不可或缺的视野和分析研究方法，应予重视。

5. 建构性研究。建构性是文化的重要特性，也是人类学的重要特性。人类学特别重视田野调查，主张在田野中以主位角度从事调查研究，田野中调查者与报告人的接触与互动，其实在很大程度上就是一个双向的建构性过程。从哈尼梯田的研究来看，重视和强调建构性研究意义重大。试想，如果没有社会学者、自然科学者、文学艺术家以及政府官员等的大力建构性研究和作为，哈尼梯田深厚的生态文化内涵就不可能为世人所知所重，其惊艳世界的“大地艺术”“世界奇迹”景观也许还将长期埋藏于深山，而如果没有上述杰出的文化和科学的建构，也就不可能获得“国家湿地公园”“全球重要农业文化遗产”和“世界文化遗产”的桂冠。由此看来，当代生态人类学的建构性研究是何等的重要。

二　文明适应论

经典生态人类学理论大多来源于简单社会人类对生态环境的文化适应之上。世界进入工业社会之后，简单社会越来越少，社会越来越趋于开放复杂，面对新的形势，人类学包括生态人类学如果依然固守传统理论，便难免被动落伍，而欲保持旺盛的学术生命力，就必须与时俱进，锐意探索，开拓创新。通过多年研究实践，并参考国内外信息，尤其是从紧扣时代脉搏、适应中国社会发展需要出发，笔者主张以新的“文明适应论”取代旧有的“文化适应论”，以构建具有新进解释力和实际运用价值的新型生态人类学理论体系。

何谓“文明适应论”？简而言之，文明适应论可视为文化适应论的升级版，其架构由两个部分组成：一为传统文化适应论，即依然将传统文化适应论作为理解和把握人类与生态环境相互关系的重要纽带和基本机理；二为社会适应论，认为当代人类与生态环境的相互关系不再仅仅是封闭孤立的人类族群与生态环境的关系，而更多地表现为开放社会与生态环境的关系，所以必须将社会适应纳入研究的视野。文明适应论将封闭社会的文化适应论与开放社会的社会适应论进行整合，回应了时代对学术发展的诉求，丰富了生态人类学的理论内涵和运用价值，拓展了人类学生态研究的时空，为人类学参与主流社会文化生态的研究注入了新的正能量。

文明适应论以文明的视角审视、阐释、建构人与自然的关系。而作为具体审视、分析、阐释、建构的视角，则有如下几点：首先是传统文化适应论的物质技术、社会制度和精神信仰，其次是社会适应的生态学、生态哲学、生态伦理、生态审美、生态文明等。关于文化适应的三个层次，已不乏论述，下面将就社会适应的几个重要视点进行阐述。

第一，生态哲学。生态哲学是生态人类学文明适应论首先关注的层面。如何认识人类与自然、生物与自然的关系，是生态哲学基本问题。生物圈与大自然生态系统，是万物共融的有机世界，人类非独立于自然之外的物种，乃是属于生物圈和大自然生态系统之中的众多物种之一。人类与自然相互依存，相互影响，共生共荣，结成生命共同体，这是生态哲学的基本观点。缺失生态哲学观念，否认人类的生物属性，将人类与自然割裂分离，视人类为自然的主宰，将人类凌驾于自然之上，一切以人类为中心，为了追求物质利益，不惜任意开发、利用自然，无视对于自然的影响和破坏，结果导致生态环境破坏，自然资源枯竭，生态环境灾难频发，给人类生命财产造成巨大的危害，这样的事例不胜枚举。过往惨痛的教训告诉我们，大自然是人类的家园，为了生存和发展，在合理利用自然资源的同时，必须热爱敬畏保护自然，而欲做到这一点，就必须树立正确的生态哲学观。

第二，生态伦理。伦理，意为人伦道德之理，通常指处理人与人之间关系的道德准则。生态伦理（或称环境伦理）是现代生态学范畴的新概念，生态伦理指人类处理自身与生态环境关系的一系列道德规范。在处理人与生态环境关系的观念行为中，存在两种对立的态度：一是人类中心主义，主张人类是世界的中心，人是价值主体，自然界则是满足人类需要的价值客体。认为人只对人自身（包括其后代）负有道德义务，只有人才能成为具备道德对象的资格。人类唯有征服自然、开发利用自然，才能满足人类生存和发展的需要。二是生态伦理学，认为人类作为自然界系统中的一个子系统，与自然生态系统进行物质、能量和信息交换，自然生态是人类存在不可或缺的客观条件，因此人类对于自然生态系统应给予充分的道德关怀。生态伦理学反对人类中心主义，主张要把道德义务的对象从人这一物种扩展到人之外的其他物种和整个生态系统。即如泰勒所说："环境伦理学关心的是存在于人与自然之间的道德关系。支配着这些关系的伦理原则决定着我们对自然环境和栖息于其中的所有动物和植物的义务、职责和责任。"（引自何怀宏，2002：293）生态伦理学以道德关怀和伦理原则处理人与自然的关系，是人类道德的进步，对于生态人类学文明适应论的建构而言，价值意义毋庸置疑。

第三，生态学。生态学研究生物与其环境（非生物环境和生物环境）之间的相互关系。作为人类学分支的文化生态学、生态人类学和环境人类学，无论是其理论还是其方法，诸如将人类与生境相互关系作为其理论观点和研究对象，将适应作为人类与生境相互关系的解析方法等，均为基于生态学的人类学跨学科的创造。不仅如此，人类学生态研究的每一次进步，可以说也都是生态学原理和方法的新吸纳新运用。生态学从生物个体与环境直接影响的小环境到生态系统不同层级的有机体与环境关系的研究，以及20世纪60年代系统生态学的产生，也都影响到人类学，文化生态学迈向生态人类学，就是受生态学生态系统理论启迪影响的结果。至于新近与人类生存与发展紧密相关而产生的多个生态学研究热点，如生物多样性的研究、生态屏障和生态安全研究、全球气候变化的研究、自然灾害的研究、受损生态系统的恢复与重建研究、可持续发展研究等，亦迅速反映于生态人类学和环境人类学，大有成为其研究新动向的发展趋势。

第四，生态审美。审美是人们对事物美感的欣赏品位认知体验能力，是人们认识美、发现美、创造美的过程，是人们追求事物之美和理解世界的一种特殊形式。在世界上的美好事物之中，动物植物、山川河流、四季气象、云烟雨露、奇石异物、虫鸣鸟叫等自然造化之美，是人们感知的最为贴近、最为亲切、最为丰富、最为神奇之美。自然环境之美是美的源泉，亦是人类文化创造的源泉。人类的自然审美，古已有之、盛之，而生态审美的出现，则使之登上了学术的殿堂，赋予了它特殊的科学的价值和意义。生态人类学的生态审美，集中于人类文化和文明适应的美的表现和内涵之上，它包括物质技术、社会组织、精神信仰、生态科学、生态哲学、生态伦理、生态艺术、生态文明等的生态真、生态善、生态益、生态宜、生态智等的认知、发掘、阐述、建构和宣扬。生态审美的视角和体验，赋予了生态人类学更为广阔的研究视野和空间以及崭新的研究价值和意义。

第五，生态文明。尊重自然、顺应自然、保护自然，坚持人与自然的和谐共生，是生态文明的核心理念。中国历史悠久，早在春秋时期，在儒家和道家的学说中便产生了对于人类与自然关系和谐认知的思想。其"天人合一""道法自然"等观念，作为中华传统哲学的核心理念，几千年来一直为社会所崇尚。另一方面，在民间，则有中华各民族在悠久的历史过程中创造、发明、积累的关于自然资源开发利用保护的极其丰富的传统知识和智慧。中华民族关于人与自然关系的传统哲学思想和传统知识，是一座无比丰富灿烂的文化生态遗产宝库，是人类文明的重要组成部分。当代生态文明理念的提出，是人类科学世界观、自然观、发展观的集中体现，是关系人类安全、永续发展的千年大计。自中国共产党的十六大始，中国政府创造性地提出建设生态文明的重大命题和战略任务。党的十八大以后，中国政府更是把生态文明建设提到了中华民族和中华文明复兴、构建人类命运共同体的高度，并提出了"坚持走绿色发展、低碳发展、循环发展、可持续发展之路”，“绿水青山就是金山银山”，“人不负青山，青山定不负人”，“生态兴则文明兴，生态衰则文明衰”等一系列生态文明建设的原则和理念。生态人类学作为研究人与自然的学科，在大兴生态文明建设的时代背景之下，理应更新观念，开拓创新，不负时代，充分发挥本学科之特长，为生态文明和人类文明建设作出应有的贡献。

结语

本书研究的主旨如“前言”所写：哈尼梯田究竟是一种什么样的适应方式？其人类生态系统究竟具有哪些非凡的文化生态内涵和功能？其对于研究传统生计的转型再造、对于认识人类与环境的互动关系、对于人类可持续发展、对于人类的适应性研究、对于生态人类学理论方法的拓展创新究竟具有何种特殊意义？通过对哈尼梯田的适应方式、文化生态内涵和功能、梯田传统知识的传承发展等的研究与阐释，作为总结，笔者提出“复合方法论”和“文明适应论”，希望对生态人类学本土化研究有所裨益，对人类学生态研究的理论方法有所贡献。

参考文献

一 著作

(汉) 班固撰；(唐) 颜师古注：《汉书》，中华书局 2013 年版。
(汉) 司马迁：《史记》，中华书局 2013 年版。
(后魏) 贾思勰著；缪启愉校释：《齐民要术校释》，中国农业出版社 1998 年版。
(明) 刘文征撰；古永继点校：(天启)《滇志·种人》卷三十，云南教育出版社 1991 年版。
(清) 傅恒、董诰撰：《皇清职贡图》，台北：台湾华文书局 1968 年版。
(清) 胡渭著；邹逸麟整理：《禹贡锥指》，上海古籍出版社 2006 年版。
(清) 赵翼：《瓯北诗钞》，载闵宗殿主编《中国农业通史》(明清卷)，中国农业出版社 2016 年版。
(宋) 范晔：《后汉书》，中华书局 2012 年版。
(宋) 毛晃：《禹贡指南》，中华书局 1985 年版。
(唐) 樊绰撰；向达注；(南宋) 岳珂编；王曾瑜校注：《蛮书校注》，中华书局 2018 年版。
(元) 王祯撰：《东鲁王氏农书·农器图谱集之一》，缪启愉、缪桂龙译注，上海古籍出版社 2008 年版。
阿拉腾：《文化的变迁——一个嘎查的故事》，民族出版社 2006 年版。
白保兴、黄光成主编：《红河流经的地方》，云南人民出版社 2008 年版。
白艳莹、闵庆文、左志锋主编：《湖南新化紫鹊界梯田》，中国农业出版社 2017 年版。

白玉宝：《红河水系田野考察实录》，云南民族出版社 1999 年版。
白玉宝、王学慧：《哈尼族天道人生与文化源流》，云南民族出版社 1998 年版。
白祖额、杨倮嘎搜集，段贶乐、卢朝贵、杨羊就、长石整理：《哈尼族四季生产调》，云南民族出版社 2015 年版。
陈文华：《农业考古》，文物出版社 2002 年版。
丁桂芳：《自由与禁忌——哈尼族奕车人婚恋制度研究》，云南大学出版社 2014 年版。
付广华：《岭南民族传统生态知识与生态文明建设互动关系研究》，中国社会科学出版社 2021 年版。
管彦波：《云南稻作源流史》，民族出版社 2005 年版。
《哈尼族简史》编写组：《哈尼族简史》，云南人民出版社 1985 年版。
《哈尼族简史》编写组、《哈尼族简史》修订本编写组：《哈尼族简史》，民族出版社 2008 年版。
韩茂莉：《中国历史农业地理》（上），北京大学出版社 2012 年版。
何怀宏主编：《生态伦理——精神资源与哲学基础》，河北大学出版社 2002 年版。
《红河哈尼族彝族自治州概况》编写组：《红河哈尼族彝族自治州概况》，云南民族出版社 1986 年版。
红河哈尼族彝族自治州哈尼族辞典编纂委员会：《哈尼族辞典》，云南民族出版社 2006 年版。
红河哈尼族彝族自治州哈尼族辞典编纂委员会编：《红河哈尼族彝族自治州哈尼族辞典》，云南民族出版社 2006 年版。
红河哈尼族彝族自治州民族志编写办公室编：《云南省红河哈尼族彝族自治州民族志》，云南大学出版社 1989 年版。
红河哈尼族彝族自治州志编纂委员会编：《红河州志·农业篇》，生活·读书·新知三联书店 1994 年版。
侯甬坚：《红河哈尼梯田形成史调查和推测》，载郑晓云、杨正权主编《红河流域的民族文化与生态文明》（上），中国书籍出版社 2010 年版。

黄绍文：《箐口：中国哈尼族最后的蘑菇寨》，云南人民出版社 2009 年版。
黄绍文、廖国强、关磊、袁爱莉：《云南哈尼族传统生态文化研究》，中国社会科学出版社 2013 年版。
黄钟警、吴金敏主编：《精彩龙脊》，书海出版社 2005 年版。
蒋高宸编著：《云南民族住屋文化》，云南大学出版社 1997 年版。
角媛梅：《哈尼梯田自然与文化景观生态研究》，中国环境科学出版社 2009 年版。
角媛梅、丁银平、张洪康：《世界遗产哈尼梯田——雕刻在群山上的和谐家园》，科学出版社 2022 年版。
九米编：《哈尼族节日》，云南民族出版社 1993 年版。
李克忠：《寨神——哈尼族文化实证研究》，云南民族出版社 1998 年版。
李洺秀搜集整理：《古歌中的哈尼人》，云南民族出版社 2016 年版。
李期博：《哈尼族原始宗教探析》，载红河哈尼族彝族自治州民族研究所编《红河民族研究文集》第一辑，云南大学出版社 1991 年版。
李期博主编：《哈尼族梯田文化论集》，云南民族出版社 2000 年版。
李学良：《滇南少数民族农耕文化研究》，民族出版社 2006 年版。
李玉洁主编：《黄河流域的农耕文明》，科学出版社 2010 年版。
李子贤：《水——生命与文化之源——论红河流域哈尼族神话与梯田稻作文化》，载李子贤、李期博主编《首届哈尼族文化国际学术讨论会论文集》，云南民族出版社 1996 年版。
李子贤、李期博主编：《首届哈尼族文化国际学术讨论会论文集》，云南民族出版社 1996 年版。
梁家勉：《中国梯田的出现及其发展》，《农史研究》一九八三年第一期，农业出版社 1983 年版。
梁旭、蔡雯：《雕刻大山的民族——哈尼族》，云南人民出版社 2021 年版。
卢鹏：《福满梯田——基于哈尼村落全福庄的调查研究》，民族出版社 2016 年版。

卢勇、唐晓云、闵庆文主编：《广西龙胜龙脊梯田系统》，中国农业出版社 2017 年版。

罗丹：《水善利与人相和：哈尼梯田灌溉社会中的族群与秩序》，社会科学文献出版社 2022 年版。

罗意：《消逝的草原：一个草原社区的历史、社会与生态》，中国社会科学出版社 2017 年版。

马翀炜编：《云海梯田里的寨子：云南省元阳县箐口村调查》，民族出版社 2009 年版。

马翀炜、张明华：《风口箐口：一个哈尼村寨的主客二重奏》，人民出版社 2022 年版。

马广仁主编：《中国湿地文化》，中国林业出版社 2016 年版。

马居里、罗家云编著：《哈尼族文化概说》，云南民族出版社 2000 年版。

马克思、恩格斯：《马克思恩格斯选集》，人民出版社 1972 年版。

毛佑全：《哈尼族文化初探》，云南民族出版社 1991 年版。

毛佑全、李期博：《哈尼族》，北京民族出版社 1989 年版。

《民族问题五种丛书》云南省编辑委员会编：《哈尼族社会历史调查》，云南民族出版社 1982 年版。

闵庆文：《大地之歌——哈尼梯田的世界影响》，云南美术出版社 2010 年版。

闵庆文、田密主编：《云南红河哈尼稻作梯田系统》，中国农业出版社 2015 年版。

闵庆文主编：《农业文化遗产及其动态保护前沿话题》，中国环境科学出版社 2010 年版。

闵宗殿主编：《中国农业通史》（明清卷），中国农业出版社 2016 年版。

彭世奖：《中国作物栽培简史》，中国农业出版社 2012 年版。

钱洁：《云南省红河州元阳哈尼族传统水资源利用和管理——云南省胜村乡麻栗寨的定点研究》，载许建初、左停、杨永平主编《中国西南生物资源管理的社会文化研究》，云南科技出版社 2001 年版。

全国政协文史和学习委员会暨云南省政协文史委员会编：《哈尼族：云

南特有民族百年實録》，中国文史出版社 2010 年版。
《十三经注疏》整理委员会整理，李学勤主编：《尚书正义》卷六，北京大学出版社 1999 年版。
史军超：《滨海文化与高原文化的嫡裔——哈尼族迁徙史诗研究》，载红河哈尼族彝族自治州民族研究所编《哈尼族研究文集》，云南大学出版社 1991 年版。
史军超：《对元阳哈尼族梯田申报世界遗产的调查研究》，载云南民族学会哈尼族研究委员会编《哈尼族文化论丛》（第二辑），云南民族出版社 2002 年版。
史军超：《哈尼族的历史沿革》，载全国政协文史和学习委员会暨云南省政协文史委员会编《哈尼族——云南特有民族百年實録》，中国文史出版社 2010 年版。
宋伟峰、吴锦奎等：《哈尼梯田——历史现状、生态环境、持续发展》，科学出版社 2016 年版。
孙官生：《古老·神奇·博大——哈尼族文化探源》，云南人民出版社 1991 年版。
王翠兰、陈谋德主编：《云南民居·续篇》，中国建筑工业出版社 1993 年版。
王建革：《水乡生态与江南社会（9——20 世纪）》，北京大学出版社 2013 年版。
王清华：《梯田文化论——哈尼族生态农业》，云南人民出版社 2010 年版。
王清华：《梯田文化新论——“红河哈尼梯田”的现代修复》，云南人民出版社 2020 年版。
王学慧、白玉宝：《诗意家园——哀牢山系古村落建筑与人文》，云南民族出版社 2008 年版。
吴金鼎、曾昭燏、王介忱：《云南苍洱境考古报告》（复印本），中央博物院专刊 1942 年版。
西双版纳傣族自治州民族事务委员会编：《哈尼族古歌》，云南民族出版社 1992 年版。
杨波、闵庆文、刘春香主编：《江西崇义客家梯田系统》，中国农业出版社 2017 年版。
杨大禹：《云南少数民族住屋——形式与文化研究》，天津大学出版社 1997 年版。
杨忠明：《西双版纳哈尼族历史变迁》，载全国政协文史和学习委员会暨云南省政协文史委员会编《哈尼族——云南特有民族百年實録》，中国文史出版社 2010 年版。
杨主泉、杨满妹：《客家梯田文化》，中国轻工业出版社 2018 年版。
尹绍亭：《农耕文化与乡村建设研究文集》，中国社会科学出版社 2021 年版。
尹绍亭：《人类学生态环境研究》，中国社会科学出版社 2021 年版。
尹绍亭：《人与森林——生态人类学视野中的刀耕火种》，云南教育出版社 2000 年版。
尹绍亭：《一个充满争议的文化生态体系——云南刀耕火种研究》，云南人民出版社 1991 年版。
尹绍亭：《云南物质文化 · 农耕卷》（上、下），云南教育出版社 1996 年版。
尹绍亭主编：《中国西部民族文化通志 · 农耕卷》，云南人民出版社 2019 年版。
尤中编著：《中国西南的古代民族》，云南人民出版社 1979 年版。
游修龄：《中华农耕文化漫谈》，浙江大学出版社 2014 年版。
元阳县民族事务委员会编：《元阳民俗》，云南民族出版社 1990 年版。
袁鼎生：《审美的生态向性》，广西师范大学出版社 2012 年版。
袁鼎生：《生态艺术哲学》，商务印书馆 2007 年版。
袁鼎生：《袁鼎生集——生态美学论》，线装书局 2013 年版。
苑利：《云上梯田》，北京美术摄影出版社 2020 年版。
云南民族事务委员会编：《哈尼族文化大观》，云南民族出版社 2013 年版。

云南民族学会哈尼族研究委员会编：《哈尼族文化论丛》第一辑，云南民族出版社 1999 年版。
云南省红河县志编纂委员会编纂：《红河县志》，云南人民出版社 1991 年版。
云南省金平苗族瑶族傣族自治县志编纂委员会编：《金平苗族瑶族傣族自治县志》，生活·读书·新知三联书店 1994 年版。
云南省绿春县志编纂委员会编纂：《绿春县志》，云南人民出版社 1992 年版。
云南省设计院《云南民居》编写组：《云南民居》，中国建筑工业出版社 1986 年版。
云南省元阳县志编纂委员会编：《元阳县志》，贵州民族出版社 1990 年版。
张红榛主编："文化解读哈尼梯田丛书"，云南美术出版社 2010 年版。
张增祺：《洱海区域的古代文明——南诏大理时期》（下卷），云南教育出版社 2010 年版。
张增祺：《云南建筑史》，云南美术出版社 1999 年版。
赵官禄等搜集整理：《十二奴局》，云南人民出版社 1989 年版。
郑晓云、杨正权主编：《红河流域的民族文化与生态文明》，中国书籍出版社 2010 年版。
郑宇：《箐口哈尼族社会生活中的仪式与交换》，云南人民出版社 2009 年版。
中国科学院民族研究所、云南少数民族社会历史调查组编：《哈尼族简史简志合编》（初稿），中国科学院民族学研究所 1964 年版。
中国农业博物馆农史研究室编：《中国古代农业科技史图说》，农业出版社 1989 年版。
中央民族大学哈尼学研究所编：《中国哈尼学》（第一辑），云南民族出版社 2000 年版。
周肇基、倪根金主编：《农业历史论集》，江西人民出版社 2000 年版。
朱小和演唱：《哈尼阿培聪坡坡：哈尼族迁徙史诗》，史军超（哈尼族）、芦朝贵（哈尼族）、段贶乐、杨叔孔译，中国国际广播出版社 2016 年版。

邹辉：《西部山地的梯田农耕文化》，载尹绍亭主编《中国西部民族文化通志·农耕卷》，云南人民出版社 2019 年版。

邹辉：《植物的记忆与象征——一种理解哈尼族文化的视角》，知识产权出版社 2013 年版。

［德］约阿西姆·拉德卡：《自然与权力：世界环境史》，王国豫、付天海译，河北大学出版社 2004 年版。

［美］贾雷德·戴蒙德：《枪炮、病菌与钢铁：人类社会的命运》，谢延光译，上海译文出版社 2000 年版。

［美］杰里·D. 穆尔：《人类学家的文化见解》，欧阳敏、邹乔、王晶晶译，李岩校，商务印书馆 2016 年版。

［美］劳伦斯·史密斯：《河流是部文明史》，周炜乐译，中信出版集团 2022 年版。

［美］马立博：《中国环境史：从史前到现代》，关永强、高丽洁译，中国人民大学出版社 2015 年版。

［美］约翰·布尔克霍夫·杰克逊：《发现乡土景观》，俞孔坚、陈义勇、莫琳等译，商务印书馆 2016 年版。

［美］詹姆士·斯科特：《逃避统治的艺术：东南亚高地的无政府主义历史》，王晓毅译，生活·读书·新知三联书店 2016 年版。

［日］安达真平：《哀牢山梯田的灌溉多样性及开田过程》，载杨伟兵主编《明清以来云贵高原的环境与社会》，东方出版中心 2010 年版。

［日］渡部武：《中国の古代画像が語る》，平凡社，1991 年版。

［日］渡部忠世：《アジア稲作文化への旅》，日本放送出版協会，昭和 62 年版。

［日］渡部忠世：《稻米之路》，尹绍亭等译，程侃声校，云南人民出版社 1982 年版。

［日］古川久雄、尹绍亭主编：《民族生态——从金沙江到红河》，云南教育出版社 2003 年版。

[日] 秋道智彌编：《メコンの世界——歴史と生態》，弘文堂，平成19年版。

[日] 秋道智彌、市川光雄、大冢柳太郎编：《生態人類学を学ぶ人のために》，世界思想社2002年版。

[日] 须藤護：《雲南省ハニ族の生活誌》，ミネルヴァ書房，2013年版。

[日] 佐佐木高明：《照葉樹林文化の道——ブータン・雲南から日本へ》，日本放送出版协会，昭和57年版。

[英] 布瑞著：《中国农业史》（上册），李学勇译，熊先举校阅，臺灣商務印書館1994年版。

[英] 史蒂文·米森、休·米森：《流动的权力：水如何塑造文明?》，岳玉庆译，北京联合出版公司2014年版。

二 期刊

付广华：《生态环境与龙脊壮族村民的文化适应》，《民族研究》2008年第2期。

黄绍文、尹绍亭：《中国云南哀牢山区哈尼族梯田传统农耕生态文化与变迁》（日文），日本《喜马拉雅学志》2011年第12期。

贾恒义：《中国梯田的探讨》，《农业考古》2003年第1期。

角媛梅：《哈尼梯田文化生态系统研究》，《人文地理》1999年第S1期。

角媛梅、程国栋、肖笃宁：《哈尼梯田文化景观及其保护研究》，《地理研究》2002年第6期。

角媛梅、张家元：《云贵川大坡度梯田形成原因探析——以红河南岸哈尼梯田为例》，《经济地理》2000年第4期。

李根蟠：《我国少数民族在农业科技史上的伟大贡献》（中篇），《农业考古》1985年第2期。

李子贤：《红河流域哈尼族神话与梯田稻作文化》，《思想战线》1996年第3期。

梁家勉：《中国梯田考》，《华南农学院第二次科学讨论会论文汇刊》1956年。

毛廷寿:《梯田史料》,《中国水土保持》1986 年第 1 期。
毛佑全:《哈尼族梯田文化论》,《农业考古》1991 年第 3 期。
闵庆文:《哈尼梯田的农业文化遗产特征及其保护》,《学术探索》2009 年第 3 期。
史军超:《中国湿地经典——红河哈尼梯田》,《云南民族大学学报》(哲学社会科学版) 2004 年第 5 期。
王清华:《哀牢山自然生态与哈尼族生存空间格局》,《云南社会科学》1998 年第 2 期。
王清华:《哈尼族的迁徙与社会发展——哈尼族迁徙史诗研究》,《云南社会科学》1995 年第 5 期。
王清华:《哈尼族的梯田文化》,《民族调查研究》1988 年第 1、2 期。
王清华:《哈尼族梯田农业的水资源利用与管理》,《民族学》1995 年第 4 期。
王清华:《云南亚热带山区哈尼族的梯田文化》,《农业考古》1991 年第 3 期。
王星光:《中国古代梯田浅探》,《郑州大学学报》(哲学社会科学版) 1990 年第 3 期。
王正芳:《哈尼族民俗礼仪中的文化教育传承系统》,《民族学调查研究(季刊)》1994 年第 1 期。
姚云峰、王礼先:《我国梯田的形成与发展》,《中国水土保持》1991 年第 6 期。
尹绍亭:《地理环境与云南社会发展》载《民族工作》1988 年第 8 期。
尹绍亭:《基诺族刀耕火种的民族生态学研究》载《农业考古》1988 年第 1、2 期;《云南国土》1988 年第 11 期。
尹绍亭:《试论当代的刀耕火种》载《农业考古》1989 年第 1 期。
尹绍亭:《试论云南民族地理》载《地理研究》1989 年第 8 卷第 1 期。
尹绍亭:《云南山地民族农耕的产生和发展》载《云南文史丛刊》1987 年第 1 期。
邹辉、尹绍亭:《哈尼族村寨的空间文化造势及其环境观》,《中南民族大学学报》（人文社会科学版）2012 年第 6 期。

三 资料

（晋）郭璞传：《山海经》，景江安傅氏双鉴楼藏明成化庚寅刊本。

（民国）丁国樑修；梁家荣纂：《续修建水县志稿》卷三，民国九年（1920 年）铅印本。

（民国）龙云、周钟岳纂修：《新纂云南通志·土司考》卷 176，民国三十八年（1949 年）铅印本。

（明）不著撰人：《土官底簿》卷下，四库全书本。

（明）刘文征撰：（天启）《滇志》，抄本。

（清）鄂尔泰修；靖道谟纂：（雍正）《云南通志》，乾隆元年（1736 年）刻本。

（清）鄂尔泰修；靖道谟纂：（雍正）《云南通志》，乾隆元年（1736 年）刻本。

（清）江濬修；罗惠恩纂：（嘉庆）《临安府志》，清嘉庆四年（1799 年）刻本。

（清）檀萃辑：《滇海虞衡志》，清嘉庆九年（1804 年）刊本。

（清）杨体乾修，陈宏谟纂：《富民县志》，雍正九年（1731 年）刻本。

（宋）范成大撰：《骖鸾录》，清乾隆三十七年（1772 年）至道光三年（1823 年）长塘鲍氏刻知不足斋丛书本。

（元）王祯撰：《王氏农书》，清乾隆武英殿刻本。

大理市文物保护管理所：《南诏德化碑》，大理市文物保护管理所印，1979 年。

杨质高：《云南为全国生态系统类型最丰富的省份》，《春城晚报》，2018 年 5 月 23 日，第 A04 版。

朱良文：《对哈尼梯田传统村落保护发展的思考与探索》，引自红河州方志办公室“世界文化遗产申报附录” 红河哈尼族彝族自治州地方志办公室收集整理的哈尼梯田资料。

后　　记

“前言”说过，写哈尼梯田是我早期从事生态人类学研究就非常感兴趣的课题。时过四十余年实现了夙愿，其价值不仅体现于生态人类学，而且对于弘扬中华农耕文化、优秀文化遗产保护利用、生态文明建设、乡村振兴、绿色和可持续发展等均具有积极意义，由此感到十分欣慰！

付梓之际，谨对云南大学民族与社会学学院、中国社会科学出版社和编辑、红河哈尼族彝族自治州地方志办公室、对本书写作提供帮助的同仁、学生以及一直给予关爱的家人们，表示衷心的感谢！

2024 年 5 月 29 日于昆明